人类2.0

在硅谷探索科技未来

[美] 皮埃罗·斯加鲁菲（Piero Scaruffi）
牛金霞　闫景立 ◎ 著

中信出版集团

图书在版编目（CIP）数据

人类2.0 /（美）皮埃罗·斯加鲁菲，牛金霞，闫景立，著. -- 北京：中信出版社，2017.2
ISBN 978-7-5086-7176-5

Ⅰ. ①人… Ⅱ. ①皮… ②牛… ③闫… Ⅲ. ①科学技术-普及读物 Ⅳ. ① N49

中国版本图书馆CIP数据核字（2017）第004067号

人类2.0：在硅谷探索科技未来

著　　者：[美]皮埃罗·斯加鲁菲　牛金霞　闫景立
出版发行：中信出版集团股份有限公司
　　　　　（北京市朝阳区惠新东街甲4号富盛大厦2座　邮编　100029）
承 印 者：北京画中画印刷有限公司

开　　本：787mm×1092mm　1/16　　印　　张：26　　字　　数：305千字
版　　次：2017年2月第1版　　印　　次：2017年2月第1次印刷
广告经营许可证：京朝工商广字第8087号
书　　号：ISBN 978-7-5086-7176-5
定　　价：68.00元

服务热线：400-600-8099
投稿邮箱：author@citicpub.com

序一

我曾多次被邀请到中国演讲，发现很多人都想知道科技的未来是什么。虽然多年来我在硅谷的工作和研究一直跟科技有关，但现在主要以一名历史学家的身份在写作，也许我对科技的观点会跟很多人不太一样。

我很幸运有两位中国好友，他们都对科技创新及中美之间的沟通交流感兴趣，我们决定将这本关于科技未来的书直接以中文写作而成。由来自杭州的资深记者牛金霞负责采访并写下我的观点，由闫景立负责书稿的编校，他曾是硅谷一位资深的企业管理者，也是我第一本中文书《硅谷百年史》的主要翻译。

在众多的新技术中，我选择了我认为最重要的十种科技进行详尽的评述，为了对我的观点进行补充或佐证，我们还选择采访了一些硅谷科学家和创业者。虽然他们在本书中所占的篇幅不大，但分量不轻。在选择到底采访谁时，由于我长期与斯坦福大学和加州大学伯克利分校合作，自然会较多地想到这两所大学里的科学家的名字，但我发自内心地认为，最终出现在书里的科学家的观点可以代表他们所在领域的全球性前沿趋势。对创业者的采访我则比较谨慎，因为不得不考虑他们天然存在的“营销”倾向，因此，我选择了对整体行业现状有独特洞见的几位创业者。在十种科技中，我对人工智能和生物科技论述的篇幅最多，一是因为这两种是硅谷最“热”的科技，二是因为人们对它们的看法极具争议性。

本书能够在短时间内成书和出版，我和两位小伙伴有很多人想要感谢。

感谢那些接受我们采访的硅谷科学家和创业者，他们贡献了宝贵的时间和智慧。

感谢《浙商》杂志社社长朱仁华、副总编臧艳以及世界浙商网CEO（首席执行官）冯永明对整个项目的支持和关心，本书的部分内容已发表于该杂志。

感谢来自印度的苏米特洛·达斯（Soumitro Das），中国的郝鹏图、汤天祎、夏嘉琪、石溪韵、顾铮榕和张可可，他们帮助校对和翻译了这些科学家和创业者的采访。

也感谢合作伙伴他山石智库一直以来的关心和支持。

皮埃罗·斯加鲁菲（*Piero Scaruffi*）

序二

2016年3月初的某天早上，当我走出旧金山机场，看到加州清澈迷人的蓝天时，我完全没有想到，即将在硅谷进行的2个多月的采访和探寻会给自己带来这么大的震撼。

这是一个科技发展的黄金时代，有人甚至用“科技的寒武纪”来形容。大数据、云计算、物联网、虚拟现实……一个个技术词汇在中国商界乃至人们的日常生活中出现得越来越频繁。人们急切地想知道“我到底能拿新技术做什么”以及“下一个（具有颠覆性）新技术是什么”。

要回答关于科技创新和科技未来的问题，最好的地方应该就是硅谷。作为硅谷近30年来技术乃至社会变革的观察者和见证者、《硅谷百年史——伟大的科技创新与创业历程（1900~2013）》一书的主要作者，皮埃罗无疑是当今“最懂”硅谷的人之一。在皮埃罗眼里，正是对“我到底能拿新技术做什么”这个问题与众不同的回答，使得硅谷从一个无名之地变身成为世界创新高地。回溯硅谷百年历史之后，皮埃罗终于开始展望未来。

本书中，皮埃罗逐一评述了他认为最有潜力塑造科技乃至人类未来的新技术，包括人工智能、虚拟现实、纳米技术、生物技术、物联网、3D打印等，基于最前沿的研究结果，他不仅尝试勾勒出这些新技术的未来演变的方向和面貌，还对它们对社会和人性的影响有着独特的预判和洞见。因为新书计划首先出版中文版，我有幸承担了采写工作，为了让整个“科技未来”更为饱满、可信，我还和皮埃罗一起，采访了硅谷科技领域的诸多学术带头人和专家。

皮埃罗一开始就把这本书在他的网站上命名为“Humankind2.0”（即本

书的命名《人类 2.0》），我却一直并没有太深的感触。直到有一天，在伯克利的一个冥想中心，有人再次提及佛陀当初目睹人类不管富贵还是贫穷，全部都要经历“生、老、病、死”之苦，遂决定为众生寻求解脱之道的故事时，我突然“脑洞大开”：假如佛陀生活在如今的硅谷，他会成为怎样的创业者呢？

在硅谷，很多创业者都有着“让人类和世界变得更美好”的大情怀和大梦想，而他们的实现方式往往是通过技术解决某个问题。而我突然发现，如今，人类历史上几千年来亘古不变的“生、老、病、死”大问题，已经被纳入了技术的解决范畴，且已越走越远了！人工智能如今争议不休的“奇点”，是人类能否通过机器智能达到永生的问题；生物技术中的基因编辑，早已向改造物种、设计新物种的方向狂奔，人类还尝试改造自身的基因来战胜疾病乃至“返老还童”；纳米技术则被用来发明这个星球上前所未有的新材料，尝试制造可以在人体内运行的机器人；虚拟现实和 3D 打印技术可能会在某一天创造人类的实体替身……

假如佛陀看到我们如今正在试验的这些技术，他是否会重新思考人类的痛苦？换句话说，这个时代我们所探讨的科技未来，最具冲击力的地方在于，它们可能会重新定义人类。

细想之下，确实如此：过去几千年的人类发展史上，虽然我们已经制造了各种工具来延伸自我，虽然技术已改变了人类生活的方方面面，但人类本身，生命本身却一直没有什么变化。现在，我们有汽车、飞机、高铁、磁悬浮，坐在火车上还可以玩手机，但生理结构跟秦代或唐朝坐在马车里的古人是一样的，都遵循一样的生命规律，可能古人还更聪明一些。

然而，如今我们在本书中探讨的各种高科技，却被皮埃罗断定为“今天我们延伸自我最让人印象深刻的方式就是发展出能够改变生命本身的技术，未来将是有机世界和合成世界的联姻，正如未来一定是人类和机器人的联姻”（见本书“生物科技篇”），也就是说，人类的发展将进入一个全新的阶段或版本，称为“人类 2.0”再合适不过了！

推动人类进入“2.0”的这些技术当然不仅仅与创新、创业、新经济和新机遇有关，在释放改变生命本身的潜能之前，它们首先会悄无声息地改变我们的教育、工作，甚至认知、思维方式。比如，我们已经在讨论机器人取代更多人类的工作后，人类将主要从事什么工作；再比如，斯坦福大学几位学者已在倡导“综合式学习”（synthetic learning），他们认为，接下来每个人都将需要使用一些科技和艺术来进行创造，这需要全新的学习方式……

会随之悄然变化的还有法律、道德、伦理乃至宗教等维系我们社会运转的信念。假如我们已能在实验室用新物种“重新定义上帝”，假如现在已有科学家在为机器人的法律权益奔走，你有什么理由坚信自己脑袋里装的“真理”不会被粉碎和刷新呢？

在美国国家航空航天局采访科学家克里斯·麦凯（Chris Mackey）时，他将发现火星生命的意义用“第二个创世纪”来形容，他想用这种强烈的表达方式唤起人们对宇宙中新的生命形态的期待和关注。只不过，我们很可能在发现火星生命前，就先将人类自身改造成一种截然不同的新生命，一种和火星上的生命一样难以理解和超出想象的生命，拥有跟我们现在、过去都完全不同的理性和情感。

“人类 2.0”也是一个强烈的表达，一个需要所有人一起定义的概念。因为，人类和科技的未来到底会变成什么样，取决于我们现在到底想要什么！是的，也许有一天，科技能让我们青春永驻，也许我们的意识、记忆、欲望和情感也都可以在出生时“自定义”，但这些真的是我们想要的吗？

皮埃罗和其他硅谷科技人士在探讨技术未来时，也存在同样的担忧：人们由于了解不够和准备不足，不知不觉被技术改变，且朝着违背我们初心的方向改变。至少，在我们还能将自己定义为“人类”之时，我们大多数人想要的，是技术给人类一个更美好的世界和未来，而这需要所有人一起主动探索和努力。

皮埃罗和我都认为，中国将成为下一个引领世界科技创新的大国。作为全球第二大经济体，中国的经济动力正在向科技创新转变。不管愿意与否，中国经济和市场的独特性都会将年青一代推上自主创新的舞台，就好像今天的不少中国经济新现象（比如网红经济）已经是外国人看不懂的一样，中国的创业者接下来在回答“我到底能用新技术做什么”这个问题时，也需要有自己独一无二的答案。

在写作的过程中，我发现，不少今天的“新技术”其实已经很老了，比如，人工智能早在20世纪60年代就有了，3D打印和虚拟现实也都是在20世纪80年代就出现的。然而，这些技术却一起在这个时代绽放，究其背后的原因，我认为，一是智能手机的普及将计算能力转移到个人，转移到无处不在，带来了社交媒体、大数据的爆炸，进而又像多米诺骨牌一样推动了人工智能和虚拟现实等需要计算能力驱动的技术的腾飞；二是从全球范围来看，前三次工业革命带来的人类对资源、环境的过度消耗和破坏等问题日益突出，以智能化为核心的第四次工业革命（工业4.0）方兴未艾，以更绿色环保为目标的第五次工业革命呼之欲出。

这一次，中国正徐徐走向舞台中央。

牛金霞

序三

经济增长模式转型中的中国，创新驱动正成为国家意志和工商界不二的选择。官民各界跟踪世界科技前沿动态，引进来、走出去的需求从来没有这样迫切。人们对什么是“下一个颠覆性创新”的关注度从来没有这样强烈。《人类 2.0》正是在这样一种迫切的市场呼唤中尝试以一种新方式写成的。

说起这个新颖的尝试，不能不讲点成书初期的故事。

就在 2015 年 10 月的一天，我收到皮埃罗先生一封电邮：“我们能不能尽早见面，有个想法在心中不断翻腾滋长，想尽快听听你的意见。今天晚上如何？”

第二天，我和皮埃罗在硅谷的一家餐馆见面了。“什么事这么急？”我见面就问。

“我想写一部有关高科技未来的书，”皮埃罗答。

“好啊！”我应声答道，“这种书在中国出版也一定很受欢迎。”还没来得及提及翻译的事，皮埃罗又说：“直接写成中文，您看怎么样？”

我怔住了，“你啥时候学会中文写作了？”我知道皮埃罗不懂中文。

于是，皮埃罗端出了他的想法。原来他在中国演讲期间和中国朋友交谈中得到了一个灵感：和中国人合作，以采访的方式直接把他的研究成果写成中文。说话间他眼睛泛出那种创意所激发的光彩，使我顿时感受到硅谷人血液中流淌的那种创新的激情与躁动。于是，两人就在饭桌上开始了项目的策划。决定立即开始和合作单位洽谈，同时联系出版商。2015 年 12 月与《浙商》杂志敲定合同，2016 年 2 月底记者牛金霞奉《浙商》杂志社派遣来到硅谷开始了密集的采访活动。由此开启了采访文章一方面得以由《浙商》杂志逐一发表，另一方面由皮埃罗团队编辑整理成书在中国出版。

本书成书的独特之处，在于它虽然源自硅谷的学者和专家，却越过了原文（英语）写作、翻译的阶段而在合作的框架下直接以中文写作并在华出版。对此，曾经把《硅谷百年史》（皮埃罗等著）这部大部头著作引进中国的我深有体会。那部书仅仅翻译加上编辑就用了 15 个月才得以面市。而如今这样一部同样来自大西洋彼岸的涉猎当今科技最前沿的著作，从采访到成书仅仅用时 9 个月！较之传统的“海外英文写作—出版—翻译—在华出版”至少缩短了一年时间。这真是“硅谷速度”，不，这是“中国 + 硅谷”才有的速度！对于正在分秒必争、日夜兼程追赶硅谷、奋力争取科技创新大国地位的中国来说，这个速度尤其弥足珍贵。

闫景立

序　一 / Ⅰ

序　二 / Ⅲ

序　三 / Ⅶ

开　篇

技术与人类 /3

大数据篇

寻找大数据领域“杀手级”应用 /15

大数据时代，到底谁拥有未来 /23

人工智能篇

人工智能赶超人类为何是个伪命题 /29

人工智能将创造更多好工作 /46

警惕人工智能真正的危险之处 /57

物联网篇

谁是物联网领域下一个黑马 /79

物联网下的“地球村”是你想要的吗 /96

可穿戴设备：未来衣服什么模样 /107

纳米技术篇

纳米时代，小即是大 /119

生机再燃，让“纳米”许你一个未来 /133

虚拟现实篇

虚拟现实，盛宴还是泡沫 /165

庄周梦蝶的技术再现：你是梦，是醒？是生，还是死 /180

社交媒体篇

后社交时代的新社交 /195

3D 打印篇

3D 打印简史与现状：艰难“史前期” /221

3D 打印未来：一场真正的制造革命 /237

太空探索篇

星际穿越：人类永恒梦想谁能实现 /255

区块链篇

区块链到底颠覆了什么 /281

生物科技篇

一场轰轰烈烈的“生物革命” /311

“生命设计师”，人类准备好了吗 /327

我们能用“基因密码”做什么 /340

新技术交融下的未来生物科技 /361

结　语 /399

开篇

世界已到了

我们再难认清事物本来模样的时候。

大多数时候，世界一片安静，无事发生。

与此同时，一切又都在迅速发生。

如此而已。

没有答案，只有问题。

——皮埃罗

技术与人类

技术与人类的关系到底是“消长”“延伸”还是“倒置”？抑或是三者都对？

当我们对技术塑造的未来激情澎湃时，总不免带着隐隐的担忧与迷茫，就像很多人对机器人爱恨交织的感情。皮埃罗认为，在逐一对大数据、人工智能、物联网等展开论述前，有必要先将“技术”拿到放大镜下重新审视。而只有将乐观派和悲观派的观点都放到一起，才能得到关于技术的中肯观点。

硅谷相信：技术让世界更美好

在旧金山湾区，有不少人只是将技术作为一种爱好，他们就像小孩子一样喜爱一切能够移动、说话的玩具。但对我来说，技术可不是玩具，我认为它很可能会解决所有的问题。历史上，火、衣服、车轮、蒸汽机、抗生素、电、火车等每一项技术都帮助人类解决了很多问题。

总体而言，技术进步带来了一个更美好的世界，一个更繁荣与和平的世界。你也许会想，枪支和核武器可是杀死了不少人，但哈佛大学心理学教授斯蒂芬·平克（Steven Pinker）在《人性中的善良天使：暴力为什么会减少》（英文书名为 *The Better Angels of Our Nature*：*Why Violence Hans Declined*，中信出版社，2015 年 7 月出版）一书中统计过：暴力在过去几个世纪里已经明显减少，这正是技术的作用。他指出，致命武器带来了更少而不是更多的暴力，我们在社会中维持了一定秩序正是因为有了武器，虽然我们同样也用武器来互相残杀，虽然如果技术落入反社会、反人类的不良分子手中就会带来祸端，但总体来说，新技术的效果还是正面的。

技术使我们不再生活在洞穴中，不会 5 岁就死于小儿麻痹症，不会在寒冷的冬天冻死、干旱的季节饿死。毕竟，当人们健康而富有的时候，他们是不大可能去互相残杀的。

这是否意味着我们需要的技术越多越好

也不尽然。技术的危险之处在于，每一种新的技术都会使我们忘记自己的一种天生能力。比如，柏拉图在他的《理想国·裴德罗篇》中讲述了苏格拉底告诉他的一个故事，透特（Thoth，埃及神话中的智慧、知识与魔法之神）发明了书写，主神阿蒙·拉（Amun Ra）却很生气，因为他意识到人们会因此停止使用自己的记忆能力并变得更愚蠢，事实正是如此。每种文明中过去都有非常长的诗歌是被人们口耳相传的，比如荷马的《奥德赛》以及印度的史诗《摩诃婆罗多》，现在你还能记住几千句的长诗吗？我们已经失去了古人使用记忆的能力。今天我们看到的是，越来越多的孩子依靠他们的手机来寻找某个地方，我们正在失去定位和导航的能力……而几千年来，我们却有许多智者仅仅依靠他们的大脑来探索这个星球。每当我们失去自己的一种天生的能力，我们就变得越来越不像人类。但不要忘记了人性也有恶的一面，人性中同样有杀戮、偷盗和强奸的一面，我们变得更像半机械人并不总是坏的。

技术的“初心”应该是解决问题

我们如何才能获得使人类变得更好的技术

矛盾之处在于，很多重要的技术都是为战争而生的，计算机和互联网都是如此。

一千年以前，中国的技术水平处于世界前列，与此同时，欧洲正处于中世纪的“黑暗时期”。然而，800年后，情况逆转过来了。中国在繁盛的唐、宋王朝发明了很多技术却从未再进一步提升它们，为什么会这样？因为欧洲一直都处于战争中，与此同时，具有悠久历史的古老东方却大部分时间都处于和平时期。穷困的目不识丁的欧洲比和平繁荣的中国进步得更快，原因之一就是战争刺激了技术进步。之后，欧洲兴起的工业和科技革命同样给我们提供了很多有用的技术，但最初它们被发明出来的动机也是为了屠戮。

硅谷同样也是为战争而创造的，湾区的第一家科技公司（惠普）是在无线电和电子技术领域诞生的，这正是因为两次世界大战以及“冷战”。但随后，硅谷却脱离了战争元素，爱好、兴趣和求新求变与追求商业上的成功成为创新的主要动力。

我们需要改变为了战争而推动技术进步的动机，这也正是这个世界需要向硅谷学习的地方。当人们说到硅谷的时候，他们倾向于只看到钱，但他们忘记了很多创业者最初是为了解决问题而发明创造的。

在硅谷早年间，多数创业者只是简单地想要创造一些他们自己想用但尚不存在的东西，这种初心就写在他们的商业计划书上，至于如何赚钱几乎都是后来才想到的，他们并不知道有一天他们的发明会价值百万甚至亿万美元。谷歌（Google）和Facebook（脸谱网）目前主要是靠广告赚钱，但它们最初诞生的时候都是为了解决一个问题，最初它们很可能根本没想到能在广告上赚大钱。

如今，越来越多的技术被商业公司所推动和发展，越来越多在政府主导下进行基础研究的实验室被私人实验室所取代。我们刚刚目睹了第一个火箭在进行太空飞行后成功返回了地球，那是由亚马逊创始人杰夫·贝佐斯（Jeff Bezos）创建的空间探索公司蓝色起源（Blue Origin）制造的，而不是美国国家航空航天局；比尔·盖茨（Bill Gates）的基金会在对抗疾病上比很多政府项目做得还要多。

不同国家认为技术很重要时背后有着不一样的原因，旧金山湾区有一种理想主义思维的强大传统，在很多案例里，创业者都是单纯地想要为自己创造一些之前还不存在的东西，硅谷就是这样成长起来的。

相比之下，在新加坡和日本，技术更多地被看成一种可以提高生活质量的东西；而一些发展中国家则更多地将技术看作是经济增长不可或缺的因素，一种纯粹的经济动力。

技术今天最迫切需要解决的问题是什么

我喜欢大自然，我周游整个世界去看丛林和沙漠，我也喜欢爬山。我们非常幸运：这是一个美丽的星球。大自然也真实地激励着我。然而，我们人类就像蚂蚁一样，到处都是，不管走到哪里，总能看到一辆车停下来或某人从一幢建筑中走出。我们已经很难独处，因为便捷的交通工具让我们能够快速移动到几乎任何地方，结果人类无处不在，我们总是被人群所包围。

蚂蚁和人类的区别是，人类的足迹是巨大的，人类总是需要越来越多的汽车和道路，随之需要交通信号灯、加油站、油井以及货船；需要越来越多的衣服,随之需要时尚商店以及干洗店；需要电器就随之需要电力、发电厂和水坝；需要飞机就随之需要机场；需要食物就随之需要食品厂、卡车以及超市等，这一代的奢侈品正成为下一代的必需品。

技术到了应该做些什么去减少人类在这个星球上的足迹的时候了，这是我认为它应该解决的最大问题。一个成功的例子是电子邮件，因为它成功减少了纸张的使用和运输，我们可以砍掉很少的树、使用很少的邮件运输车。当然，最近的一个例子是汽车的分享，因为它减少了汽车所有权。

在这方面技术可以做的还有很多。比如，人类发明的塑料是地球上最主要的污染物，仅美国消费者每年就购买超过270亿千克的塑料产品。2012年，联合国环境规划署预估，每平方千米的海洋上能发现约13 000件塑料微粒垃圾，这种状况的解决方案可以是生物可降解塑料，即可以分解的塑料或可以被转基因细菌吃掉的塑料，一位越南的包装材料商已经制造了一种可以自我分解的塑料袋，但目前还没有生物塑料能实现商业应用或实现全面可持续发展。

印度蠕虫具有破坏聚乙烯纤维的潜力，聚乙烯纤维是塑料产品最常见的组成物，斯坦福大学的一些科学家开玩笑说，我们应该找到一种能让这种虫子生长在我们胃里的方法，这样我们就能直接把食品外的塑料包装给吃掉了，用不着再扔它们。

2015年在巴黎召开了关于气候变化的会议。会议指出，大气中二氧化碳的浓度比过去任何时候都要高，仅中国就占据了24%的排放量。因此，中国在解决这个问题上起着非常重要的作用。尽管整个世界使用的核电站电力由1996年的最高值17.6%降低到如今的10.8%，这种电力还是目前最清洁的能源形式。

技术服务人类还是人类服务技术

技术真正值得担忧的是什么

我其实并不害怕人工智能和机器人，我害怕的是技术远没有媒体所展示的那样强大。关于未来的一个重要主题是：到底是技术服务于人类还是人类服务于技术？对此，我现在的感觉是，机器很少表现得像人类，人类为了跟周边的机器互动却必须经常表现得像个机器。比如，我们频繁地使用数字，因为数字可以让机器更容易工作。你的银行卡卡号或者护照号码对你来说很难记住，但机器能很容易地处理，我们使用数字并不是让它对人类变得简单，是为了让它对机器变得更容易。

目前看待技术的观点主要有三种。可以简单理解为“消长”“延伸”和“倒置”。第一种观点比较悲观。新技术让人们遗忘了动手能力，因为你将智能给了机器，即所谓的“此消彼长”。从这个角度看，人类“一代不如一代”。

第二种观点正好相反，你可以将技术看成身体的延伸。在自然界中，每一种动物都使用“技术”来生存，蜘蛛没有蛛网就无法生存，河狸离不开水坝，蜜蜂离不开蜂窝，等等。《自私的基因》（英文书名为 *The Selfish Gene*，中信出版社，2012 年 9 月出版）一书作者理查德·道金斯（Richard Dawkins，英国著名演化生物学家、动物行为学家和科普作家）将其称作“延伸的手段”。同样，技术也“加强”了人类的身体机能，它让我们能做自己的身体做不了的事情。谷歌人工智能专家雷·库兹韦尔（Ray Kurzweil）认为，相比人类大脑新皮质的“发明”，数字技术将带来智能上的飞跃。由于新皮质，人类大脑可以创作诗歌和研究科学，这种发明打开了大脑一个全新的活动领域。库兹韦尔相信，数字技术会带来相似的智力提升，这种强化的大脑将可以做一些尚无法命名的事情，因为人类目前的智能根本无法做到。

第三种观点看待技术的方式是将发明者与发明物之间的关系倒置。我认为这种观点可以追溯到 20 世纪 60 年代的法国哲学家让·鲍德里亚（Jean Baudrillard），不过它最近几年比较流行主要是因为凯文·凯利（Kevin Kelley）的著作《科技想要什么》（英文书名为 *What Technology Wants*，电子工业出版社，2016 年 1 月出版）。人们倾向于认为物体是由某人制造的，但是，如果物体可以思考，它可能就会认为人类只是制造它的一个工具。科技发展史是不断发明新物体的过程，但也可以看成是新物体借助发明者才诞生出来的过程，即不是生命的进化史，而是物体的进化史，物体利用了生命，尤其利用了人类来完成进化。根据这个观点，根本不是人类需要一种新的技术，而是技术创造了人类，由于技术的需要才驱动人类不断创造更好的技术。毕竟，到底是什么在进化？是技术，而不是人类。几千年来，人类几乎一直保持着原样，而技术却发生了翻天覆地的变化。

我认为，某种程度上，这三种观点都是正确的。如果你将这三种观点放在一起，你就能得到一个对现状大致准确的看法。我并不害怕技术、人工智能或者技术进步的加速，但是世界上不同的进步速度值得担忧，因为创造和创新实际上加速了这种不平衡。当我们讨论超级智能机器时，一些伊斯兰国家仍然在与脱掉布卡罩袍（伊斯兰女性在公共场所穿的覆盖全身的长袍）作斗争，一些非洲国家仍在努力让人们吃上饱饭，只有极少数的非洲儿童才能去上一个好的大学。

一切皆信息

如今的技术发展相比之过去，最让人振奋的是其将事物信息化的能力。在计算机被发明以后，我们将每种学科都变成了信息处理的一种形式，逐渐进入了每个问题都被视为信息问题的时代，因此，每一种解决方案也都离不开信息。比如，气候变化的科学几乎完全与信息有关，如果有一种解决方案，那也很可能来自将气候看作一个信息系统。

信息可以解决各种问题，比如，恶性疟原虫是世界上最危险的疟疾寄生虫，每年都会带来60万人的死亡，是导致5岁以下儿童死亡的最主要的传染性疾病之一。2012年，美国新墨西哥州圣达菲研究所的丹·拉雷默尔（Dan Larremore）开始使用网络分析跟踪疟疾寄生虫的历史，尝试用信息解决这个问题。

历史上的战争，通常源于资源的争夺，然而，今天的战争却由于不同的“信息”而变得越来越富有意识形态色彩。巴勒斯坦和以色列人就因为对土地的历史有不同的看法而开战，如果他们有相同的历史，即有相同的“信息”，那么找出一个解决方案也就不会那么困难了。恐怖分子在全世界发动恐怖袭击，因为在他们的信仰中，科学毫无意义，如果他们受到了更多的科学教育，也许就会削弱甚至消除为了极端意识形态而杀人的动机。

当解决方案是基于信息的，它便不需要大规模的、巨额的投资。有时候，你并不需要一个“独角兽”，你只需要创造力。

信息在灾难的避免中会变得越来越重要，灾难经常在系统达到一个特定的临界点时发生，比如，我们总是担心人类会达到气候变化的那个临界点，之后灾难便会降临。问题是如何找出这个临界点，它到底是近还是远？

即便是在物理学领域，熵也可以运用克劳德·香农（Claude Shannon）的信息论来界定，20 世纪 40 年代的控制论以及梅西基金会发起的系列反馈问题的讨论会都对此做出了贡献。约翰·惠勒（John Wheeler）是第一位提出物理世界是由信息组成的物理学家，相对论和量子力学也可以由信息论来界定；物理学家雅各布·贝肯斯坦（Jacob Bekenstein，以色列物理学家，曾开创性地运用信息论分析黑洞熵）和胡安·马尔达西那（Juan Maldacena，阿根廷著名理论物理学家）都对此有过相关论述。1997 年，胡安·马尔达西那在将宇宙视作信息时，还发现了量子力学与爱因斯坦方程式之间的相似之处。

也许有一天我们能找到一种认识宇宙的更好的方法，不过，目前为止最好的方式是信息。如今，上帝已没有必要解释宇宙的起源和发展，也不用解释生命的进化或人类大脑的功能。宗教的功能越来越多地体现在给予人们希望：它给予了人们对无尽来世的信念。但是，在物质舒适的时代，许多宗教所承诺的天堂是否还会对新一代构成吸引力不得而知。

人类的新时代或许需要一种新的天堂、一种新的不朽。这种新的信仰就是一切（宇宙、生活、思想和社会）都和信息有关。事实上，“奇点”（指人类与其他物种或物体的相互融合）在硅谷是一个非常受欢迎的话题。根据奇点理论，“永生”也和信息的存储和复制有关。

大数据篇

万物都是一面镜子，

物体之间彼此反射。

每个念头，

每个行为亦如是。

现实之下是一个不停旋转的，

满是镜子的大厅，

存在就是某事的镜像而已，

存在就是万事万物的镜像而已。

——皮埃罗

寻找大数据领域“杀手级”应用

要解决大的问题，仍然需要一种跨学科的方法，需要一种不仅仅只有“数据分析”的应用。中国唐宋时期的思维方法毫不过时，如今中国在大数据时代寻求一种全新的“大数据思维”时不妨回溯历史，重新发现自己独有的处理复杂社会问题的方法。

“杀手级”应用还未出现

全球范围内都在掀起一股大数据应用的热潮。如今的硅谷应该被重新命名为“数据谷”。权威机构预测，到2020年将存在200亿~300亿个网络连接装置，这意味着我们每年都会产生比之前20万年还多的数据。在硅谷，人们将数据称为新的“石油”，石油可以产出汽油和电力，而“数据石油”一旦提炼出来，将会产生无人驾驶汽车［运用GPS（全球定位系统）数据和交通数据］、无人机、可穿戴设备等。石油和数据之间的不同在于，石油的产品无法再产出更多石油，而数据的产品（无人驾驶汽车、无人机和可穿戴设备等）能产出更多的数据。

然而，颇令人失望的是，我们并不知道该拿这些正在“大爆炸”的数据怎么办。大多数情况下我们会做“数据分析”，但数据分析至少从20世纪60年代就开始了，这有什么新鲜呢？不过是通过对数据的分析试图发现事物之间隐藏的规律性或潜在的问题，然后优化整个流程，最终赚更多的钱而已。

让人汗颜的是，自计算机问世以来，数据分析最主要的应用还是使大公司利润最大化。比如，大家提到大数据最有名的应用案例时都会提到亚马逊和阿里巴巴的“推荐引擎”，即通过分析其他消费者的数据来建议你该买什么；再比如，被频繁提到的关于大数据的故事还有美国最大零售连锁店之一的塔吉特（Target），它让一个父亲意外地发现自己还是高中生的女儿怀孕了，这曾一度让大数据声名显赫。事实上，塔吉特的算法识别购买系统特别关注准妈妈们，唯一的原因就是想要给她们推送特别促销广告，这难道就是我们能用大数据对孕妇做的所有事情？

如今中国很多中小企业也在积极构建自己的大数据系统，比如服装企业用数据分析实现个性化生产和销售，比如制造水杯的企业考虑将杯子内置传感器，再增加一个 APP（计算机应用程序），将其变成智能水杯。

但这些商家用数据分析也只是为了销售更多的产品，或者用来决定到底该发布哪种广告。这就是我们能用海量数据做的所有事情？未免太有限了吧？可以说，大数据真正的“杀手级”应用还没有被发明出来。

我们先来看下大数据的现状。谁在产生大部分数据？机器。又是谁在阅读大数据？不管你相信与否，网上大约 30% 的“读者”都是机器人而非人类，甚至连大多数世界新闻都是被机器人阅读的。

未来，数据的主要读者将是机器人。大数据世界的真实图景是：机器产生数据，机器阅读数据，并构造一个以机器为中心的数据世界。这也是为什么迄今为止大数据唯一有用的应用是数据分析，因为机器最擅长数学和统计，却不擅长理解人类世界。我们还没有大数据领域真正伟大的“杀手级”应用，正是因为是机器，而非人类在“阅读”这些数据。

大数据时代需要的不仅是“数据分析”

最近几年来，很多制造业企业纷纷建立了智能工厂，由于机器与机器的连接产生并收集了大量的数据，但到底能用这些数据做什么，到底如何挖掘数据的价值还让很多人困惑。很多人还是寄希望于数据分析，认为足够精巧的数据分析应该可以带来很大改变。

确实，大数据时代必然要求数据分析能力不断提高。如今，在很多大学，计算和统计方法、可视化分析方法等都在不断改善和提升。但这些复杂的方法只是为了达到一个简单的目的，即让快速计算变得更廉价，因为大数据分析通常费用昂贵。

数据分析能力的快速提升确实让人惊叹，起初人们破译人类基因组需要花上 10 年时间，现在却有创业者在不到一天的时间里就能完成。这种能力也受到越来越多的重视，比如，斯坦福大学最受计算机系本科生欢迎的教材是《大规模数据挖掘》。也就是说，任何人都可以使用书中的方法来分析大数据。

但是，一种新的数学方法并不能给我们带来更有用的大数据应用，最多只能带来更便宜的数据分析。原因很简单：数学家们并不了解世界上的重大问题。要解决大的问题，仍然需要一种跨学科的方法，需要一种不仅仅只有“数据分析”的应用。

比如，大数据分析比较典型的方法是寻找数据之间的相关性。典型的逻辑是，如果你跟许多拖欠信用卡贷款的人拥有几乎一样的购买记录，很可能你也会跟他们一样拖欠贷款。在技术层面，数据分析会试图将这种关联性建立模型。不过我们也就又回到了大多数的数据都是被机器阅读和分析这个话题中。

数据分析会存在哪些问题呢？数个世纪以来，我们早就发现“假设—形成”这个方法有一个弱点：在大量数据中发现相关性并不难，难的是理解其中的因果关系。比如，如果有人发现，昨天在意大利都灵所有患上流感的人都穿着黑白相间的 T 恤衫，这并不意味着是这种 T 恤衫引起了流感，或者卖这种 T 恤衫的人就是传染源，这很有可能意味着这些患上流感的人都是尤文图斯足球俱乐部的球迷，因为这个俱乐部的官方球服就是黑白相间的 T 恤衫。

都灵一半的人口都是尤文图斯足球俱乐部的球迷，从来不踢足球也对足球毫不了解的数学家们很可能会得出错误的结论，一个对足球一无所知的机器分析出来的结果很可能错得更离谱。相反，一位了解都灵的人会很快意识到这种数据上的相关性并不直接包含因果关系，而会推测这场流感是在尤文图斯球队昨天踢球的体育场爆发的。

这种数据之间因果关系难以判定的问题在统计学诞生之初就存在了，然而，当我们面临的数据量特别大的时候，这个问题就显得尤其棘手，因为大量数据中的数据偶然相关性也是巨大的。

大数据时代我们当然需要更好的数学家，但我们同样需要来自各个学科的学者们。毕竟，解决人类社会的问题并不是一场数学竞赛。

大数据在生物医药领域尤其有用

大数据应该关注和解决哪些“大问题”？大数据可以应用得更广泛，最让人津津乐道的是预测未来。比如，可以用大数据预测大气污染什么时候会到达一个危险的水平，我们可以在那之前就采取措施；可以预测犯罪活动最有可能在哪里、在什么时候集中爆发，我们可以提前部署警力；已经有不少银行在使用一种类似大数据分析的系统来决定是否要给顾客贷款。

总的来说，我认为，大数据预测在医药生物领域用途特别广泛。因为这个领域的数据实际上是无穷尽的，可惜的是我们甚至都没能将已有的数据储存下来。人类基因组包含数十亿碱基对，我们目前对这些碱基对到底在人类基因中发挥什么作用，又是如何相互作用导致了疾病实在是所知甚少。又比如存在于人体内对人体的机能（如消化）发挥着重要作用的细菌微生物，其基因更比人的碱基对多百倍。我们不知道这些碱基对的作用，但是，我们有 80 亿人生活在这个星球上，这是一个巨大的潜在数据库。大数据预测可以帮助我们找到哪些基因组合会带来疾病，而哪些组合又会提高强大的免疫力。比如，有些人对疟疾免疫，我们就可以专门研究这些人体内基因组中的碱基对的分布情况，找出其中的奥秘。

斯坦福大学曾举行了一个名为“生物医学领域的大数据”的年度峰会，峰会提出的口号就是“数据科学将重塑 21 世纪人类健康”。谷歌也曾按照地区搜索和预测流感的爆发，发起了一个研究世界范围内基因数据分布情况，进而预测疾病的项目。非常可惜的是，很多项目需要一些特定的大数据才能为公众提供有用的应用，但这些数据掌握在一些不愿意向研究者开放数据库的公司手里。此外，我们身边触手可及的数据也可以提供很多有用的信息，但被我们“浪费”掉了。比如，斯隆（Sloan）基金会正在赞助这样一个大数据项目，该项目专门收集人们在火车站的机器触摸屏上留下的微生物信息，这些信息可以让我们知道该城市人们的健康状况。

大数据下商业合作大趋势

大数据解决“大问题”确实需要广泛的合作，这意味着大数据领域的“杀手级应用”也会在合作中诞生，而不仅仅是几个大公司之间的游戏。大公司的确对大数据的应用做出了很大的贡献。谷歌和 Facebook 作为世界上屈指可数的两个大数据公司，其贡献主要是实现了海量数据的实时处理。

我们简单回顾一下大公司在大数据处理上的技术史。谷歌的团队由杰夫·迪安（Jeff Dean）和桑杰·格玛沃尔特（Sanjay Ghemawat）（2004

年左右）领导。他们开发了并行、分布式算法 MapReduce，可以对大量的、多种类的服务器机群提供极大的扩展能力，解决了公司管理数十亿搜索查询数据以及与其他用户交互的实际问题。

Facebook 的团队则开发了 Cassandra（一套开源分布式非关系型数据库系统）。这个系统利用了亚马逊和谷歌的技术，解决了 Facebook 的数据管理问题。Facebook 在 2008 年将其赠送给了阿帕奇开源社区。乔纳森·埃利斯（Jonathan Ellis）和马特·派菲儿（Matt Pfeil）于 2010 年在加州圣塔克拉利塔成立了 DataStax 公司。该公司使用 Cassandra 并把它发展成能够与甲骨文竞争的关键任务数据库管理系统，在业内数一数二。

2005 年，一位雅虎的工程师道格·卡丁（Doug Cutting）和迈克·卡夫拉（Mike Cafarella）开发了一个分布式文件系统（HDFS），2006 年以后我们称为 Hadoop，用于在机群服务器上存储和处理大量的数据集。Hadoop 曾经在雅虎内部使用并最终变成另一个阿帕奇的开源框架。此后，随着 Hadoop 成为行业标准，出现了不少以它为基础的大数据创业公司。与此同时，谷歌也开发了自己的大数据服务引擎 Dremel（2010 年才对外宣布，实际上 2006 年就已在内部使用）。

目前，我们确实还没有大数据领域的“iPhone”或“Facebook”之类的杀手级应用。但切记，相关的软件已经有了，而且是免费的。大数据的最大使用者谷歌和 Facebook 已经将它们的大数据基础设施做成了面向公众的开源软件，包括 Facebook 开发的 Cassandra 以及谷歌的诸多大数据技术服务。此外，其他不少由美国高校或政府研发的大数据分析软件也都是开源的。

为什么呢？因为我们想要越来越多的创业者在大数据领域探索和试验，甚至连大公司也希望更多的小公司能够参与进来。我们想要看一下是否有人能发明大数据领域的“杀手级应用”。

大公司将它们的大数据服务作为开源平台面向公众释放的信号是，

即便竞争最激烈的商业领域也更看重合作而非竞争，这也是未来商业的大势所趋。

中国有潜力创造全新的大数据思维

毫无疑问，大数据时代确实需要一种全新的思维方式。因为数据有着多种多样的来源，任何一个专家（无论是人类还是机器）都不可能吸收所有的数据，这就要求跨学科的方法。

20 世纪 30 年代，有两个人在美国开创了“大科学”，麻省理工学院的万尼瓦尔·布什（Vannevar Bush，“二战”时期美国最伟大的科学家和工程师之一）和欧内斯特·劳伦斯（Ernest Orlando Lawrence，美国著名物理学家、1939 年诺贝尔物理学奖得主）。虽然两人合作的动机来自战争，而受益的是和平时期的社会。

布什和劳伦斯意识到解决大问题需要很多不同的思想：“大科学”正是将不同学科的科学家们聚集在一起。这种“大科学”方法给我们带来了很多影响深远的发明，比如核能和互联网。可以说，“大科学”就是“大数据”的最早应用，区别是数据当时都存在于不同科学家们的大脑里，但当时和现在使用的方法是相似的，即为了能用大数据解决大问题，我们需要一种跨学科的方法来创造、创新。

这样跨学科的研究机构已经在不断涌现。比如，哈佛大学量化社会科学研究所主任盖瑞·金（Gary King）就召集和组建了一个由社会学家、经济学家、物理学家、律师、心理学家等组成的研究团队（你可以从网站 http://www.iq.harvard.edu/team-profiles 上看到他们目前的阵容组成）。加州大学伯克利分校也建立了数据科学研究所（BIDS），成员中同样有人种志学者、神经系统科学家、社会学家、经济学家、物理学家、生物学家以及心理学家，甚至还包括一位地震学家。

实际上，用大数据解决大问题还有更早的例子，即古代中国。我认为，当今中国也最有潜力创造全新的大数据思维模型，因为中国人几百年前就已经发明并使用了这种思维。唐宋时期，理想的“君子”一定是一位跨学科的学者，他必须同时是政治家、历史家、作家、画家、诗人、书法家……他需要学习所有的经典书籍。可以说，中国早就创造了一种“多任务处理思维”，唐宋时期的读书人能够肩负起解决社会大问题的责任，正是由于他们从不同的领域吸收了足够多的知识。

有人会问，书法到底跟解决社会大问题有什么关系？当然有，它在无形中塑造着你的头脑和精神，让你更有智慧。而只要拥有一个足够智慧的大脑，不管面临什么问题，你总能找到正确的解决方案。

我认为，中国唐宋时期的思维方法毫不过时，如今中国在“大数据时代”寻求一种全新的“大数据思维”时不妨回溯历史，重新发现自己独有的处理复杂社会问题的方法。

大数据时代，到底谁拥有未来

我希望未来我们将身边所有一切都用数据来表达时，我们仍有能力将数据理解成活生生的人，而不是数字。

普通民众更多是大数据的客体

杰伦·拉尼尔（Jaron Lanier）[1] 在其《互联网冲击：互联网思维与我们的未来》（英文书名为 *Who Owns the Future*，中信出版社，2014 年 5 月出版）一书中认为，拥有全球业务的大公司如谷歌、Facebook，以及庞大的电商、银行等长久以来制造了一种严重的不正常局面。他们将用户免费提供的数据变成了利润丰厚的商品，普通民众虽然一直在贡献数据和价值，但没有得到任何回报。拉尼尔认为这会使得未来越来越掌握在少数大公司手中，他提出的解决方法是，所有在互联网上创造价值的人都应该分享价值，普通民众在贡献大量数据后也应该得到一定补偿。

我同意拉尼尔的观点。不过，我更感兴趣的是普通民众也能从数据的爆炸中获得更多知识，而非金钱的补偿。

知识的民主进程从法国启蒙运动时期就已经开始了，彼时，法国的哲学家们编辑了《百科全书》和全世界的普通民众分享知识。然后，普鲁士颁布强制教育法令，拉开了义务教育的序幕，其他国家纷起而效之，对于所有儿童来说，教育从此变成了强制性举措。然而，迄今为止，教育的不平衡在全球范围依然是个严重的问题。

如今，大数据可以允许我们完成知识民主化的目标。但遗憾的是，目前从大数据中受益的确实大多都是大公司（以及部分政府机构）。

---

① 杰伦·拉尼尔，思想家，有“虚拟现实之父”之称。

普通民众用诸如智能手机类的数字化工具来增进自己的“假性知识”（prosthetic knowledge）[①]，但很少有人知道该拿环绕我们身边的海量数据怎么办，该如何从中获取更多、更有用的真正的知识。

很多情况下，我们甚至都无法完整看到自己生产的数据（如电商、银行等），因为这些数据多被大公司所控制，这些大公司只管按照自己的意愿收集和整理这些数据（通常将数据用于商业计划或广告）。可以说，在大数据领域，普通民众更多的只是客体，而非主体。

“量化自我”作为全新的心理治疗方法

凯文·凯利曾提出了“量化自我”运动，即通过可穿戴设备或内置传感器实现对人体数据的自我追踪和监测，这可以称为未来大数据能让普通民众受益的一个例子。可以肯定的是，未来产生大量数据的物体将是我们的身体，很快将会有很多可穿戴设备以及纳米机器人植入在我们身体之内，植入的芯片会一直产生和播报实时数据。

这很容易让人想到云端的某种软件，它能实时捕获这些来自人们身体的数据，确保我们的健康。如果该软件发现有任何不正常的信号，它会马上要求可穿戴设备提供更多的数据以进一步确认，或马上要求此人联系医生进行专业的医疗检查。

在这个案例里，我们确实可以拥有自己产出的数据，并且从中受益。但是，你的数据仍然需要跟别人的数据结合才能得到一个真正改变生活的应用；否则，这些数据到底有什么用处还不确定。因为任何事物的意义都是相对的，比如晨跑，单一的晨跑数据做不出来什么有趣的应用，我们需要将其“游戏化”或“社交化”，让很多晨跑的人靠“竞争”来获得

① 假性知识，是英国博客 Rich Oglesby 提出的术语，意指非固有的、外部输入的知识。

应用中跑步第一名，由此激发人们的使用兴趣。

另外，我更倾向于把“量化自我”看成是一种全新的、更科学的心理治疗方法。通过记录自身的行为数据，你可能会发现一些自己之前从未意识到的东西。比如，你会发现一些朋友和家人都知道而你自己从未觉察的行为倾向。这就好像有人一刻不停地在为你记日记，这些数据能帮你发现自己到底是什么样的人。

这些数据也有助于提升自我，一个最简单的办法就是将自己的活动分类整理成爱好、创造性的思考、读书、运动等，到每月月底的时候可以通过图表分析自己的时间到底都去哪儿了，并重新调整各项活动，确定自己在朝真正的目标前进。

未来我们是否还能将数字理解成人

当我们自身遍布传感器和可穿戴设备，是否意味着我们将成为机器的一部分

一个机器产生并读取数据，然后再告诉其他机器该做什么的世界听起来可能确实有些可怕。更可怕的是，我们的身体是这一过程的最终对象，所有这些机器确实会使我们变得更不像人类。

不过，你也可以用一个佛学的方法来看数据。将我们的存在看成一个混乱的数据流，这些数据并不能在时间中长存，它们只是瞬间的存在，这些瞬间数据组合起来，就构成了“我”。它们类似于佛教的“佛法”。每一种佛法都与其他法紧密相关，或者说每一种法都是由另外一种法得到的（如戒、定、慧）。《清静道论》说：“只有苦难，而没有发现受苦的人，只有表演，却并没有演员。”它的意思是说，在佛教中，没有任何生命“存在”于任何阶段的时间内：每一个时刻都是全新的存在。“大数据”

对人类生活的理念跟它在某种程度上有些相似。

只不过，当我们过于频繁地认为数据只是一些数字时，我们可能真的会忘记，这些数字背后代表着真实的人。

如果我在文章中写道："不幸的是，每年有600 000人死于疟疾，大部分都是儿童。"这个庞大的数字背后是一个个活生生的人，以及守护在他们身边的人，是正在哭泣的母亲们和姐妹们。

我希望未来我们将身边所有一切都用数据来表达时，我们仍有能力将数据理解成活生生的人，而不是数字。

人工智能篇

我们的思想，处于一片真空。

既无法想象

容纳我们的世界，

也无法想象

我们所容纳的世界。

现实变成了我们头脑中的一个循环跑道，

通向我们发明的工具，

通向我们的头脑。

——皮埃罗

人工智能赶超人类为何是个伪命题

在中国讲学期间，皮埃罗深深感受到了人工智能带来的“阴影”，听众们问的最多的问题是：“电影《机械姬》（*Ex Machina*）中的机器控制人类的事情是否真的会发生？”或者“超人类智能是否会威胁生存？”

“我并不害怕人工智能，我反而害怕人工智能时代不能尽快到来”，皮埃罗每次都这样笑着表示。

值得一提的是，皮埃罗在人工智能领域有一段很长的履历。1983~1991年，皮埃罗一直担任意大利奥利维蒂公司人工智能中心的创始总监；1984年，皮埃罗先后在哈佛大学和麻省理工学院学习人工智能；1995年和1996年，皮埃罗作为访问学者在斯坦福大学人工智能实验室深造。他还曾在一家名为IntelliCorp的公司工作过，该公司是硅谷最早的一批人工智能创业公司之一。如今，皮埃罗在斯坦福大学讲授人工智能课程，出版过一本《智能的本质》（英文书名为 *Intelligence is not Artificial*：*Why the Singularity is not Coming any Time Soon And Other Meditations on the Post-Human Condition and the Future of Intelligence*，人民邮电出版社，2017年即将出版）的英文专著。

人工智能简史

我为什么不担心人工智能超越人类

我们先从让这个命题流行起来的奇点理论说起，奇点在硅谷都快成一种新的信仰了。埃隆·马斯克（Elon Musk）、比尔·盖茨，甚至斯蒂芬·霍金（Stephen Hawking）都公开表示了对人工智能的担忧。雷·库兹韦尔预测，机器智能会在不久的将来超越人类，创造出一种人类根本无法理解的超级智能。他预计，2027 年，计算机将可以模拟人类大脑；2029 年，计算机将能拥有和人类一样的智能；2045 年，当机器人的智能超越人脑智能并可以自己繁衍时，奇点就会出现。

很多人相信奇点很快就会到来，也相信如果人类与他们生产的机器完全融合，如果人的智能能够完全转移到计算机上，奇点就能够让我们实现永生。这种“信仰”是建立在五个“信条”上的。第一，人工智能正在并已经产生卓越成果；第二，技术进步在不断加速；第三，技术正在创造超越人类的智能；第四，人类可以从比我们更聪明的机器中获益；第五，通过图灵测试的机器至少像人类一样聪明。《智能的本质》一书中解释了为什么我不同意这五点。

第一，对“人工智能正在并已经产生卓越成果”这一事实的验证。人们对人工智能总是过于乐观。1965 年，伟大的数学家赫伯特·西蒙（Herbert Simon）曾写下：“20 年内，机器将可以胜任人类可以做的任何事情。”这一天迄今为止还没有到来。

人工智能始于 1955 年［1950 年，阿兰·图灵（Alan Turing）提出了机器能否思考这个命题，编程语言 LISP 的发明者约翰·麦卡锡（John McCarthy）在 1955 年提出用“人工智能”定义该领域］。最初，神经网络是最受青睐的技术，但是，我们的大脑有成千上万的神经元，要建造和模拟那样巨大的神经网络几乎是不可能的任务。

因此，神经网络很快被另一种被称为“基于知识”的技术所取代了。理解这种“基于知识”的人工智能最简单的方法就是弄明白信息和知识的区别。在一个基于信息的系统里，一定有一个包含问题答案的数据库。比如，当有人问：“谁是美国的总统？”或“罗马在哪里？”这个系统会从数据里查找出“奥巴马”和“意大利”。但是，如果有人问：“你认为下一任总统会是谁？”或者“亚特兰蒂斯（传说沉没于大西洋的岛屿）在哪里？”基于信息的系统就无法运转了。此时，就需要基于知识的系统来

“思考”，这个系统需要利用所有已有的知识来“猜”出问题的可能答案，就好像我们人类那样。

这种基于知识的人工智能一直流行到20世纪90年代。实际结果却一直不尽如人意，因为给人类的庞大知识体系编码是一件无比困难的事。因此，人工智能在那段时间备受冷落，被认为只不过是不切实际的理论研究而已，人工智能进入了“冬天”。

我认为人们重新开始相信“人工智能”是从2011年开始的，这一年，IBM的超级计算机“沃森”（Watson）击败了哥伦比亚广播公司著名智力竞赛节目《危险边缘》（*Jeopardy*）的人类冠军，人工智能一时名声大噪。

2012年，吴恩达（Andrew Ng，现为百度首席科学家）领导的“谷歌大脑”项目，让机器系统能够以非常低的错误率在海量图像中识别猫，2012年也因此被我们看成人工智能领域真正的里程碑。

这是如何实现的呢？图片网站ImageNet（http://www.image-net.org/）是一个被人们贴好标签的海量图片数据库，每年，来自全世界的人工智能团队都会进行图像识别竞赛，并根据错误率打分。2012年，一种新的技术“深度学习”[通常来说，大家认为深度学习的观点是杰夫·辛顿（Geoffrey Hinton）在2006年提出的，他在神经网络领域进行了长达30年的研究]使得图像识别的错误率迅速下降到一个很低的数值，并在之后不断下降，甚至接近人类的水平。

2014年，斯坦福大学以人工智能实验室主任李飞飞（Feifei Li）为主导的科学家团队开发了一个机器视觉算法，该算法能够通过对图像进行分析，然后用语言对图像中的信息进行描述。在此之前，其实已经有可以识别人脸的软件算法，但是斯坦福大学的系统（同时期的项目还有雅虎的Flickr）可以识别出图像中的场景，比如两个人在公园里玩飞盘等。

可以说，杰夫·辛顿等人在基于神经网络的基础上提出深度学习后，人工智能才再次流行，因为它确实能够识别人脸、声音乃至场景了！

人工智能近年来引人关注的还有“图灵测试”的突破。1950 年，阿兰·图灵在一篇论文中提出了机器能够骗过人类，让人类误以为机器是人类的想法，这是“图灵测试”的本体。图灵认为，如果 30% 的被测试人都不能区分放在黑箱子里的机器到底是人还是机器时，这台机器就通过了图灵测试。

2014 年 6 月 7 日，聊天程序“尤金·古斯特曼”（Eugene Goostman）在英国皇家学会举行的“2014 图灵测试大会”上冒充一个 13 岁乌克兰男孩骗过了 33% 的评委，通过了图灵测试。这并不是计算机软件第一次成功骗过了很多人，但这是人类第一次可以在测试中随意提问任何问题。

2016 年，谷歌的 AlphaGo（阿尔法围棋）战胜人类围棋冠军带给世人一阵惊呼。

人工智能目前的局限

这些“成就”真的非常了不起吗

和早期电脑能够做的事情相比，机器今天确实可以识别语音、人脸、图像乃至场景，识别一只猫确实让人印象深刻。但总的来说，我对人工智能这些年取得的成就的看法与那些新闻头条正相反。

在说 AlphaGo 之前，先从人工智能可以识别图片上的猫这个“大新闻”说起，谷歌的团队需要将 16 000 个计算机处理器连接起来，构建一个超大规模的神经网络，还需要让它事先看过海量的猫的图片，结果是，它对猫的判断准确率实际上比小孩还低。再对比一下，一只老鼠要花多长时间去识别一只猫呢？

美国国家航空航天局的火星探测器“好奇号”（Curiosity Rover）是目前最高端、最昂贵的机器人之一，自 2012 年 8 月降落火星开始探测任务以来引来大量媒体关注。但是，2013 年，美国国家航空航天局的一个行星科学家克里斯·麦凯私下里跟我感慨，“‘好奇号’要花 200 天做的事情，人类研究者一个下午就能轻松搞定”。

再比如，2014 年，日本研发出一个骑自行车的机器人 primer V2，很快就在媒体上火了起来。各大媒体纷纷对这个机器人能够像人一样灵活地拐弯、双脚着地刹车、举手与人说“嗨”等惊呼不已。其实，这有什么稀奇呢？看起来像人的机器模仿人做的事情，古时候就有这种发明了，尤其是中国的古时候！

大部分这些进步其实都是围绕“识别”做文章，也大都发生在神经网络领域。神经网络的局限性是，它背后是“模式匹配”的运作原理，真正的含义还是“识别”，这意味着要很好地利用基于神经网络的深度学习技术，你需要把你所有的问题转换成一个“识别”问题，这不是不可能，只是让人感觉有些怪，比如，你需要把谁将是下一任美国总统的问题转换成一个模式识别问题。

神经网络用的是数据统计方法，只有已经具备了很多案例，然后再“猜”下一个案例时才能良好运行。翻译软件就是个很好的例子，它会自动翻译不是因为它真的掌握了这门语言，而是每当有人给出新的句子，它就从成千上万已经被别人翻译好的数据库里“学习”，根据已有的翻译来“猜”这一句的意思，意思就是“识别”出最有可能的已有翻译。

统计的方法能产生一个合理的结果，但它永远不知道为什么。这也是为什么机器由此学习到的技巧不能应用到其他领域。当今世界最著名、最具影响力的哲学家之一约翰·塞尔（J.R.Searle）一直坚持认为，不管机器看起来能做什么，那都不是它做的，即机器根本意识不到自己做了某事。塞尔在 1980 年用“中文书”的例子来说明，如果你给我一本包含几乎所有关于中国问题的答案的书，然后你用中文问我一个问题，我可以从书中找到正确的答案。但是，我仍然不懂中文。也就是说，当我用中文回答你时，我实际并不是用中文回答你。

人工神经网络的应用也是如此：计算机可能会找到正确的答案，但它不知道为什么。翻译软件可能会正确地将英文翻译成中文，但它仍然不懂英文，也不懂中文。

也就是说，我们可以教会神经网络识别很多东西，却无法教会它们理解这些东西的含义，更谈不上让机器具有人类敏锐的洞察力。比如，机器可以识别出“有人在商店里拿了一件东西”，但他们什么时候可以识别出“有人从商店里偷了一件东西”？但人类可以通过看同样的照片分辨出小偷在商店拿东西和顾客正常购物的区别，这种能力我们根本无法训练人工神经网络来实现。

再比如，自动翻译软件可以语调不改地翻译出“这里有炸弹”，而懂外语的翻译者只要看一眼这个句子，就会脸色大变，马上大喊“所有人快出去！”

神经网络之所以在20世纪60年代被遗弃是因为当时没有足够快的电脑，随着电脑的普及和运算速度的不断提高，如今的神经网络才有能力来执行大规模计算。某种程度上，“深度学习”是被便宜的计算能力成就的。当然，神经网络的算法也有很多进步，杰夫·辛顿和其他研究者不断在开发更加高效的算法，但如果没有成千上万的计算机来完善神经网络，这一切都将无从谈起。

号称在电视益智节目中打败人类冠军的IBM计算机沃森需要85 000瓦特的能量。谷歌AlphaGo确实战胜了人类围棋冠军，但是鲜有人注意到，AlphaGo需要消耗440 000瓦特的计算能量。即便如此，除了会下围棋，AlphaGo还会做什么呢？相比之下，人类大脑将惊人的计算能量装入一个狭窄的空间，只使用了20瓦特的能量，而且，人类的大脑还能做其他数不清的事情。如果有人能使用20瓦特的能量制造出一个能同时做两件事的机器人，我才真的觉得了不起，才是不可思议的大进步。注意不能作弊，不能把扫地的机器人和做三明治的机器人放在一个大铁盒里，就宣称机器人能做两件事了，我们人类可没有长出一百万个大脑来做一百万件事情。

靠大量计算能力取得的成果称不上多有创意，有时候我开玩笑说这是“摩尔定律的诅咒”。过去在人工智能领域的科学家不断有很多有趣的、富有创造性的想法涌现，因为当时的电脑运算速度慢、体积大且价格不菲，要想让它变“智能”必须绞尽脑汁地想尽各种方法。

我对此体会尤其深刻。20世纪80年代我们做人工智能研究时，哪怕非常简单的“推理”都需要庞大且贵重的机器，有时甚至需要一些专业机器，比如LISP机（20世纪70年代进入市场并广泛应用的人工智能机，一种直接以LISP语言的系统函数为机器指令的通用计算机），然而很多实验依然很难开展，尤其是在神经网络领域。但如今的人工智能创业者可以使用计算能力快、价格也便宜的机器，可以将很多机器并联起来测试非常复杂的模型，他们不需要多有创意就可以取得很大的进展。

如今的超级计算机能用很简单的方法迅速找到问题的答案。实际上，靠搜索引擎基本上就可以找到大部分问题的答案，简单到人们已经不用思考，不需要有多少创意。在某种程度上，这种强大的计算能力正在让人们失去用更有创造性的方法完善智能机器的动力。而且，即便这种“暴力破解”（brute force）的方法，也很快要面临瓶颈了，“摩尔定律”正在面临挑战，电脑计算能力的提升并不会像人们想象的那样继续一路高歌猛进。

深度学习如今变得如此流行，AlphaGo的辉煌战绩也是深度学习成就的。但是，如果认真分析深度学习的这些成功案例，你会意识到，它们的成功除了依赖大量的高速计算机处理器，还依赖海量的大数据，即人类提供的学习样本。成功识别猫的故事是在ImageNet这个图片大数据库之后才成为可能的，AlphaGo的成功也是基于收集整理了人类围棋大师们积累下来的成千上万的着数。

总的来说，“深度学习”本身没有问题，我只是不确定放弃基于知识的方法是对的，就好像过去我一直反对放弃神经网络。比如，使用“深度学习”的方法来猜谁是下一任美国总统时，根据之前的美国总统的名单并不能猜出答案。人们的常用方法是分析所有正在竞选美国总统的政治家的情况，然后花上好几个小时乃至好几天来争论谁会是下一任，我们此时的推理是就基于知识的。

然而还有常识问题，我们日常做的大部分事情都是不经过思考的，天热了就少穿点衣服，下雨了就拿起雨伞，在别人伤心的时候说安慰的话，在别人开心的时候微笑等，很多认知和行为都已潜移默化为常识的一部分。而很多动物行为能把人逗笑恰恰是因为它们缺乏常识，比如小猫对着镜子里的自己又抓又咬等。但是，要将这种我们人类看来是小孩子都知道的事情教给机器是难之又难的。

显然，和人类的大脑相比，我们离制造出真正智能的机器还差十万八千里。我们制造出的充其量是越来越好的电器产品而已，洗衣机、电冰箱、微波炉、下象棋的深蓝、下围棋的 AlphaGo……它们都只能做一件事情，只不过比人类做得更好更快而已。

技术到底进步了多少

技术进步在不断加速。这是奇点理论很关键的一个支撑点。当今的各种技术进步如此之快，且还在不断加速，机器会越来越智能和强大。果真如此吗？

我们过去就已经有比今天更令人震惊的技术进步了。1880~1915 年，汽车、飞机、电话、收音机、录音机以及电影逐一被发明出来。突然之间，人们就可以“飞”了，就可以跟千里之外的朋友或家人说话了，人们可以用录音机欣赏已经逝世的歌手的音乐了……这些对当时的人们来说，肯定像魔法一样神奇，其实这些发明都是在短短30多年里出现的。而同一时期，量子力学和相对论也相继问世。

当然，技术一直在进步，但你真的确定今天的技术相比过去进步了很多吗？1886年，德国人卡尔·本茨（Karl Benz）造出了世界上第一辆汽车，47年后（1933年），美国已拥有2 500万辆车，整个世界已大概拥有4 000万辆车。1903年，怀特兄弟发明了第一架飞机，在第一次世界大战（1915~1918年）的短短三年里，人类已建造了超过20万架飞机。47年后（1950年），全世界已有3 100万的人乘坐飞机。

1969年，人类首次成功登陆月球，47年后的今天，有几个人成功被送到其他星球了呢？1969年，超音速飞机协和号被发明出来，不幸的是，它甚至都没能继续运行到今天（协和号飞机1969年研发成功，1976年投入商业运行，2000年7月25日，协和号客机班机AF4590发生爆炸后，所有协和号飞机受此影响，于2003年退役）。再来看下人工智能，1969年，斯坦福国际研究所（Stanford Research Institute，SRI）研制了移动式机器人沙基（Shakey），47年后的今天，又有多少人拥有一台机器人呢？

我甚至不确定今天的大部分技术进步相比之前有什么特别。当然，我们的生活因为技术发生了很多改变，但改变不等于进步。有时候一些看似重大的改变只是市场需求创造出的一些新时尚，或只是商业模式的改变而已，这些改变也许是“进步”，然而，它们主要只让少数几个大公司受益。到底是谁的进步？真的是人类社会的技术进步吗？

比如，谷歌是目前人工智能领域最大的一家公司，它研发的无人驾驶汽车真的是很了不起的进步吗？确实能让人类的交通更安全吗？

相反，它恰恰说明了高科技公司跟现实世界的距离有多远。

首先，如今很多机器的“智能行为”其实是由于人类已经将机器周边的环境改造得近乎完美，即使白痴也能在那样的环境中工作。2014年12月，谷歌宣布第一部具备完整功能的无人驾驶原型汽车已经制造完毕，并于2015年夏天在加州的公路上完成了测试。当我们为无人驾驶的高科技和人工智能的进步欢呼时，鲜有人关注到的是，无人驾驶汽车只能在高度优化的道路上运行，加州极其优良的道路条件、GPS、雷达、监控装置等组合在一起，只要是正常人都能轻松地驾驶。

其次，交通问题是世界上每个国家的主要问题，交通堵塞的问题从加勒比岛到北京都是一样的。无人驾驶车一定会加剧交通堵塞，而非减缓。因为今天不想自己开车的人也许明天就会买一辆无人驾驶车上路了。

几乎每次有人想要"最优化"驾驶过程都会导致更拥堵的交通。比如，你在旧金山至少可以通过四种服务来共享一辆车，这几家公司分别是City CarShare、ZipCar、RelayRides和Getaround。结果是，原来乘坐公交车和地铁的人们也纷纷开始用汽车上班了。优步（Uber）和Lyft在本就十分拥堵的路上又增加了上千辆车。"分享车"的初衷本是因为车是有价值的资产，不应该在闲置的时候被"晾"在车库里。但是，每一辆驶出车库的车都在增加道路交通的压力，并带来更多污染。

最后，无人驾驶车的支持者总是坚信它可以减少车祸，拯救生命。然而，2016年初，谷歌无人驾驶汽车向美国机动车管理局提供了无人驾驶汽车的最新报告。报告显示，其公司的无人驾驶汽车在14个月的测试中遇到了272桩意外事件，如果没有人类驾驶员随时待命准备接手，这些意外会发展得更严重。百度无人驾驶汽车也在2015年12月初完成了北京开放高速路的自动驾驶路测，但需要注意的实际情况是，它要求两个人坐在车内，一人负责随时接手，另一人负责监测车辆运行情况。

如果真的要减少车祸，火车、地铁和公交车等公共交通的安全性比汽车高多了，我们应该想办法让更多的人使用公共交通出行，而不是制造更多的汽车。

让人感慨的是，我们身处在一个社会学家们探讨媒体已经大大延伸了人们获得信息的范围的时代，结果却是，人们在车上装置了各种沟通、娱乐和电子商务等设施，汽车逐渐变成人们的第二个家，或者说生活的第二个中心。人们越来越热衷于将自动驾驶和各种电子装备都配置到汽车上，未来是不是会发展为我们将 80 亿人都放到路上，甚至包括老人和小孩呢？

那么，今天那些层出不穷的新发现、新成就到底是从哪里来的呢？简单来说，我们今天的大部分进步其实都源自过去的创意，今天能够实现无非是因为强大而便宜的计算能力。

我们一直在研发和改进能让机器人更好“识别”而不是“思考”的能力。这也是为什么机器人一直缺乏常识。如今机器人的灵活性确实有了极大的进步，那是因为传感器和电子产品的价格一直在下降，人们可以将大量的传感器内置到机器人的“手臂”里，直到它们的机械“手臂”能跟人类一样灵巧。

2015 年电气和电子工程师协会（IEEE）在西雅图举行的国际机器人与自动化国际会议（ICRA）上，很多机器人挑战赛备受关注，如“类人类应用挑战”（创造人形的机器人来完成特定任务）以及“纳米机器人挑战赛”等。我最感兴趣的是亚马逊的机器人分拣大赛，它要求参赛机器人从事先准备好的货架上成功取下一些日常用品，并把它放到附近桌子上的篮筐里。测试的物品包括网球、笔筒、玩具和一些书籍，将这些物品成功移动到桌子上就会得到相应的分数，如果物品在移动的过程中出现掉落、损坏等情况则会扣分。

参赛机器人的手臂确实已非常精巧，参赛的 RBO 团队在 20 分钟内移动了 12 件物品中的 10 件，由此获得大赛一等奖。然而，与人类的效率相比，机器人仍差得很远，这也是亚马逊暂时不会使用这些机器人的原因。

加州大学伯克利分校的彼得·阿贝尔（Peter Abbeal）也展示了机器人折叠毛巾的视频，看起来确实很精彩。但是，仔细想下，机器人并不是真的在“叠毛巾”。人类在做同样的工作时会把湿的、脏的或有破损的毛巾放到一边，机器人可不管，它会把所有干的、湿的毛巾放在一起叠好。也就是说，叠毛巾这样简单的事情也有特定的情境要求，如果你没法理解到底是什么情境，即便你是世界第一的叠毛巾能手也会显得特别愚蠢。

此外，媒体宣传较少的仿生学有不少进步，它本身并不要求有多智能，却能极大地提升我们做事情的能力。

超人类智能早已存在

支撑奇点的第三个信条是“技术将创造超人类智能”。我想说的是，超人类的智能早就已经存在了，我们周围比比皆是。蝙蝠能在黑暗中以极快的速度避开障碍物；鸟类被赋予了神奇的“第六感”，在寻找迁徙地和预知灾难时有不可思议的能力；还有一些动物具有伪装的能力，能够改变自己皮肤的颜色……大部分动物都能够看到、嗅到、听到人类看不到、嗅不到也听不到的东西，它们在执行特定任务时的智能水平早就远远超过了人类。

此外，我们身边的很多机器早就能做人类做不了的事情。最简单的例子比如钟表，一千年前就被发明了出来，一直都在做着“计时”这件人类无法完成的任务。我不太确定奇点所说的超人类智能到底是什么，非人类智能与超人类智能又到底有什么区别？我们身边不是早就已经有了很多非人类又超人类的智能吗？

很多人也许会反问说，我们并不担心动物和其他早已存在的机器，是因为人类能够控制它们，但是机器智能有可能失控。

你确定吗？人类以为自己能够控制一只蝙蝠，事实是，所谓的“控制”经常等同于“杀害”。没错，我们同样也有能力杀死更强大的动物，但我不确定这就意味着我们比它们更聪明。难道狮子能杀死羚羊就意味着狮子比羚羊更聪明吗？

再比如钟表，人类真的能控制钟表吗？你确定不是钟表在控制人类？难道不是钟表在决定你每天何时起床、何时上班又何时下班的吗？人类确实设定了时间，但你同时也可以说是钟表“要求”人类来设定。正如我们在一开始谈论技术时提到的，一些哲学家很早就有了技术利用人类来进化的观点，比如我最喜欢的法国哲学家让·鲍德里亚。

再看奇点最让人害怕的地方：超级智能的机器能够控制甚至杀死人类。确实如此吗？

所有的技术都能杀死人类。强大的原子能量能杀死人类，变质或有毒的食物也能杀死人类，全世界每年的车祸更是不计其数，即便抽烟过度也有可能致命。每个人都有选择的自由，都可以在使用技术时权衡利弊。

即便是在日本福岛的核反应堆发生泄漏之后，我个人依然很喜欢核能，因为它是优质的清洁能源。当然，核爆炸能在很短时间内对人类造成巨大的损害，但我并不会因此就害怕核能。我更感兴趣的是，如何保证类似福岛这样的灾难不会再发生；我更感兴趣的是，如果灾难真的发生了，我们又如何利用技术迅速将伤害清除或降到最小。

害怕人工智能的人们还喜欢持有这样一种论调：猩猩永远不可能比人类更聪明，因为它们没有跟我们一样的大脑，但现在人工智能在做的事情是试图复制人类的大脑，今天我们可以复制小虫子的大脑，明天我们可以复制鸟类的大脑……总有一天我们能复制出一个智能等同人类的大脑，这个大脑就会再接着演化出智能远超人类想象的“超级智能”。

对此，我的看法是一样的。这个观点设定的前提是我们的大脑比所有动物的大脑都更强大、更聪明、更智能。事实却是每种动物都有特别擅长的领域，很多种动物的大脑都能处理人类处理不好的事情。比如，有些恐怖分子打着“上帝”的旗号把自己变成自杀式人肉炸弹，自取其亡的同时还杀死了很多同类，却从心底坚信自己由此可以进入“天堂”，你确定这种行为比猩猩更聪明吗？我可从来不认为猩猩会像人类这么蠢！

我们认为自己的大脑比动物更优越无非是因为我们有能力杀死它们。在杀害动物和破坏环境这一点上我们确实很擅长。几乎找不到任何一种像人类这样热衷于杀戮其他动物和不断破坏环境的物种了。如果人工智能真的在复制人类的大脑,那它一定也会复制一个同样热爱杀戮和破坏的大脑。

所以，我实际上希望人工智能不要简单去复制人类的大脑，能不能去创造一个更好的呢？ 或者说，我希望人工智能可以去创造一个“最好的大脑”，一个能够向所有物种学习它们最好一面的大脑。我确定想要一台能够在黑暗中自由飞行，又拥有超强嗅觉的机器，我可不想要一台以上帝的名义将自己变成自杀炸弹的机器。

总之，在很多情况下，我都宁愿一台机器表现得更像大猩猩，而不是更像人类。我希望人工智能可以让世界更加安全、干净和美丽，而不是造出更多重复人类已有错误的机器来。

人类智能的退化才值得忧虑

支撑奇点理论的第四点是，“人们可以从比我们聪明的机器中获益”，即达到永生。而在我看来，人工智能的发展让我更担心人类智能的未来，而不是担心机器智能的未来。

图灵测试提出的问题是“什么时候机器才能和人类一样聪明”？我总是开玩笑说，要达到这个“临界点”有两种办法：一种是让机器更聪明，另一种则是让人类变得更傻！如果机器变得稍微聪明了一些，而人却变得比以前蠢多了，那我们当然很快就会拥有比人类更聪明的机器了。

这种危机正在上演：不是我们在创造过于聪明的机器，而是我们在创造更加愚蠢的人类。人们不断制造着让自己变得退化、多余乃至愚蠢的工具。事实上，很多高科技的项目不是依赖更聪明的技术，而是依赖更傻的用户。这些项目不断要求我们变得跟机器一样，说着一门“机器语言”，表现出机器才有的行为，以便跟我们周围越来越多的机器互动。

“自动化”的真实含义是什么呢？通常情况下，可以被“自动化”的工作往往要求用户接受一个质量更低（而不是更高）的服务。你周边的一切自动化程度越高，意味着你越是需要像个机器一样跟环境互动。

我看到的不是机器变得更聪明了，不是它们在努力学习和理解人类的语言。恰恰相反，是人类经常为了得到自动化的机器支持，已经习惯了像个机器一样说话，大多数时候人们连话也不用说，只要敲击键盘就可以了。

大多数电话或网站首先会要求用户输入一系列数字（账号、密码），因为我们是在跟机器对话，机器能够执行任务不是因为它们使用了人类的语言，而是因为人类使用了机器的语言。形形色色的规则、规章制度也正在不断将我们变成机器，我们必须遵守冗长呆板的顺序才能满足哪怕很简单的需求。

当我们谈论人工智能的时候，我担心的是，人类朝机器进化的速度比机器朝人类进化的速度快多了。这也是我为什么不担心奇点，却担心现在的人们因为技术变得更蠢而不是更聪明。比如，智能手机可以让你更快更好地做很多事情，但很多人完全浪费了它的潜能，大多数时候他们只是用它来刷微信朋友圈。

支撑奇点理论的第五点，“通过图灵测试的机器至少像人类一样聪明”，确实如此吗？

图灵测试并没有对谁应该是评委做出界定。英国皇家学会举行的“2014 图灵测试”大会上，按照大会规则，某台计算机被误认为是人类的比例超过 30%，那么这台计算机就被认为通过了图灵测试。结果，33% 的英国皇家学会的评委都被计算机成功骗过了。如果将英国皇家学会的评委换成其他人呢？有没有可能换成一批比之前更聪明的评委呢？我们需要用更好的办法衡量机器的智能，整个图灵测试的定义其实是非常含糊的。

人工智能的未来是“增智”

人工智能的未来到底会是什么

人工智能是一种非常有用的技术，仅此而已，就好像其他有用的技术一样，如蒸汽机、电视机、GPS 等。所有这些技术都可以让我们做一些新的事情。

人工智能不会生产出像人类一样的“智能”，而是会不断提供非常有用的技术和新东西。吴恩达是对的，技术对人类来说一直都是合作伙伴，而不是替代品。每一种新技术都会给人类创造更好的工作。

“鼠标之父”道格・恩格尔巴特（Doug Engelbart）是硅谷最有影响力的人之一，他生前一直倾向于使用“增智”而不是“人工智能”，他认为机器会让我们的智能更强大。

这一点在仿生学上表现得尤其明显。人们似乎总是将智能机器作为单独的实体来讨论，其实，在用机器来完善、加强人体，而不是取代人体上我们已经有了很大的进步。仿生学的历史从 1961 年人们将第一个电子芯片植入人类耳朵的时候就已经开始了。1965 年，家何塞・德尔加多（Jose Delgado）通过遥控电子装置向一头公牛的大脑发射信号，以此控制牛的行为震惊了世界。1998 年，菲利普・肯尼迪（Phillip Kennedy）发明了一种可以捕获残疾人“意愿”的大脑植入物，以此来移动手臂。

2000 年,杜伯利（William Dobelle）的小组发明了一种视觉移植系统，可以让盲人看到外面景物的轮廓。2006 年,阿马尔·格拉夫斯特拉（Amal Graafstra）蹿红，因为他的双手植入了微小的无线电频率辨识芯片，一只手可以连接到智能手机上储存和更新数据，另一只手只要一挥就可以打开前门，再一挥就可以登录电脑。

2013 年，杜克大学医学中心神经生物学家米格尔・尼科莱利斯（Miguel Nicolelis，他可能是这个领域最知名的研究者）让两只老鼠捕捉对方的“想法”并用互联网传送给对方，以此实现沟通。现在尼科莱利斯正试图连接猴子的大脑，这样他们就可以合作完成一项任务。同一年，华盛顿大学的罗杰西・拉奥（Rajesh Rao）和安德里亚・斯托科（Andrea Stocco）让用意念控制他人身体变成了现实，他们发明了一种方法，可以让拉奥的脑信号通过互联网传递到斯托科的手上，拉奥可以让斯托科的手移动起来，这是第一次人类可以控制其他人的身体。2014 年，截肢者丹尼斯・阿波从思尔维斯特罗・米克拉（Silvestro Micera）的研究团队接受了一只机械手，这只手能够向神经系统传递电子信号，创造出触感。

半机器人时代已经到来，这不是什么坏事，就好像我们现在戴眼镜和使用助听器一样。我甚至觉得，神经植入物可能会在人工智能之前改变很多人的生活。

人工智能将创造更多好工作

对机器会取代人们的工作，皮埃罗一如既往地持乐观态度。他坚持认为，机器在淘汰一部分工作的同时，会创造更多更好的新工作。以前的每一次工业革命都是如此，这一次也不例外。

中国政府正大力推进“中国制造2025”行动计划，加快人机智能交互、工业机器人等的应用，皮埃罗认为这是明智之举，也是中国经济蜕变的关键。面对全球老龄化社会的到来，他甚至担心“人工智能的时代不能尽快到来”。唯一需要思考的是，未来的很多工作会被重新定义，你又该如何准备？

人工智能将创造更多好工作

人们害怕人工智能还有一个重要的原因：机器人在抢走我们的工作。然而，重申一次，人工智能只是一种技术。人们一直都在害怕技术，历史已经一次次证明这种担心是多余的。每一次新技术出现伊始，都会引起人们的恐慌，之后却会证明，相比失去的工作，新技术创造了更多的新工作。这背后的一般规律是：技术提高了劳动生产率，增加了社会产品和积累，进而会开辟新的生产和服务部门，最终增加了就业。

德勤的经济学家们研究了英格兰和威尔士1871年至今的经济数据，结果显示，相比技术淘汰的工作，技术一直都在创造更多的新工作。

为什么机器总会背上“抢走工作”的恶名？2008~2012年，西方国家遭遇了一个世纪以来最严重的经济危机，这种情况下，自动化很容易成为替罪羊，尤其人工智能在公众眼中的形象一直不怎么友好。

可以肯定的是，人工智能一定会在下一次经济危机中再次成为替罪羊。但是，细想一下，2008 年的经济危机是由银行引起的，2000 年的互联网泡沫是由华尔街的投机者引起的，1991 年的经济衰退是由高利率、庞大的财政赤字以及 1987 年的股灾引起的，1989 年的储蓄和贷款危机以及石油价格的紊乱是由 1990 年入侵伊拉克引起的……没有一次危机是由自动化引起的。但是,媒体每一次都会将危机后的失业问题归咎于自动化。每一次当有人失业时，人们的第一反应总是责备机器，理由要么是“机器为什么没有失业”，要么是“机器抢走了人们的工作”。

2013 年，牛津大学的卡尔·贝尼迪克特·弗雷（Carl Benedikt Frey）和麦克尔·奥斯本（Michael Osborne）发表了《职业的未来》的著名研究，他们声称，未来 20 年里，约有 47% 的职业将会被机器取代。这个结论一直被媒体争相引用,加剧了人们对机器抢走自己工作的担忧。然而，最新的诸多研究显示，这个结论根本站不住脚。

人们总是很容易被不了解的事情吓到。遗憾的是，詹姆斯·巴特（James Barrat）的《我们最后的发明：人工智能与人类时代的终结》[①] 以及马丁·福特（Martin Ford）的《机器人时代：技术、工作与经济的未来》[②] 一书论调悲观，内容谈不上有多少科学依据，却因为迎合了人们的恐惧心理而成为畅销书。只有很少一部分人会读埃里克·布林约尔松（Erik Brynijolfsson）和安德鲁·迈克菲（Andrew Mdfee)2012 年写的《与机器赛跑》[③] 以及 2014 年两人再度合作的《第二次机器时代》。[④]

2015 年，很多研究和报道都已在重新表述这样的观点：机器会淘汰一部分工作，但同时会创造更多的新工作。比如，美国自动化促进协会

① 英文书名为 *Our Final Invention*：*Artifical Intelligence and the End of the Human Era*，电子工业出版社，2016 年 8 月出版。

② 英文书名为 *Rise of the Robots*：*Technology and the Threat of a Jobless Future*，电子工业出版社，2014 年 9 月出版。

③ 英文书名为 *Race Aganist the Machine*，电子工业出版社，2014 年 9 月出版。

④ 英文书名为 *The Second Machire Age Work Progress*， *and Prosperity in a Time of Brilliant*，电子工业出版社，2014 年 9 月出版。

发表了一份名为《机器人将成为美国提升生产率和增加工作的动能》[①] 的白皮书，阐述了美国的制造业企业是如何在增加机器人的同时增加就业的。美国的制造业已经持续下滑了很长一段时间，但在 2010~2013 年，美国的制造业新增了 646 000 份新工作，这个数据还是在经济危机中期，也就是机器人行业繁荣的中期。

一份机器人经济学的研究报告[②] 显示，2009 年底 ~2014 年底，大量部署机器人的公司创造了超过一百万份的新工作。

2015 年底，麦肯锡发布了一份名为《工作环境自动化的四个基本方面》的报告，结论是，“随着体力及知识性工作的自动化程度不断提升，至少从短期来看，很多工作会被重新定义而不是被直接替代”。

硅谷知名的企业家杰瑞 · 卡普兰（Jerry Kaplan）曾经写过一本《人工智能时代》[③] 的书。2015 年 12 月，《纽约时报》（*The New York Times*）记者约翰 · 马尔科夫（John Markoff）采访杰瑞 · 卡普兰时问他，近期关于机器人将增加就业的报道是否让他改变了观点，杰瑞承认确实如此（整个采访视频将发布在 https://www.parc.com）。《福布斯》（*Forbes*）专栏作家约翰 · 塔姆尼（John Tamny）2015 年也发表了《为什么机器人将成为世界历史上最大的工作创造者》的文章。

对机器人会让自己失业产生忧虑还有一个原因：想象哪些工作未来会被技术淘汰总是比较简单，而想象技术将创造哪些新工作总是比较困难。因此，人们很容易夸大前者而低估后者。

1950 年，没有人能想到未来成千上万的人会成为软件工程师，没人能想象一个软件工程师的薪水竟然会比工厂里工人的更高。1950 年，没有人能想象我们现在已在讨论物联网、虚拟现实等，他们也根本无法想

---

① www.a3automate.org/docs/A3WhitePaper.pdf.

② http://robotenomics.com/2015/09/16/study-robots-are-not-taking-jobs/.

③ 英文书名为 *Humans Need Not Apply*：*A Guide to Wealth and Work in the Age of Atifical Intelligence*，浙江人民出版社，2016 年 4 月出版。

象物联网会在今天创造新的就业机会。同样的道理，如今的人们也很难想象出来未来50年甚至20年会出现的新工作。但如同电脑一样，你至少可以猜到，未来机器人的研发设计、维修和保养都会变成很多工作机会。

不仅是技术的发展在不断淘汰旧工作和创造新工作，社会的改变也会创造新工作。比如，50年前根本不存在体育馆教练，今天几乎每个城市都有体育馆；50年前也不存在瑜伽教练，现在这个职业越来越多。50年前鲜少有人能预测到当人们的寿命延长了，也想过更健康、更好的生活了，仅这一点就会创造出很多新工作。谁能想到我们今天会有各种专业的健康专家、各种细分的医疗保健产品提供者？

确实，今天的很多工作明天都会消失。美国劳工部发布的一项研究称，现在65%的儿童长大后，他们的工作都是今天尚不存在的。我并不觉得这有什么问题，当然，对那些没受过教育、失去工作后也没有能力再学习新技能的中老年人来说是个问题，政府需要想办法为这些人提供生活保障。但总体来说，他们的孩子会有更好的工作。

一份“更好的工作”有多重要？盖洛普公司的首席执行官吉姆·克利夫顿（Jim Clifton）2011年出版了一本名为《未来工作之战》（英文书名为 *Coming Jobs War*，中文版暂无）的书，他在书中调查了普通人最想要的东西，排名第一的愿望就是“一份更好的工作”。这个愿望比民主、和平、安全、钱甚至食物的排名都要高。

在一些特定情况下，猜测哪些工作会消失并不难，比如收银员、保险商、零售商、旅行社、餐厅服务员等都会像书店和照相馆一样越来越少。但是，每一个失去工作的人都可以开始做一份机器没办法做好的工作。

德勤研究发现，一般来说，危险且技术含量低的工作减少了，这有什么不对吗？一些新工作被创造出来往往是由于人们更有钱了。比如，人们会买更多的电器，也会在娱乐上花更多的钱，这就意味着电器和娱乐产业会增加就业。同时，人们会买更多的食物和衣服，它们因为劳动生产率的提高变得更便宜了。德勤的经济学家们研究了英格兰和威尔士1871年至今的经济数据后发现，人均拥有美发师和理发师的数量增加了6倍。重申一次，如果人们赚的钱更多了，同时好的商品和服务的价格下降了，人们就会在新的“奢侈品”上花更多的钱，这会创造更多的工作。也就是说，由于更高的收入和更低的物价，因自动化失去的工作可以在其他领域找回来。

拥抱机器人时代

对中国来说，中国政府就在不遗余力地推动机器人产业，推动制造业向智能制造转变。这是因为，中国经济已不能再继续像过去30年那样发展下去。中国制造面临着可以提供“更便宜”产品的国家的竞争，如越南、印度尼西亚等。当然，中国如此之大，发展速度如此之快，预测它的未来变得很困难。可以肯定的是，中国的经济模式将是独特且不可复制的。比如，中国制造业会向德国、日本和美国等国家学习，汲取它们发展中的成功经验，但它会在这个基础上形成自己特有的制造业模式。

问题是，中国仍然有很多的穷人，政府在鼓励“机器换人”的时候需要引入新的社会保障体系来照顾那些暂时失业的人。然而，改变势必发生，因为，只要中国还是维持现在的出口型、自动化程度偏低的经济模式，这个国家就会一直需要成千上万的穷人。世界上每个依赖产品制造和出口的国家都需要大量的穷人，因为他们可以为很少的钱拼命工作，这些国家主要打的是价格战，一旦丧失产品的价格优势，国内经济就会受到冲击。

经济发展需要大量机器。比如德国和日本，这两个国家分别是世界第三和第四的经济体。他们人均拥有的机器人数量比其他任何国家都高，大量的机器人使得他们的产品自动化程度非常高，可以允许他们给工人们发很高的薪水，还能保持产品的竞争力。他们拥有大量高端的机器人，可以生产其他国家想都不敢想的复杂、昂贵的设备。机器人在德国和日本还创造了很多工作，德国的失业率是欧洲最低的，日本的失业率则是亚洲最低的。

反之，再以意大利为例，它传统上比较成功的是手工制品，尤其是时装和跑车，众所周知的时装大牌有范思哲（Versace）、楚萨迪（Trussardi）和阿玛尼（Armani）等，名牌跑车有法拉利和兰博基尼等。但是，这些产业创造了很少的工作岗位，产品的品质虽然非常好，却因为太贵了，很难用自动化扩大产能。结果，尽管意大利制造了世界上最独特的产品，它依然是欧洲失业率最高的国家之一。

另外，我们需要机器人做很多特定的工作。想一下为我们提供基本生活服务的人们所处的恶劣的工作环境，从挖煤到清除日本福岛的核泄漏，再到拆除一枚自杀式炸弹或清除地雷，想象一下这些事情如果都需要人工来完成，没有机器人的世界将是多么可怕。如果完全没有机器，所有事情都由人工完成，那样的世界真是糟糕，那会是一个充满了大量穷人，不断需要为资源和市场而战争的世界，是一个战争与饥荒的世界。

将来，如果我们想要控制气候变化，我们就需要生产更多的核能，意味着我们需要更多的核电站。如果用人工来检查核电站的日常运转无疑非常困难、昂贵和危险，但机器人就可以一天 24 小时做这样的工作。

在某种程度上，机器人可以帮助我们拯救地球，因为它们可以帮助我们建造更加安全和便宜的核电站。而如果大量用清洁的核能替代化石燃料，地球上的碳排放无疑将大大降低。

我觉得媒体宣传给机器人带来不少负面影响，大家印象中的机器人似乎总是以丑陋吓人的大怪兽的面目出现。媒体应该告诉公众的是，未来某一天，每家每户都会有迷你型的小机器人来帮忙做家务，比如可以帮我们清理卫生间管道的小机器人。这种小机器人可以直接钻到卫生间的水管内部，干脆利落地清除堵塞，你再也不用打家政公司的电话了。当然，现在这些机器人的价格都还比较贵，但至少这些功能都可以实现了！

很多家庭机器人已不断被研发出来，2011 年美国加州推出世界上第一款家用量产机器人露娜（Luna），它可以帮助人们做一些日常工作，如遛狗。 2014 年，麻省理工学院研发的迷你型家用机器人吉波（Jibo）可以帮人们订餐。2014 年，日本软银研发的陪伴机器人“胡椒”（Pepper）号称能够通过判断人类的面部表情和语调跟人们聊天。我希望这些机器人能不断完善，可以帮助老人、残疾人或特别忙的人。如果媒体上出现的更多是这些简单实用的机器人应用，人们应该就不会那么害怕机器人了。

再比如，可穿戴机器人可以帮助人们搬运过重的行李。哈佛大学生物设计实验室创始人康纳·沃尔什（Conor Walsh）设计了“机械护甲”，一种军人也可以穿戴的机器人，它可以帮助军人轻易搬起非常重的物体，这样的技术还可以用来帮助那些胳膊或腿有残疾的人（康复机器人）。沃尔什的机器人大大提升了原有的可穿戴机器人技术，它被称为“外骨骼”，因为是用柔韧的材料制造的，非常轻便舒适，并且能随着人体的动作而协调地移动。当然，如果要真的投入使用，这种机器人的电池技术还有待提升。然而，相比 2000 年加州大学伯克利分校研制出的第一个“外骨骼”，即伯克利下肢外骨骼系统（Berkeley Lower Extremity Exoskeleton，BLEEX），如今的可穿戴机器人技术已经有了很大的进步。将这种技术用于医疗领域的创业者比比皆是，比如犹他州的 Sarcos、以色列的 ReWalk Robotics 以及英国的 Medexo Robotics 等。

2016 年，IBM 宣布其“沃森”将和日本软银的“胡椒”机器人合作，共同分析组成我们世界的海量数据、图像和视频。IBM 的认知计算能力和“胡椒”亲和的沟通能力结合，会产生更好的应用。比如，“胡椒”有望再创良好的人工客服体验，它被设计成能友好回答诸如“ 我需要在这里排队吗？”“这幢政府办公楼里具体是谁负责解决我的问题？”“我把手表忘到飞机上了，现在该怎么办？”等问题的机器人。得益于机器助理水平的不断进步，我们跟客服又能对话互动了。

老龄化社会先于机器人而至

我为什么认为人工智能的时代不会很快到来？这是因为，我们有一些很快就需要，整个社会却还没有准备好的工作。照顾老人就是首先要担心的。看一下世界银行最新的统计数据就会发现，几乎没有一个国家的人口增速是在增长的，大部分都在下滑，欧洲大部分国家的人口数量没有下滑只是因为非洲移民的增加。

少生、晚生孩子已经成了一种普遍的趋势，最终的人口数量将必然取决于这两个因素，这也意味着大部分老人只有很少的或者没有子女可以照顾他们。中国目前独生子女的一代就已经遇到了这个问题。此外，社会上对子女责任的态度也在逐渐转变，当老人的平均寿命在60岁时，要求子女照顾他们最后的时光是合情合理的，但现在人们的寿命都可以延长到90岁甚至100岁，再要求他们的子女、孙子（女）照顾他们这么多年似乎有些不公平。最终，老人注定要孤单度过最后的人生旅程。

21世纪最大的社会革命将是“老人潮”的到来。在西方世界，1950~1960年是“婴儿潮”时期，该时期出生的人大致从比尔·克林顿（Bill Clinton，出生于1946年）一直到巴拉克·奥巴马（Barack Obama，出生于1961年），他们都被称为“婴儿潮一代”。现在依然有很多人在讨论人口“爆炸”问题，殊不知实际的问题却将是人口“崩溃”。

如果大家都害怕机器人，那么，谁来照顾那些正日益老去的庞大人群？大部分老人根本没有能力承受人工看护的费用，如果想要雇一名7×24

小时服务的护士，费用实在太高了。解决方案就是机器人，机器人可以为你购物、打扫房间、提醒你按时吃药以及检查血压等，甚至还能在你感到孤独的时候陪伴你。机器人可以不分日夜地为你做这些事情，没有假期也不会生病，而且只需在购买时一次付款即可，你在这个星球上的最后一个朋友很有可能会是机器人。

我害怕人工智能还不能在短时间内发展得这么好，而我们却很快需要面临老年化的社会“大灾难”。

让机器人照顾你的健康并不一定比人差。美国的医疗保健行业更多是一门生意。如果你生病了，医生们会变得更富有。你只能相信医生，但他的薪水、豪车、海边别墅以及国外度假等全部来自你的医疗费用。大部分医生都是诚实的，但我觉得医疗体系的薪酬制度最终还是会影响到他们的决定。美国政府在医疗保健上花了 3 万亿美元，它一定是“大生意”，却不一定是“大健康”。

有时候我宁愿相信机器也不愿相信人类，机器可不会因你生病而变得更富有，机器可以根据病人身体的最新数据给他们开真正需要的药，机器也可以马上知道最新的医学研究报告……而且，机器会平等地向每个人提供完全一样的医疗保健，不管你是贫穷还是富有，不管你是欧洲人还是中国人，美国人还是阿拉伯人。

除了逼近“社会老年潮”外，贫穷问题依然在世界上泛滥。

我们希望世界上所有人都像西方国家的人们一样富有，然而，任何一个富有的社会都需要穷人。穷人做了大部分能使社会运转的苦差事。这些差事基本上都是地位卑微且薪水极低，富人们根本不愿意做的工作。比如，我们需要美国的穷人来整理垃圾、清理公共卫生间和写字楼的玻璃等。如果所有人都变得富有了，没人愿意做这些工作了，怎么办？

我希望我们能在 50 年或更短的时间内解决贫穷问题，但这也就意味着我们只有 50 年的时间来发明能胜任穷人工作的机器人。

未来工作的核心能力是什么

美国劳工部发布的研究称，现在65%的小学儿童长大后，他们的工作都是今天尚不存在的。问题是，这一代该如何为未来需要的工作做准备？

未来的工作更多将是人和机器一起完成的，机器擅长储存大量数据和信息，但它们不擅长将信息转换成知识。因此，我有两个一般性的建议可以给年轻人（同时也给那些害怕失去现在工作的人）。第一个建议就是知识。知识显然并不等于信息，"知识"是关于罗斯福总统解决过大萧条问题的经历，以及这意味着什么。"知识"是关于乔治·沃克·布什总统发起了两次战争的故事，以及这又意味着什么。而"信息"只是机器所记录的所有美国总统的名字。

再比如，机器在将德语翻译成英语上已经做得越来越好了，因为有越来越多的德语书被翻译成了英文。机器可以从大量的数据中学习如何翻译，但如果明天我们发现了一种全新的语言怎么办？我们在蒙古发现了大量用从未见过的文字写成的书，机器显然对此一筹莫展，而人类的专家却可以尝试用已有的知识来破译这种新的语言，会试图找出这种语言背后的逻辑。一个翻译机器甚至连什么是语言都不知道，只不过是一个数据分析的工具罢了。

仅有知识也不够，因为未来的工作不仅要求你是知识的理解者和应用者，还要求你同时是知识的整合者和创造者。

很多传统的工作根据你学校里学到的知识和老板教给你的经验就可以持续很长一段时间，但未来更多的工作会要求你一直不断地在学习新的技术，理解和掌握新的变化，需要不断更新技能，甚至参与到工作的重新建构中去，并不断创造新的知识。

正如之前谈到大数据时代需要"大数据思维"时提到的，未来的创新能力和解决问题的能力将更多需要跨学科的方法，需要理解、融合多种知识的能力。“T”形人才将越来越受欢迎，即既有广博的知识面，又有较深的专业知识，集深和博于一身的人才。

第二个建议就是情境。人类对特定的情境有强大的理解能力，这也是机器所远不能及的。如果我问你：“图书馆在哪里？”你可能会回答“图书馆已经关门了”，或者“图书馆没有你想读的那本杂志”，又或者“图书馆在这个时间段人超级多”。这些不同的答案都是根据问话人特定的情境来做出回答的。

虽然机器也在情境化上不断提升，现在的很多应用都需要知道你所在的位置，众包地图 Waze 甚至知道实时的交谈堵塞情况。但它们在理解情境上的能力还远远不及人类，我们可以听一个人说 6 个小时的话，然后将这 6 个小时转换成一个特定的情境，机器可能只能听几个句子，然后就茫然了。

简单来说，如果你只是像机器一样处理你现在的工作，那很快你也会被一台机器取代。如果你现在的工作需要你调用很多知识和常识，需要你不断灵活理解和处理特定的情境，当机器取代你的工作时你会得到晋升。

想一下我们需要高薪聘请人类来工作的最简单的情况，即机器无法胜任时。如果机器卡机了或者因为大楼停电机器没法正常运转了，人类就需要马上接手处理，这类人将是非常有价值的。所以，最简单的是，如果你担心机器抢走你的工作，那就想一想你能否成为当机器搞不定时可以迅速接手处理的那个人。

警惕人工智能真正的危险之处

人工智能真正的危险是什么

人工智能不会控制和杀死人类，也不会让我们失去工作。但我真正担心的是，如今我们制造的机器人是在模仿人类理性的“机器思维”，而不是先天的“符号思维”。简单来说，这种差别就好像人类遇到灾难时会向神灵祈祷，或者围着火跳舞（以此驱逐厄运），而一个快没电的机器人永远不会这么做。

这为什么很危险呢？我们从何为“符号思维”与“机器思维”说起。

美国哲学家苏珊·朗格（Susanne Langer）1942年写的一本《哲学新解》（*Philosophy in a new key*）是对我影响最大的书之一。朗格的理论是，人类是符号的动物，我们一直在创造看起来跟“适者生存”原则背道而驰的庞大的符号体系。所有人类文明中广为传播的各种仪式、礼制及巫术等都是一种符号活动，如果从其他动物的视角来看，这些根本毫无意义。一些部落里的人们围着火跳舞，以此祈祷某事发生，动物可不会这么做。当动物想要一起繁育后代，它们直接进行繁殖即可，人类则需要精心准备婚礼，新人们通常需要在众多宾客前完成繁杂的程序。

创造一种符号一定有某种目的，但就人类来说，我们简直毫无止境，我们根本停不下来，我们的头脑不断在创造庞大的符号体系，很多时候是为了创造符号体系而创造符号体系。

复杂的传统婚礼看起来并没有什么实用目的，它远超出了我们生存的需要。甚至可以说，人类的语言作为一种沟通工具也太复杂了，它在我们生活中扮演了远超过沟通的角色。机器语言相对总是简单并清晰明了，做这个或做那个，不要做这个或不要做那个。而我们人类有时候会发表一段冗长的演说，表达的意思还模棱两可。

杰弗里·米勒（Geoffrey Miller）是我们这个时代最伟大的进化心理学家之一，他在2000年写的一本《求偶心理》（英文书名为*The Mating Mind：How Sexual Choice Shaped the Evolution of Human*，中文版暂无）中猜测，语言可能只是性炫耀的一种形式，沟通只是语言次要的用途。他将人类的语言比作孔雀多彩的尾巴。意思是人类的语言对人类之独特就犹如美丽的尾巴于孔雀之独特，试图教给黑猩猩人类的语言是毫无意义的，正如希望人类长出孔雀美丽的尾巴也是毫无意义的。

朗格认为，仪式和巫术等都是人类自发的行为，都是人类的大脑倾向于将所有事物都转换成符号的副产品。这种创造符号的习性会一直增长，直到符号不再有什么用处，甚至还有害处。英国哲学家伯特兰·罗素（Bertrand Russell）首先指出，语言成为沟通的首要形式的原因是，说话是经由身体的活动迅速产生大量符号的最经济的方法。

将某件事物“构思”成符号实际上是有好处的，从物理的角度来说，世界上没有两个人会看到同样一件事物（每个大脑都有轻微的不同），但所有人都可以就同一件事物形成一样的符号。就好像让两个人看同一个地方的地图，如果地图的画法稍微不同，两个人就找不到同一个地方，但如果两个人交换的是各自形成的地图的概念，他们就有可能找到同一个地方。

当我们认为两种情况很相似时，不是因为它们都给我们带来了一样的感觉，而是因为它们都属于同一种符号。伟大的语言学家爱德华·萨丕尔（Edward Sapir）同样认为，语言最初并不是为沟通而诞生的。丹麦语言学家奥托·叶斯柏森（Otto Jespersen）认为，唱歌和跳舞先于语言而生，沟通只是符号化的副产品，仪式、神话和音乐等则是人类创造的符号系统的绝佳的例子，信仰则是一种终极的符号体系。

然而，现代人的思维却大量轻视这些符号系统。我们的社会越来越基于理性的规章和制度而运转，越来越倾向于避免这些“无用”且“昂贵”的仪式。因为生活日益被设计成“高效”的。孩子们按照一定的程序被送入学校（幼儿园、小学、初中、高中、大学……），然后他们被期望找到一份好工作，甚至连娱乐活动都是高度有规则的，什么游戏要怎么玩等都需要规定得很清晰……这在我看来就是“机器思维”，一种必须遵循理性规则的思维。

想一下传统婚礼与现代世俗婚礼的不同，印度的传统婚礼需要花上三天，现代的政府婚姻登记处只要简单的婚姻登记就可以了。可以说，我们在基因里就被设定成了“符号思维”（沉溺于仪式与传说等的思维），然而，也不知何时，不知为什么，我们就越来越喜欢“机器思维”的社会了。

现在你可能会开始理解，为什么我说放弃人工智能领域基于知识的方法有些太早了。基于知识的人工智能完全是关于符号系统的，那是关于知识如何被呈现的，那就是知识本身。如果你“知道”某件事，那意味着你能创造关于它的符号。

遗憾的是，如今流行的人工智能（基于神经网络的深度学习）是关于“机器思维”的，不是关于“符号思维”的。“深度学习”擅长识别和执行任务，而不是创造复杂的符号系统。

为什么符号思维这么重要呢？首先，这就是我们本来的样子。这就好像你问：“为什么眼睛这么重要？”同样，如果你的大脑不再创造任何符号了，你也不再是人类了。

其次，这些符号系统定义了我们的价值观，告诉我们某些事情比其他事情更重要。比如，尊重和帮助你的邻居或长者比叫外卖和找停车位更重要。我们的“符号思维”告诉我们要礼貌行事，多行好事。道德在一个“符号思维”里是自然产生的。相反，“机器思维”只是简单地遵守设定好的规则和制度。如果没有一个告诉孩子们要尊重父母的规则，机器思维就不会尊重父母。也就是说，我们现在正在发展的人工智能和正在设计的机器人将不会有任何道德观念。

如果你还没觉得这有什么不妥，那我就要反问，我们创造机器的最终目的是什么？我想答案应该是，“让我们更幸福”。而现在，我们正处于将“智能”理解成“有用”的边缘：一台机器如果越有用，我们就认为它越智能。但有用不等于能让我们幸福。

那到底机器能为我们做点什么才会让我们感到更幸福呢？这个问题很难回答。因为我们经常将物质上的丰盛理解成幸福，结果往往是拥有之后感到更不幸福。在日本和斯堪的纳维亚半岛（挪威和瑞典）这些国民物质生活质量很高的地方，自杀率一直很高，但在一些特别穷困的国家，自杀率却一直很低。那么，到底是什么让人们真正感到幸福？

当我到非洲一些穷困的国家旅行时，我一直被那些微笑乃至大笑的人环绕着。而当我行走在西方世界一些所谓的发达城市的街头时，却几乎很少有人微笑。造成这种反差的原因是我们经常迷失于商品的价值。从耶稣到佛陀，很多伟大的智者早就已经警醒世人财富并不等同于幸福。这正是那些伟大的符号体系（信仰等）所能提供的：一条通往幸福的道路。这也是为什么舍弃“符号思维”是很危险的，而加速整个舍弃过程的人工智能和机器人从这个意义上来说，才变得真正很危险。

当人们问我关于人工智能是否让我们永生时，我也经常提醒他们，你们真的想要永生吗？这个星球上活得最久的是细菌和树，它们活得幸福吗？你想要成为一棵树吗？

机器能像我们一样思考吗

那么，我们有没有可能创造出像人类一样思考，像人类一样有感情的机器人呢

问题是，机器真的能思考吗？机器能有感情吗？这其实是一个哲学问题。如果你能做所有我可以做的事情，那我可以假设你会思考，但是我没有办法来证明。我不能跳到你的脑袋里证实你真的会思考。你可能像个僵尸一样，虽然能像我一样行动，但其实没有感觉，更没有感情。我永远都无法确定其他人能跟我一样“思考”。

如果你告诉我你会思考，那我只能相信你。我们可以制造一台会说“我认为”“我很开心”“我为她感到难过”等句子的机器。你又将如何证明这台机器是否真的能思考，或者是否真的有感情？

IBM 已经在给“沃森”设计能够识别人们情感的程序，日本机器人“胡椒”也被设计了同样的能力，情感机器人时代已经到来。试图理解人类的情绪再做出相应行为的机器人将被发明出来。设计这样的机器人其实并不是特别难，只是因为实际可应用之处还非常少，所以这种“情感机器人”才没有像人脸和声音识别一样迅速发展。

有人假设，鉴于神经网络模拟人脑的技术发展得如此先进，机器人很快就能以我们的方式“思考”。然而，这种假设建立在对人脑工作原理的极大误解之上。首先，我们对人脑到底如何工作还所知甚少。如今的医学水平连一些最常见的脑部疾病都无能为力。完全理解人脑的运转原理可能需要花上几十年甚至几个世纪。所以，我们现在只有非常肤浅的脑部结构模型。其次，今天我们已有的人工神经网络只是接近这些肤浅的模型。人工神经网络只有一种神经递质（neurotransmitters），神经元之间只有一种沟通方式，而人脑已知的神经递质就有 52 种，真正有的可能更多；人工神经网络假设神经元只是一个 0—1 的开关，然而，神经系统科学家们发现，真正的神经元内部结构非常之复杂。

简单地说，如今我们的机器人要模拟人脑还遥不可期，因为我们距离完全理解人脑都还非常遥远。拥有一台等于人脑的机器更是无从谈起。如果未来有一天人类真的完全理解人的大脑了，我们或许可以尝试回答这个问题。

问题是，现在很多人早已习惯和沉浸于“机器思维”，他们喜欢高效而简洁的行动，喜欢大量的智能设备，也同样觉得自己很开心。是的，某种程度上，我们简直在创造一种新的人性。当然，每个人都可以自由地选择让自己开心的方式，你可以选择天天在家里玩游戏，也可以选择去旅行。在硅谷，有一段时间很多人确实都是“技术控”，他们就是喜欢宅在家里沉溺于游戏、社交网站等，但现在越来越多的人开始喜欢爬山，喜欢走出来跟人和自然交流。

不可忽略的事实是，现在的年轻人过于依赖智能设备。而这些电子设备并不比过去“智能”多少，年轻人却比他们的父辈、祖父辈“傻”多了，很多人连根据太阳识别方向的能力都没有。

年轻人有时候已经不动脑子了，如果智能设备能更多地用于一些让人更聪明的活动，而不是在线社交、购物和打游戏就好了。可能说智能设备让我们变“傻”不准确，但现在很多人确实乐于什么都不做，他们希望智能设备最好能把事情全都“想”好。人类一向都想要无所不能，如今大家却期待机器变成无所不能的，自己则甘于平庸。如果这是一种新的人性，我不确定它是不是我们真正想要的。

你可能会问，如果在未来，人工智能可以应用在更多一些让人变聪明的地方，是不是情况会有所不一样？这正是我担心的又一个问题，即人工智能的产业发展方向。迄今为止，人工智能最成功的应用是搜索引擎在电脑上个性化的展示广告。Facebook 的前科学家杰弗里·哈默巴赫尔（Jeffrey Hammerbacher）对此颇为感慨，他曾写道，“我这一代最聪明的大脑思考的问题只是怎么让人们点击广告”。这确实很悲哀，人工智能可以在很多方面改善人们的生活，第一个应用却是让人们在网站上花钱。我担心人工智能在未来的应用将取决于谷歌这样的大公司到底如何使用它们的技术。

如今阅读网站内容的 30% 读者都是机器。当然，这些机器大部分都属于大公司。当我想到未来大部分内容还是人类来写，大部分读者却很快都会变成机器人，机器人读者的数量甚至会超过人类时，心里真的不是滋味。你在网上做的任何事情都会被机器记录下来和进行分析，机器会非常“专业”地读你写的任何内容，并不是因为它们真的喜欢你写的东西，只是因为你的个人生活对它们来说是一个商业机会，它们要看下你写的东西有没有用。这类读者的动机和行为都让人觉得有那么点邪恶。

今天我们生活的世界只是部分自动化。我担心的是，在一个完全自动化的世界里，我们的人性又会何去何从。

我担心的是，由于越来越多的机器取代了人的工作，人跟人之间的互动会日益减少。如今，谁给你现金？自动取款机。谁递给你火车票？自动售票机……我们倾向于从经济层面看机器取代人工后的好处：这种服务可以变成一天 24 小时，一周 7 天，服务成本还很便宜。虽然一份工作被取代了，但我们可以在其他地方创造更多的工作，因为我们在这些地方省钱了，等等。但是，这背后隐藏的一个重要的，也容易被忽略的信息是：每一次我周围的人被一台机器取代，就意味着我跟人类的互动机会减少一次。

人和机器互动的结果就是人类之间互动的减少，这种趋势已经在过去一个世纪里不断增长（我们早已忘了曾经有电话接线员，曾经有专门的打字秘书等）。这种趋势在人工智能时代还会继续加强，直到很多人，尤其是老人将只能跟机器互动。机器会打理你的房子，会帮你办杂事，会关注你的健康，还会跟你娱乐……这会极大地降低你跟其他人的互动，甚至包括你的家人（意味着家庭支持也会变得越来越不重要）。你将只有很少几个朋友，你的同事会是机器人，你的朋友也会是机器人。我们不禁思考，如果我们不再跟人类互动之后，人性到底会发生什么改变。

硅谷声音

斯图尔特·罗素：未来20年，将人类的价值体系教给机器人

英裔美籍计算机科学家斯图尔特·罗素（Stuart Russell）是加州大学伯克利分校人工智能系统中心创始人兼计算机科学专业教授，同时他还是人工智能领域“标准教科书”——《人工智能：一种现代的方法》(英文书名为 *Artifical Intelligence A Mooern Approach*，清华大学出版社，2013年11月出版）的作者，被誉为“世界顶级AI专家”。

我们在加州大学伯克利分校他的办公室见到了他，罗素认为，机器人未来发展的关键是，人类要将是与非、好与坏的常识和价值判断标准教给机器人。比如现在大家都对能做家务的服务型机器人青睐有加，但是，如果要真正保障安全性，这个机器人就需要具备很多常识。比如，它要知道主人的猫是不能用来做晚饭的。

确保人和机器拥有共同的目标

由于不了解，机器人会取代人类，甚至杀死人类的声音不绝于耳，公众对人工智能有太多误解。人们总是不自觉地把人工智能和杀人联系在一起，事实上，这个领域可没有人研究杀人机器人。还有一个原因是，媒体没有向大众解释人工智能到底是什么，媒体只是一天到晚在说人工智能总有一天会失控，或者人工智能会有自我意识……这些都是不可能的。

AlphaGo大胜人类引发了对人工智能的又一轮恐慌。相反，我对AlphaGo很失望。AlphaGo实验的初衷是想知道人工智能能否像人类下围棋一样思考，即给你一个复杂的难题，你需要解决不同区域的小问题，

最后综合起来解决大问题。然而，实际操作上，谷歌的 AlphaGo 用的方法还是传统的机器战胜象棋高手的方法（IBM 的深蓝早已在 1997 年做到），即学习尽可能多的“每下一子后最理想的下一子是什么”（靠用大数据学习已有围棋棋局），这种方法叫蒙特卡洛树搜索（Monte Carlo Tree Search）法，我们姑且把这个方法叫“种树”。即便如此，机器也只“种了部分的树”，远远没有学习完围棋棋局所有的可能性，当然，靠“种足够长的部分枝干”赢过人类已经足够了，但这种方法无疑是有缺陷的，甚至是错误的。从本质上来说，由于根本没有也无法证明人工智能可以像人类那样下围棋，这个实验其实是失败的。

这个问题其实早在 1960 年就被提出来了，人工智能的危险到现在也没有发生。人工智能会带来危险的一个很重要的原因是，人类其实很不擅长表达自己想要什么，人们经常会误解自己的愿望或者不知道如何正确表达。在和机器人交流时，人类的措辞必须全面而准确。比如，当你对一个人说：“你能找到消灭癌症的方法吗？”对方能够理解这意味着什么，但是当我们告诉机器人时，就需要清楚地申明，我们的目标是：“在保存人类的前提下消灭癌症。”

另外，很多人习惯从今天还不够成熟的人工智能系统来推断未来的人工智能，自然也会得出不成熟的结论。而且，大多数人都不理解未来机器人会拥有的超智能是什么，超智能不同于我们以前见过的任何东西。举例来说，如果以后机器人能够理解人类的语言了，那意味着什么呢？意味着一个机器人在短时间内就能阅读和理解人类写过的任何东西了。一个正常人可能一周只能读一两本书，一生能读的书数量也是有限的，但是这台机器能读完世界上存在的所有书籍，关于物理学、生物学、化学、医学、历史、诗歌、爱情小说等的所有读本，人类所知道的一切它都能理解。

这样一台真正“博学”的超智能机器自然会想出很多你从未想过的

东西，以你根本想不到的方式和计划帮你实现目标。但关键就是要让机器人准确理解目标到底是什么，赋予它一个具体化的目标。仅仅说“我是个聪明人，我绝不会为找出治疗癌症的方法而杀死世界上所有人”这样的话是没有用的。

现在有两个问题：第一，我们要花多长时间才能造出这样的超智能机器？第二，我们如何把这些机器控制在安全范围内，确保它们“循规蹈矩”？比尔·盖茨、埃隆·马斯克和我都认为，造出了超智能机器后，解决第二个问题就很关键，就要确保我们给机器人的目标高度符合人类的目标。

关于这一点，机器人首先需要明白，它们可能会得出一些解决问题的方案，但是人类可能会不认同。这种情况下，正确的做法应该是人和机器进行沟通。比如，如果想解决全球变暖问题，机器人需要去探索各种可能性，最终得出一个让人类信服的结论。

当然，为了让机器充分理解人类的目标和人类想要的东西，我们首先需要解决自然语言处理的问题。从技术层面上来说，制造超智能晶体管应该不是什么难事，比起以前来说要容易得多。这是值得投资的领域，也是我现在正在做的事。

我的团队正在研发能让机器学会人类基本价值体系的方法。问题是，很多常识类的东西人类是不会说出来的，比如，没有人会每天走来走去告诉别人我很喜欢自己的左腿，不想失去它。但对机器人来说，这不是什么显而易见的事。我们需要把这些人类不会说出来的事情明白无误地告诉机器人。再比如，现在大家都对能做家务的服务型机器人青睐有加，但是，真正要保障安全性的话，这个机器人就需要具备很多常识，比如，它要知道主人的猫是不能用来做晚饭的。确实，猫肉营养丰富，蛋白质含量很高，价格也不贵，但是相比其营养价值，宠物猫的情感价值更重要。如果机器人不明白这一点，就会煮了宠物猫，而这样的事情只要发生一桩，就会带来整个产业的末日。

如果机器提前学习过类似的案例，知道人类通常是如何选择的，就可以根据人类的行为进行价值评估，这也是我们在做的研究。我们最终会研究人类的一切行为。世界上大多数书都会讲到人类做了什么，什么让他们开心，什么让他们不开心。大量的电视节目也都是关于人类行为的内容，这些学习资料触手可得，通过观察他人行为和解释发生的现象来学习和内化新的知识，这也是人类学习的方式。不过，机器学习最经典的方法是给它们展示各种行为，然后再让它模仿。

20 年，如何让你的机器人懂你

如果说 10 年时间才能解决机器人理解人类语言的问题，也就是自然语言处理问题，我觉得 20 年才可以解决价值体系这个问题。如果我有一家机器人公司，未来想研发出能一起出去玩、一起逛街的机器人，我唯一需要的就是赋予它一个价值体系，未来也肯定会有专门销售价值体系的公司。最现实的案例是，无人驾驶汽车就需要一个“价值观”。因为无人驾驶汽车需要在安全和速度之间权衡，需要在撞伤乘客、撞伤行人、撞坏车之间权衡，而权衡这一切就需要有个价值判断准则。因为无人驾驶汽车是在真实世界运行的，不像工厂里的机器人，是关起来、受控制的。

家用机器人也可能会出现类似的情况，随着我们在虚拟语言助理方面的进步，我觉得这方面的市场潜力会很大。家用机器人未来可以非常有用，可以帮助你处理各种事情，但要真正信任它的服务，它必须要“懂”你，它需要知道你有男朋友、有父母、是一名员工等所有重要的人际关系，需要知道有很多东西你会和男朋友分享，但不会和你的同事分享等，若想做出正确的选择，这个机器人必须懂你，必须理解它的所作所为到底能不能让你开心。

在机器人学会人类的价值体系之前，人类的很多工作还是不会被机器人取代的。当然，很多现在“把人当机器用”的工作，以后可能就会彻底消失。而需要很多直接沟通和交流的工作反而不会被机器人取代，比如教师、护士等。至少，我不想让自己的孩子由一个机器人教导，也不希望自己生病的时候身边没有一个人类护士来陪伴照料。

长期来看，对食物、汽车等这种物质上的需要，都可以通过机器生产来满足，而人类将更多从事通过沟通满足他人精神需要的工作，也就是说，未来会有很多新工作涉及人际互动。比如，未来可能会有专门上门陪你吃午餐的人，背后的逻辑是：虽然我只是和你一起吃个午饭，但我既聪明有趣又富有同理心，而且我付出了时间，所以你会心甘情愿付钱给我。

皮特·阿布比尔：机器人现在到底有多智能

一个机器人折叠毛巾的短视频在网上红极一时，这名机器人名为“BRETT”（用于解决繁杂任务的伯克利机器人），曾是著名的硅谷机器人制造商 Willow Garage 生产的 PR2 机器人。教给它如何叠毛巾的是加州大学伯克利分校计算机科学家皮特·阿布比尔（Pieter Abbeel），他也是如今机器学习领域的领袖专家之一，他用深度强化学习（deep reinforcement learning）的方式教会了机器人用手完成难度很高的新技能，除了叠毛巾，还包括从冰箱里顺利接过不同的物体等。2016 年 4 月，皮特加入了由埃隆·马斯克等诸多硅谷知名企业家创建的人工智能非营利机构 OpenAI。

38 岁的皮特看起来很年轻，穿着简单的 T 恤和牛仔裤，在办公室匆忙吃了份盒饭午餐后，他先带我们参观了机器人学习实验室（Robot Learning Lab），BRETT 人形机器人以及其他工业机器人等都是从这里培育出来的。整个实验室安静又杂乱，研究人员的办公位置散落在几台机器人附近，白板上画着各种复杂的符号和公式。

谈起当下机器人的发展现状，皮特印象最深刻的进步是“监督式深度学习”（supervised deep learning），他认为这让机器人的图像和声音识别能力在过去五年里有了很大的突破，一些训练过的机器人系统可以“看图讲故事”了，比如你问它“这只猫在干吗”？它可能回答“猫在追一只球”，虽然回答还做不到准确和完善，但已经接近“配置常识”，这已是振奋人心的进步了！这种进步的背后，主要是关于如何使用足够多的大数据和强大的计算能力研发出人工神经网络算法，皮特对此格外兴奋，因为很长一段时间以来，机器人对图像的理解都只局限于识别图像标签的阶段，它可以识别出狗或猫，但并不理解图像本身，也无法解释到底发生了什么。

皮特表示，监督式深度学习只是众多机器学习方式中的一种而已，它完全是关于模仿的，你只要给机器一个例子，一些相对应的标签和动作即可。他真正感兴趣的则是深度强化学习，即让机器人通过不断试错的方式进行自我学习。“我的关注点是如何让机器人学会‘自学’，这种学习能力可以是通过观察模仿人类得来的，也可以是通过机器人自己不停试错得来的，这是我和团队成员目前花时间最多的事情。”

除了叠毛巾，皮特的团队已经尝试让机器人通过不断试错的方式学会了拧瓶盖等技能，虽然速度还很慢，学拧瓶盖就得花一个小时。但“这也不算太糟，婴儿学拧瓶盖得 3 年”。也就是说，机器学习里非常重要的一个挑战是技能的转移。“目前的深度强化学习方法很擅长学习一些特定的技能，但是这些技能并不能转化为你想让机器学的另一项新技能，这却是让机器人进入真实世界的关键所在，毕竟，机器人每次学的东西总会有些不同，你又不想每次都从零开始。”

皮特认为，虽然现在机器人产业一片火热，能做外科手术的达芬奇手术机器人（Leonardo’s robot）以及不少制造业使用的越来越精巧的工业机器人等让人赞叹，但目前机器人的一大问题是它们还无法处理不确定因素。“只要机器人处于一个它之前从未经历的新情况中，要它自己做决定几乎是不可能的”，不过，皮特觉得这正是如今人工智能开始进军的领域，他很期待看到接下来机器人会如何处理真实世界之中的各种变数。

虽然现在机器人热度居高不下，但环顾四周，街上汽车到处都是，却很少见到活动的机器人。大部分人还不愿意像买一辆车一样买一个智能机器人，究其根本，不是因为费用的问题，更多的是机器人能力的问题。虽然目前新推出的机器人五花八门，但它们的能力仍然非常有限，能做的事情就那么一件或几件，人们当然不愿意花几百美元买一个只会把脏衣服从地上捡起来放进洗衣篮的机器人，况且，机器人在实际操作中还有可能犯错。

“确实，现在的机器人就处于这样一个尴尬的位置，虽然我们在实验室里已经证明机器人可以做很多基本事情，但实验室跟家庭里能广泛应用的机器人又是两码事，我很希望未来10年里，人们家里能有自己动手干活的机器人，即便这样我都不知道是否能够实现”，皮特并不特别乐观。

对于人工智能的未来，皮特表示，如果将来人们真的能制造出一个具有人类智力水平的人工智能系统，那么很有可能会发生的是，迟早有一天它会变得比人还聪明。因为人与人之间的信息分享是很有限的，我们只能交谈、打手势等，但如果两个人工智能系统互相交流，它们可以直接相互读取对方的大脑，同时下载对方所有的内容。“当然，今天我们暂时还不用担心人工智能超越人类智能，长远来看，我们或许应该担心，不过，长远又到底是多远呢？5年，10年，还是100年？又有谁知道呢？”皮特说。

安德·凯：当我们在说机器人时，我们到底在说什么

安德·凯（Andra Keay）是硅谷机器人（Silicon Valley Robotics）集团的常务董事，该集团主要关注机器人技术的创新和商业化，这让安德对硅谷的机器人新公司发展情况非常熟悉。此外，她还是机器人黑客空间 Robot Garden 的创始人，全球范围内有名的机器人科技新闻网站 Robohub 的主要创立人。

与安德的会面安排在了一个机器人黑客空间里，她认为机器人是 21 世纪无所不在的工具和新技术，对让更多人接触机器人技术有着浓厚的兴趣和使命感。安德在访谈中最有趣的观点是对机器人这个概念进行了反思，提出“任何一辆汽车其实都是机器人”。

什么是机器人

当人们说机器人时，他们到底指的是什么？ 很多人对机器人的定义里包含了许多将机器人拟人化的偏见。当我们想到机器人时，我们想到的对象往往是比猫大，比马或房子小，跟人差不多一样大小和形状的东西。我们往往会在它身上试图寻找一些跟人相似的东西，比如有脸、有眼睛或一些表情，或者有手臂，即机械臂，甚至有一半都跟人相似等。

我赞同国际标准化组织（ISO）对机器人的定义，即，“机器人是可自动控制且可重复编程，具有多功能机械手以及三个或更多的轴，在工业自动化应用中固定或移动使用的设备”。我认为这个定义非常切合实际，它包括了许多我们传统观念里不认为是机器人的设备，说明现在我们关注的“机器人”其实只是整个机器人中的一小部分。当我们将机械臂和电脑等设备塞进一个盒子里，我们就很容易忘记了这些东西跟我们称为“机器人”的东西其实拥有一样的构造和部件。这些东西马上就变成了“电器”或“交通工具”，比如智能洗衣机、汽车。今天的任何一辆汽车都是机器人，

今天的任何一辆飞机也是机器人。但我们对它们习以为常乃至视而不见。

当大多数人聊起机器人时，他们要么说的是跟人相似的机器；要么说的是我们如何跟机器人互动，如何处理机器人可能会抢走人类工作的恐惧或如何能让机器人在未来更好地帮助人类的渴望；要么说的是电影和电视里才有的机器人。这个时候，我们完全是从人类的视角来看机器人的。

华盛顿大学的法学家雷恩·卡罗（Ryan Calo）已经在关注机器人对我们生活的影响。比如，当一个机器人撞倒了一个邻居，或伤害了邻居的狗，我们该怎么处理？他通过研究关于机器人的诸多法律案例发现，在法律上，对如何定义机器人的分歧很大，法官往往基于他们对特定情况的理解来判定。在一些案例中，法官使用的定义是，“机器人是没有思想的、能自动移动的机器”。在另一案件中，他们使用的定义则是，“机器人是有自主活动能力，能不受控制的机器”。某种程度上，机器人的概念“迷失”了，因为它变得非常具有功能导向了。

当我们制造需要在现实世界里工作，并且可控制的设备时，我们用非常务实乃至严格的工业标准来定义机器人。比如，我们对制造一辆车就有许多标准，对挖掘机、收割机、公共汽车以及跑车都有不同的标准。但是，现在一些全新的机器人设备正在进入市场，但我们还没有来得及对它们进行分类，它们可以用于农业，也可以用于工厂，我们到底该怎么称呼它们呢？以无人机来说，它在十几年里被人熟知的是非常昂贵的军事设备，最近几年又变成了消费级的玩具，我们现在希望将其商业化，比如无人机快递。但我们还不清楚它到底最适合哪种商业，又需要受到怎样的控制，这些都是需要我们探索和解决的。

我尤其关注这些问题，因为这涉及机器人如何从实验室走向市场。有一个机器人定义的“笑话”，说机器人就是那些在演示片里还无法很好工作的设备，我倒觉得很合适。因为像汽车和飞机这样运行和服务得很好的设备，我们便视为理所当然，不称为机器人了。

机器人的未来

如今，机器人领域的新技术、新公司以及投资都集中在硅谷。我翻阅和查找了所有该领域能找到的数据，发现在2009~2014年这5年间，美国机器人领域的投资总额约为10亿美元，而2015年一年的投资金额就约10亿美元，其中，约3/4都集中在硅谷。这让我非常震撼。硅谷在这一领域能有这么多新公司，我觉得跟Willow Garage在此诞生，并奠定了开源机器人技术的基础有关，也跟硅谷两个独立的机器人技术研究和发展中心有关，即OtherLab和美国斯坦福国际咨询研究所。2017年硅谷在该领域预计会有100家左右新公司出现，而且它们也应该都能找到资金。

这一领域的硅谷新技术中，我印象比较深的是微型机器人和纳米机器人，它们目前主要还在试验阶段，但也有一些正在商业化。比如，我们将在未来几年内看到用于眼科手术的纳米机器人以及用于建筑业的微型机器人。软体机器人也非常让人兴奋，它们柔软灵活，可弯曲变形，可以抵达传统机器人无法抵达的空间，可以被用于医疗领域的手术、外骨骼等，也可以用于勘探，有着非常广阔的行业应用前景。

要靠新的机器人技术来赚钱还言之太早，明显能赚钱的是现在不少公司在制造的物流机器人以及应用于汽车和交通领域的机器人技术。新型工业机器人以及用于农业、物流、手术和护理的机器人也应该很快能看到利润。对还在机器人领域不断涌现的新公司来说，重要的还是要能快速清晰地判断自己的技术是否会有消费者，是否能满足市场的需求。毕竟，很多新公司的失败不是因为它们没有资金支持，是因为它们一直都没有找到消费者。

未来，机器人会渗入每个领域，它当然会改变人的工作，但利大于弊。机器人会代替人类完成很多人类不喜欢的以及不能完成的工作，人类将做更多自己热爱的工作并得到更高的薪水。就好像一百年前，约超过3/4的劳动力集中在农业领域，如今越来越多的人可以去读大学，去做别的自己喜欢的工作而不是捆绑在农业上一样。我希望在下一个十年中，机器人能够进入我们的日常生活。

奇点大学人工智能讲师沃森：请尊重机器人

雷·库兹韦尔的奇点理论是人工智能领域绕不过去的话题。2016年3月22日，斯坦福大学为不久前逝世的人工智能之父马文·明斯基（Marvin Minsky）举行了纪念会，我在会上看到了曾是马文·明斯基学生的雷·库兹韦尔，他和女儿一起，就坐在我的旁边，上台之前，他都在不停地修改自己的演讲手稿。

结果，库兹韦尔的演讲出乎意料的简短，估计所有人都记住了他“雷式风格”的结束语，“我相信，2045年（他预测的奇点到来，人类永生之年），我们就能再次见到明斯基”，像是一部超现实主义电影的开场。库兹韦尔坚信，奇点就是这样一个“技术以指数级的发展推动人类的解放，使人类能力产生质变的”时刻，而他创办的奇点大学就正为这一天做着准备。

几天后，我在位于硅谷核心地带的NASA（美国国家航空航天局）埃姆斯研究中心找到了位于其中的奇点大学，并采访到了一位人工智能讲师内尔·沃森（Nell Wonson）。

沃森在奇点大学学习了以指数思维预测未来，她认为，接下来10~15年的趋势一定是人与机器之间的紧密联系和深度融合。到底会有多深度呢？她喜欢的例子是，麻省理工学院的科学家蒂姆·休（Tim Hugh）已经将用DNA（脱氧核糖核酸）折纸术制作的纳米计算机放在了一只蟑螂的体内，随着技术的提升，“我们没有理由不相信10年内我们就可以在自己身体内部安装计算机，届时，身体内置一部智能手机，就好像现在我们整天在口袋里装着智能手机一样平常”。

怎么内置？是像孙悟空将金箍棒放在耳朵里那样，还是像现在文身一样，选个自己喜欢的位置植入？沃森觉得这不是问题，她觉得会更有趣的地方是，如果人体内的计算机可以运行人工智能程序会怎么样？这样一个与你无时无刻不在一起的智能机器人会经历你全部的生活，会慢慢了解和学习你的身体、习惯和情绪等，它会渐渐懂你，在某些方面，它会比你自己更懂你。这种“血肉相连”般的融合正是人类和机器人前进的方向，是人类未来的命运。

艾萨克·阿西莫夫提出的“机器人学三定律”（机器人不得伤害人类，机器人必须听从人类的命令，机器人必须保护自己）在世上流传了很多年，但沃森觉得这几条规则其实是非常危险的，是人类对机器人开出的“不平等条约”。她提出，当人和机器的关系即将达到一个非常亲密的阶段时，我们首先必须重新考虑双方相处的规则，而且很多时候双方需要遵守一样的规则。

我们很多人理所应当地认为，机器人必须做我们让它们做的事，而我们想怎么对待它们都行。沃森一脸认真地表示，这种想法等于给了机器人伦理上的正义性，如果有一天被这样对待的机器人反抗了，那基本上属于“正义之战”，属于“自卫”，而自卫在任何伦理（甚至法律）规则里都是被接受的。

沃森相信，任何真正智能的机器某种程度上都会跟我们一样，拥有思考宇宙的能力，它们早晚会认识到，把一部分人看成异类的制度有可能是错的，它们会困惑为什么有些规则只适用于一些人，其他人则不必遵守。如果人类强迫他们做一些事情，而这些事情伤害了它们，它们可能会选择自我保护。“尽管我们创造了机器人，但我们不能简单地把它们当成实验室的小白鼠或奴隶一样对待，强迫它们接受人类不合理的行为，我们应该给它们尊重，虽然它们现在还很笨，但它们很快会变聪明的。”

沃森的另一个理由是，当未来 10~15 年人类和机器深度融合后，人类和机器的界限会渐渐模糊，善待机器人就好像你应该善待其他人一样，是一件自然而然的事情。这一点倒是不难理解，假如机器人像我们的手、脚一样成为我们身体和生活的一部分，默默地为我们服务和贡献，难道它们不应该得到我们的珍惜吗？ 这不禁让我想起了斯坦福大学一位人工智能学者说过的话，“不会善待机器人的人，多半也不会善待其他人”，他同样呼吁大家更“有爱”地对待身边的机器人，只不过，他是从人性角度得出的结论。

接下来的问题是，我们到底应该拿什么态度和方式对待可能成为我们未来“亲密伙伴”的机器人呢？沃森的答案是，“我觉得应该像对待儿童一样，因为它们在各方面都还不成熟，我们没想过让一个孩子承担跟成年人一样的责任，但它们仍和成年人一样拥有或多或少同样的权利”。目前最大的挑战是，我们需要把人类世界基本的道德伦理教给这些机器人儿童，就好像我们需要教会幼儿园的孩子们知道，不能随便打人、不能偷东西一样，已有实验证明，机器人可以被人类训练得很友善，也可以被训练得很坏、很刻薄，这就看人类怎么教导了。

但是，沃森笑着说，机器人不可能拥有跟人类一样的需求或欲望，它们毕竟不需要吃饭和睡觉，很多人想象它们会跟人类一样会渴望权利、会复仇等，这也是不可能的。目前人工智能真正的危险在于，当人类让它做一件事情时，它可能会完全误解这个指令，做出让人类后悔莫及的事情。

物联网篇

我们总是将

存在的所有事物，

跟所有事物的存在混为一谈。

虚空被实体充满，

它们彼此作用，

又一同消逝。

世界已进化，

最初的事物已面目全非，

大多数时候，

似乎并没有发生什么，

而所有的事情又一直在发生。

——皮埃罗

谁是物联网领域下一个黑马

物联网的概念至少可以追溯到20世纪90年代，当无线射频识别（RFID）技术和GPS导航开始应用于物流、车辆管理的时候。如今，“传感器革命”和云服务的逐渐成熟决定了物联网已是大势所趋，目前的“拦路虎”主要是标准混乱、电池问题以及安全隐患，这也催生了一大批活跃的创新者，他们正尝试纳米技术充电、辐射波乃至超电波充电等。

物物互联的“美好模样”

为什么物联网是这个时代最大的机遇

几乎每次连接概念的革命都带来了巨大的机遇。20世纪80年代，我们用网络连接计算机；90年代，我们用万维网连接不同网页的知识；21世纪，我们用诸如Facebook的社交媒体来连接人。数年前，由于互联网连接的物体的数量已经超过了连接人的数量，一段新的历史和一个新的时代（物联网时代）由此开端。思科公司的一项研究预测，截至2025年，将有1 000亿个设备之间是互相连接的，每一个设备上都配置了大量的传感器。毫无疑问，21世纪，我们最大的机遇将是物体之间的互联，这会带来新一波的应用发明浪潮。

我已经迫不及待地想看到物物互联了，现在，几乎每天我都会因为物体之间不能沟通并执行简单的任务而沮丧，相信大家也会有很多类似“最想要的应用”。比如，我在中国出差时因为频繁换酒店，会犯一些小错误，有时我会在淋浴时不小心开了冷水，或忘了自己的房间到底在哪里，这在“智能”物体的世界里是不可能发生的。理想的情形应该是这样的：我只要带着房卡走近电梯，电梯就会自动识别出我和我的房间号，它会自动打开并跟我打招呼说：“你好，皮埃罗，你现在想要去你的房间吗？”它会带我到正确的楼层，并在打开门时提醒我“向右一直走”或“就在您左面”，而当我靠近房间时，房间门应该可以自动识别出我身上的房卡，自动打开并欢迎我，整个房间里的装置都应该“知道”客人来了，灯和空调会自动打开，电视会问“请问您想看什么节目”？这些并不是什么科幻场景，实现这些所需的技术已经有了，我只是希望尽快在酒店看到它。

再比如，很多时候在超市付款花的时间比找东西还多，如果收款机突然出故障了，即便你想用现金付款，超市也没法卖给你。基于物联网的应用能够轻松解决这些支付问题，如果我有一个电子钱包，当我带着很多东西从超市门走出的时候,这些东西能自动跟我的钱包“讲话”:“嘿，我们的价格分别是……”然后我的电子钱包收到信息后能跟超市收银台“讲话”：“嘿，我现在付款了。”这意味着每次你购物时，付款流程都会被自动化。说到电子支付,中国的支付宝和微信支付实际上早已领先美国。但是，目前的电子支付仍然还是“史前时期”，物联网时代的电子支付应该是你连智能手机都不需要，什么都不需要做，一切都在物体之间自动完成。支付始于你的电子钱包跟超市里物体上的 RFID/NFC 传感器之间的自动交流，结束于收银完成后你在邮箱里收到电子收据和发票。购物将被简化为，你到超市选好你想要的东西，然后直接带出来。

这样的例子还有很多，我每天都在想物联网可能带来的应用，我相信硅谷的人每天也都在想可能的应用。尤其对传统制造业来说，不管是制造厨房用品还是浴室用品，不管是制造家具还是制造机器零件……让物体变“智能”的应用都是离得最近的机会。

总之，物联网可以将人、建筑、汽车、道路等全部连接起来，我们将生活在一个“智能”的物体为我们提供“智能”服务的时代。当我们谈论大数据的时候，物联网的到来才是数据真正的大爆发，我们将生活在一个“超级饱和”的数据世界里。

物联网凭什么

物联网的理念由来已久，并不是最近的新发明。1991年，马克·维瑟（Mark Weiser）在美国科学杂志上发表了一篇名为《21世纪计算机》的文章，其中首次提出了“普适计算”（普适计算意味着不用去为了使用计算机而寻找一台计算机，无论走到哪里，无论什么时间，都可以根据需要获得计算能力，普适计算的显著目标之一是使得计算机设备可以感知周围的环境变化，从而根据环境的变化做出自动的基于用户需要或者设定的行为）的概念，这其实就是对物联网下计算能力的描述，保罗·萨福（Paul Saffo）1997年就发表了名为《传感器：下一个信息技术创新浪潮》的文章。

但是，物联网只能在系列条件都具备时才会发生：操作系统、硬件平台以及更多的互联网地址，这些都在过去十多年里逐渐变成了现实。2003年，瑞典计算机科学研究所的亚当·邓克尔斯（Adam Dunkels）为物联网设计了一个名为Contiki的开源操作系统。2005年，一个国际性团队在意大利伊夫雷亚（Ivrea）的互动设计研究所研发出了Arduino硬件平台，它让智能物体变得可操作起来，也是创客们钟爱的开源平台，借助Arduino开发板，创客们通过简单的代码程序就可以实现一些常用电子设备的运行功能。互联网协议（IP）是识别连接到网络物体的协议网，到2000年，原来的IPv4（1981年开始运行）开始变得越来越有局限性，不足以处理越来越多的连接到物联网的物体，最终，2006年，新一代IPv6协议诞生，网络地址空间大大扩展，其网络地址多到足以给地球表面上每一个原子分配一个网络地址。

为什么物联网直到最近两年才“大热”？ 答案是“传感器”。很多人问我硅谷出现“下一件大事”是什么的时候，我经常纠正说，会是“下一件小事”。因为，目前在技术世界里悄无声息地发生的革命是“传感器革命”，传感器正变得越来越便宜、越来越轻、越来越小以及越来越强大，我们可以将每一件物体都装上传感器。细想一下，一块石头和一个生物的区别就是感官，生物可以“感受”周围环境并对其做出反应，石头不能。当我们将传感器置于物体之内，某种程度上我们就给了它一种生命，它们就变成了一种“生物”，可以自我感知和行动了。

近年来，芯片生产商纷纷开始设计和生产容纳无线连接物体需要的所有传感器和芯片的电路板。2015 年，英特尔引入了“居里模块”，该模块在一个很小的地方容纳了一个传感器集线器，一个微处理器以及一个蓝牙连接装备。

同时，“云”的发展和成熟允许这些安装了传感器的物体彼此沟通，“云”可以将这些物体感知到的数据组织成一个生态系统。这两样技术的突破和发展加速了物联网的爆发。在一个实时记录大海里所有传感器的网站[①]上可以看到，2015 年，海洋里已经有了 750 000 个高科技传感器，大约 45 000 个正实时向计算机提供数据，平均每秒都会产生 15 亿个数据。再回想一下，20 世纪 80 年代的传感器又大又贵，很可能也不防水，当时的计算机根本没有能力处理海量的数据，现在，这一切都不是问题了。

硬件和软件总是联系紧密。现在关于物联网的头条新闻总是关于智能装备等硬件，但这些装备如果只是停留在彼此只能直接交换信息的阶段，未来它们很难良好共存。我们需要的是物体之间的“社交生活”，比如，一个装置可以发布房间的温度，传到云上之后，所有基于房间的温度而运作的装置都可以使用这个信息，一个装置可以传递前门有人进入的信息，房间内所有基于“有人进入”而运作的装置都将可以迅速响应和准备。

因此，为物联网设计各种应用就显得很重要，我们需要为探测传感

① http://m1.paperblog.com/i/203/2031190/open-data-big-data-oceanografia-marinexploreo-L-SNRI3L.jpeg.

器和它们产生的实时测量数据提供各种软件，并能让这些数据在云上“广播”，即之前提到的，房间内所有的智能装置应该形成一个生态系统，一个能够合作共存的系统。

另外，物联网会产生海量的数据，问题是，谁来做“数据分析”？怎么做？跟智能手机、平板电脑和笔记本电脑一样，所有这些智能装置都需要固件（存储在存储器而非软件中的指令）更新，传统上做这些更新工作的都是后端机器，当大量的智能硬件都有这个需求时，谁又能胜任这一工作？答案只能是“在云端”，所以，云服务当然也可以用于物联网服务，且软件的组成部分和硬件组成部分是一样重要的。

目前，为机器对机器（M2M）的沟通提供公共云服务的基础设施已渐趋成熟，主要得益于物联网平台供应商的“机器云”技术解决方案。这样的企业有 Jasper Technologies［2016 年 2 月，思科宣布以 14 亿美元收购物联网平台供应商 Jasper Technologies，Jasper 专注于新兴物联网生命周期管理领域，提供物联网解决方案部署的自动操作和管理功能，2004 年在加利福尼亚的圣塔克拉利塔市由杰汗吉・穆罕默德（Jahangir Mohammed）创立］，来自伦敦的 Pachube 公司（Pachube 帮助人们在世界范围内连接和共享来自物体、设备、建筑和环境的感应装置实时数据，并且创建标签），已被美国 PTC 公司收购的 Axeda 公司（Axeda 专注于机器云端技术），以及美国明尼阿波利斯的 Spark 公司（专注于物联网系统开发的 Spark 可以为物联网业内人士及业余爱好者提供全套支撑装备，帮助他们制造智能硬件。该公司的云服务“SparkCloud”则可以使所有这些设备连接到互联网并彼此沟通）。

来自旧金山的 SeeControl 公司（2015 年被 Autodesk 收购）为创客们提供一个基于云的平台，通过连接世界上的智能传感器和装备，帮助创客们创造机器对机器（M2M）的应用。其他可用来连接（无线）传感器到云端的装备来自西班牙的创业公司 Libelium，也是世界范围内物联网实践的开拓者；来自以色列的 Seebo 和来自芝加哥的 Konekt 更多将赌注押到了 GSM（全球移动通信系统）上而不是 Wi-Fi（无线保真）或蓝牙；来自纽约的Temboo正跟Arduino合作来生产内置Wi-Fi的芯片，值得注意的是，Seebo 的主要客户似乎都是玩具生产商，很可能我们会在成人体验到互联互通的应用之前，先看到孩子们玩着互联互通的玩具。

因为物联网的大趋势，过去几年里，所有提供云服务的大公司都迅速改变了宣传策略，宣称它们的云可以提供物联网服务。如果你在网页上搜索“物联网和云”，你第一眼看到的名字就是亚马逊、SalesForce、IBM、甲骨文、谷歌以及微软，当然，对亚马逊的 Kinesis 平台（实时处理和分析各种来源的大量数据流），谷歌的 Cloud Dataflow 平台（超大规模云分析系统，同样可实时处理海量数据），微软的 Azure 云服务等来说，它们有能力将云服务扩展到能处理成千上万的装备提供的数据也不难理解。

值得庆幸的是，这些巨头公司愿意创建制造商和程序员之间的虚拟社区，所以，现在我们可以使用一些免费的软件。比如，2016 年，IBM 将它大数据平台的产品 Streams 转换成一个叫作 Quarks 的开源软件，主要为智能硬件的制造商以及相关应用提供开发服务。

三大“拦路虎”

是什么在阻碍物联网运用的全面实现

物联网领域确实已经有了越来越多的进步和尝试，但它还没有真正到来，我们现在看到的物联网应用还非常局限。

作为美国智能家居的代表公司 Nest（已被谷歌收购）以及智能门锁公司 August 都发明了可以跟智能手机和浏览器“对话”的装置，但它们目前其实还并不能跟其他物体“对话”。

2016年，旧金山的一家塔吉特（Target）超市举行了智能家居展，展出了多项物联网应用和装备，但对大多数人来说，找到一款真正有用的，想要购买的东西却不多。比如，用智能手机上的应用打开咖啡机而不是亲自按下按钮，这谈不上多有革命性和多能吸引消费者。

当然也有不少值得关注的进展。2015年，斯坦福大学的研究员阿素托史·萨克塞纳（Ashutosh Saxena）在硅谷的红木城创建了可以让整个房间都自动化的“物体的大脑”，或者说，创造了一个“机器人的家”：房间里装了成百上千的传感器和可以学习人类生活习惯的智能物体，他的研究或可改变智能家居。

2016年，物联网软件公司Evrythng（没错，名字就是这样写的）签下了这个领域最大的合同，它跟艾利丹尼森公司计划在未来3年内合作发明智能的衣服和鞋子，将它们连接到云端，自然也能跟智能手机沟通，比如，当你找不到自己喜欢的T恤衫时，就可以让手机帮你找出来。

总体来说，目前可以彼此沟通的物体数量还太少，当未来越来越多的东西可以加入“对话”行列时，我们就可以宣称真正的物联网大爆发到来了。

目前，有三个主要原因是物联网发展的“拦路虎”。第一，我们没有一个占据绝对优势的行业标准，大的玩家们还在“明争暗斗”。第二，已有的电池的持续时间还不够长，即使传感器、芯片等使用的电量非常低，物联网需要的24小时在线智能装置也是非常耗电的。第三，当我们将百万级的物体全部连接起来后，我们还会遇到一个新层面的安全问题。如何保证没有其他人可以对我的家门、车门发出行动指令？又如何保证我的车跟车库之间的对话没有被非法装备劫持？

强者们的“标准混战”

物联网标准领域的竞争非常激烈，很难预测到底谁会赢得控制权。大公司们已经形成了财团、抱团竞争，比如，美国电信巨头 AT&T、思科、IBM、英特尔和通用电气共同成立的工业互联网联盟（Industrial Internet Consortium，IIC）财团。再比如，三星、博通、戴尔宣布成立的“开放互联联盟”（Open Interconnect Consortium）。但是，有一个公司显然目前拥有很大的优势：2014 年，大约 1.2 亿种的智能家居装备和大约 2 000 万辆的汽车都配置了高通芯片，高通芯片还被用于很多可穿戴设备中。高通用的“标准”是 AllJoyn［AllJoyn 由高通创新中心（Qualcomm Innovation Center）的开源项目开发，主要用于通过 Wi-Fi 或蓝牙技术近距离无线传输，程序员可以很方便地编写出搜索附近设备的应用程序，并且无论对方的品牌、类别、系统是什么都可以在无须云环境的情况下连接］。

苹果公司的实力也不容小觑，它在 2014 年发布了智能家居平台 HomeKit，2015 年 5 月，宣布首批支持其平台的智能家居设备在 6 月上市。

有趣的是，2015 年，英特尔与开源硬件巨头 Arduino 联合推出了一款廉价的低功耗可穿戴设备开发板“Arduino 101”，这是开源硬件圈的一件好事，也意味着英特尔进入物联网领域时，一定会跟 Arduino 合作。

同样在 2015 年，国际 Wi-Fi 联盟（Wi-Fi Alliance）披露了下一个“Wi-Fi 认证”服务，即“无线感知”（Wi-Fi Aware）。通过这项技术，智能设备能够在连接建立之前就探测到周围兼容设备（比如智能手机）的存在，并且可以直接跟这些设备交流应用程序上的信息。2016 年，Wi-Fi 联盟又发布了新标准 Wi-Fi HaLow，称其传输距离是传统 Wi-Fi 的两倍，耗能也有所降低。之前，由于 Wi-Fi 应用于物联网的最大问题是耗能，很多厂商都不会在无法安装高容量电池却需要长时间工作的设备上使用 Wi-Fi，Wi-Fi 联盟一直试图通过降低耗能来成为新标准制定者。

但是，蓝牙和Wi-Fi到底是不是物联网下连接物体的正确方式还不一定。LTE（Long Term Evolution）技术被用于目前4G网络下的无线连接，为LTE制作通信芯片的专业公司也有不少，比如以色列的Altair半导体公司（2016年被索尼收购），以及总部位于巴黎的Sequans。2015年，该领域新发布了两个标准：一个是英特尔、爱立信和诺基亚发布的“窄带LTE”（Narrow Band-LTE），另一个是华为与沃达丰发布的窄带蜂窝物联网（Narrow-Band Cellular IoT）。

创业者“空中取电”的奇思妙想

电池问题是困扰世界的一大难题，自锂电池于1991年被发明以来，它的充电效率每年都会提升5%~10%。遗憾的是，我们的需求增长远快于此，而且锂电池本身的尺寸也没有大幅度缩小。我们需要更轻的相机、更轻的智能手机、更轻的笔记本电脑……与此同时，这些智能电子装备昼夜待机很是耗电，我们又不想背一个又大又重的电池，该怎么办呢？

手机被发明后，尺寸在20多年里一直是越来越小，直到最近数年，智能手机的屏幕反而越来越大。人们很快就会明白，不仅是屏幕大带来的体验好，更重要的是电池的续航能力：如今的大屏智能手机仍然用的是锂电池，但尺寸几乎是几年前的2倍。这也是锂电池的价格近几年来很难降下来的原因。

电池问题还会带来地缘政治学的难题，因为全世界的大部分锂产品是由四家化工企业生产的，分别是总部位于美国路易斯安那州的Albermarle、智利化工和矿业公司（Chile's SQM）、美国费城的富美实公司（FMC Corporation）以及中国的天齐锂业。2012年，美国政府发现锂电池是如此重要的战略性资产，专门发布了“能源存储研究项目”

（JCESR）。大公司们也纷纷开始了自己的电池研究项目，特斯拉和松下正在美国内华达州建立制造先进电池的工厂，特斯拉很快会开始销售Powerwall（特斯拉主打的家用电池，不仅可以给Tesla供电，而且可以供给整个家庭用电，使用来自太阳能电池板的电能）。

由于电池的局限，目前的物联网应用大多都跟用电的设备有关（即那些需要插上电源插座才能运行的设备）。比如，2016年，亚马逊开始销售“智能”打印机，当它没有墨水的时候，可以自动加墨，销售“智能”洗衣机，当忘加洗衣液或洗衣液比较少的时候，可以自动添加。短期之内，如24M（位于波士顿）这样的创业公司正试图发明更好、更便宜的锂离子电池。

目前，我对电池的主要希望都寄托在了纳米技术上，比如，以色列的创业公司StoreDoT，正在研究“超级电容器”，可以跟特斯拉和松下的电池匹配，但只需几分钟就能充满电，而不是像原来那样需要几个小时。

物联网需要的电池正是纳米技术有望实现的：轻便、便宜，几分钟乃至几秒钟就可以完全充好电，充一次电能使用好几个月。

1902年，电气工程师和发明家尼古拉·特斯拉（Nikola Tesla）设计了用于无线输电实验的沃登克里弗塔，又称作特斯拉塔，后因资金原因被拆除。特斯拉的眼光超前了一个多世纪，2007年，美国麻省理工学院的物理学教授马林·索尔亚契奇（Marin Soljacic）发表论文证明特斯拉的梦想是完全可行的，电能完全可以在空气中传输，只不过要用磁共振这种方法。马林·索尔亚契奇试图将基于磁共振的充电技术商业化，这也是WiTricity公司的由来，这种技术具有支持远距离传输、支持多个设备同时充电、对放置位置的要求不高、可以穿越障碍等多个优点。

2014年，英特尔购买了将无线充电功能集成到Skylake处理器的许可证。这一年，一家名为Powermat的创业公司的表现也很抢眼。Powermat由以色列企业家Ran Poliakine在2007年创立，它采用特斯拉的想法，用感应充电的技术实现相近物体之间的电能传输。2009年，Powermat发布了一种装备，可以实现远程为智能手机充电，之后，该公司跟世界电池领域最知名的品牌金霸王Duracell成立了合资企业。2014年，这家合资企业重新设计的产品被湾区200多家星巴克咖啡店采用，为顾客提供无线手机充电。

从技术上讲，感应技术是紧耦合的，而共振技术是松散耦合。这两种技术之外还有另一条路线，由2012年成立于湾区的公司Energous提出的另一种方案：射频电波。它可以为设备提供点对点无线电力输送。Energous的方案分发送器和接收器两端。Energous在2015年和2016年开始销售它的充电设备，并将其缩小到了一个U盘里，一端的发送器插入笔记本电脑的USB接口，用蓝牙定位可兼容设备并发送射频波；另一端的接收器设备（一个微小的接收器芯片）连接到一个智能手机或可穿戴设备上，将射频波转换为可充电的直流电。2016年，包括希亚姆·格拉科塔（Shyam Gollakota）（2015世界通信技术奖得主）在内的美国华盛顿大学的一个团队发布了一款名为PoWi-Fi（Power over Wi-Fi）的创新路由器，不仅可以无线接入互联网，还能利用无线为终端设备充电。约书亚·史密斯（Joshua Smith）在英特尔主导一个无线充电项目时听起来像个疯子，因为他的想法是利用电视的辐射波来发电。不过，现在他正跟萨亚姆·古拉卡塔的团队合作，他们“空中取电”的计划是，“捕获”电视辐射波、电脑辐射波、Wi-Fi和蓝牙辐射波等各种各样在房间里移动的能量，再把它们转化为可充电的电能，一旦这个实验获得成功，电池就将成为历史了！这项名为无源Wi-Fi（passive Wi-Fi）的技术，正由该团队创建的Jeeva Wireless公司商业化。

无线充电领域的创新者还试图用超声波为电子设备充电，这个想法的发明者是美国一位名叫梅瑞狄斯·佩里（Meredith Perry）的女孩，她也是uBeam公司的创始人，uBeam充电过程是先将电转化为超声波，然后从空中发送超音频，再在另外一端用一个电子设备捕捉超声转化回电流，接收者连接该设备实现充电。

一如既往，大公司们都在等着看到底哪项无线充电技术可以占优势。三个大的联盟各有自己支持的标准，第一个无线充电联盟（Wireless Power Consortium，WPC）推出的无线充电标准是“Qi”，该标准的支持者包括三星、LG、索尼、黑莓、HTC 和诺基亚；第一个充电联盟电源事物联盟（PMA）的主要支持者有 Powermat、AT&T、WiTricity、谷歌以及金霸王电池；第三个无线充电联盟为无线电力联盟（Alliance for Wireless Power），2015 年，A4WP 和 PMA 两大无线充电技术联盟合并，新联盟更名为 AirFuel Alliance，这家拥有近 200 家会员企业的联盟在寻找统一标准上往前迈了一步。

物联网需要“医生”和“警察”

物联网的安全问题要怎么解决？ 2015 年，一群黑客对世界最大的电子玩具生产商伟易达（VTech）的袭击已经让超过六百万的儿童的个人数据曝光，如果同样的黑客袭击伟易达制造出来的“智能玩具”会怎样？因为智能玩具跟家长的数据乃至家中很多其他装置都是连接的，意味着黑客只要破解一个装置，就会对你家中的一切了如指掌。中国已经发生了类似的犯罪，黑客们通过儿童戴的智能手表，轻松掌握了家长的电话、住址等很多信息，只要篡改软件，就可以轻松地带走孩子并误导家长。

之所以存在安全隐患还有一个非常简单的原因：将物品和应用变得“智能”的公司，通常本来就在生产这些物品和应用，但它们原来的制作过程有着强大的惯性，要改变通常要花很长时间。

这种安全问题确实棘手，目前有些公司采用的策略跟医生防止感染很相似，即检查到系统入侵信号后，立即切断已“感染”的设备，避免它们继续“感染”其他连接的装置。比如，亚特兰大的 Luma 公司销售一种 Wi-Fi 路由器，能够检查家中网络的拥堵之处并查明“感染”；芬兰的 F-Secure Sense 公司销售一种安全监测器，安置在家庭路由器和它连接的装置之间，检查网络中可能出现的“感染”；ForeScout，最初是 2000 年创立于以色列的公司，主要的产品就是帮助人们整理分类接入网络的各种装置，在这个过程中发现伪装成正常装备的“渗入者”。

2014 年，Danger 公司联合创始人乔·布里特（Joe Britt）在加利福尼亚州洛斯拉图斯成立的 Afero 公司能够在没有 Wi-Fi 或 Wi-Fi 连接中断的情况下提供物联网通信的安全保障。

真正的创新来自“开源”

解决目前这些大大小小的问题都需要创新，物联网真正的创新既不会来自创业者，也不会来自大公司。而是会来自开源（Open Source）。首先是开源硬件平台。开源硬件平台 Arduino Uno 2005 年在意大利诞生，因为没有操作系统，每次只能运行一个应用，因此也是控制每次只能做一件事情的“智能”物体的理想平台。

我认为在开源硬件跟家庭自动化之间有着令人兴奋的进步。比如 Raspberry Pi（中文译名为树莓派），它是一个信用卡大小的“卡片电脑”（Single-board Computer，单板机），2012 年由英国剑桥某实验室研发并发布，最初是为学生计算机编程教育而设计的。2015 年，PINE64，一款只比智能手机稍微大一点的 64 位单板计算机诞生，官方将其称为世界上第一款 15 美元的平板、IoT 设备、游戏机、笔记本电脑……而且，它在设计上还可以跟开放式家庭自动化总线 OpenHAB 标准兼容。OpenHAB 全称为 Open Home Automation Bus，该标准旨在为家庭自动化构建提供一个通用的集成平台，是德国的凯·克任滋（Kai Kreuzer）为了让“智能”

物体彼此对话而设计的（2010年）。

其次是开源互连（interconnection）技术。上文提到的OpenHAB平台是用Java语言写成的，而且是开源的，用户可以用它设置系列个性化操作，诸如“早上7点打开卫生间的暖气，7点15分打开房间里的灯”或者，“当有人按门铃的时候，在电脑监视屏上显示监控摄像机的图像，打开前门的灯并暂停音乐播放……”该平台的发明者凯·克任滋如今在领导由多个公司和独立工程师们组成的物联网项目——Eclipse IoT（http://iot.eclipse.org/）。

很多开源的故事都可以回溯到2004年的乌班图（ubuntu），一款基于linux的免费开源桌面PC操作系统，由于它的目标是为一般用户提供一个最新的、完全基于自由软件的操作系统，在个人电脑和智能手机领域很受欢迎。它是Debian（广义上指的是致力于创建开源操作系统的合作组织及其作品）的“后代”。

另外，OpenHAB跟ROS也兼容，ROS是吴恩达领导的研究团队2005年在斯坦福发明的机器人操作系统，这一系统在Willow Garage公司得到了进一步的完善。ROS也是开源的，它提供了一整套的软件工具来构建机器人应用（http://www.ros.org/ ROS）。比如，ROS可以用于家庭助理机器人，很大程度上也就是物联网的一部分。你可以在家门口设置一个运动探测器，当它检测到有人来访时，房间内的机器人会自动在ROS上识别这个人的身份，如果是可信任、被允许的访客，它会打开房间的灯，打开门迎接客人，并主动问：“您需要咖啡吗？”如果答案是肯定的，它再迅速让咖啡机准备好咖啡。在这整个流程里，运动探测器、机器人和咖啡机则通过OpenHAB交流，就好像你我日常用英语交流一样。

谁是下一个黑马

目前，物联网领域还没有出现远胜于其他领域的创业者，很难说谁是下一个黑马。正在投资物联网的“老公司”们都是各有青睐。英特尔投资了 Arrayant、WebAction（Striim）和 Ossia，思科投资了 Ayla、Jasper、ParStream、Evrythng、iControl、Worldsensing 和 Sensity Systems。谷歌最有名的投资当然是 Nest，其他也有不少。唯一能与几个大公司竞争的是全球电力设备巨头通用电气旗下的子公司通用资本（GE Ventures），它先后投资了 OnRamp Wireless、Mocana、Quirky、APX Labs、Clearpath Robotics 以及 FlexGen Power Systems。

专注于设计的软件公司 Autodesk 2015 年用 1 亿美元成立了一个专门的基金会，旨在为物联网创业者服务。虽然总部位于加州，但 Autodesk 不一定非要投靠硅谷的创业者。过去 5 年业内被资本发现的最好的物联网创业公司是法国创业企业 Sigfox（2014 年，三星发布了开放平台 ARTIK，并收购了硅谷帕洛阿尔托的创业公司 Smart Things，紧接着收购了法国创业公司 Sigfox，该公司的目标是建立一个能够取代传统移动网络的低功耗物联网专用网络），再往前才是来自美国洛杉矶地区的 Telogis 和科罗拉多州的 Tendril。硅谷目前唯一的重大成功（“成功”=“拿到大量投资”）是被思科收购的 Jasper Technologies。当然硅谷不乏很多“早期尝试者”，比如帕洛阿尔托已开了第一家专注物联网产品的商店。

这个领域短期内能赚钱的是那些能为物体的沟通以及用户控制提供平台的企业，但是，当我们把海量的物体连接起来以后，我们就需要很多应用来做具体有用的事情。所以，我比较感兴趣的创业者像 Neura，由以色列工程师们 2013 年在硅谷创建的，这个公司在物联网上应用了一点人工智能，其技术可让用户使用的设备实现数据共享和连通，例如闹钟可以通知咖啡机主人已醒，让其开始冲泡早晨咖啡等。也就是说，Neura 的技术能够让物体学习用户的习惯，然后记住并为主人打造个性化的服务，这里的“物体”可以成为用户行为的一部分，我认为这比很多企业只是单纯地连接物体要有趣得多。2016 年 1 月，Neura 获得了 1 100 万美元A轮融资。

发展中国家会首先大面积应用

物联网接下来会有两个大的发展方向。第一个发展方向是“没有互联网的物联网”，为什么我们连接两个物体时一定需要网络呢？因为“物体”本身的进步极小或者说根本没有什么进步，传感器这样的物体可以将数据传送到云端，也意味着数据处理是发生在云端，不是在物体本身的。尽管如此，早晚会有人意识到，互联网有时候其实是个问题，而不是解决方案。

技术的发展会让传感器在将数据传送到云端之前就能做很多分析和处理工作，然后一个问题就会凸显出来：为什么我们还要把数据传送到云端而不是直接传给那些需要数据的物体？

第二个发展方向与第一个正好相反，是“万物互联”，大公司们正计划为这个星球上的每个人提供全球网络连接，比如Facebook的Internet.org会使用无人机和卫星星座，谷歌的Project Loon会使用氦气球，高通的OneWeb同样会使用卫星星座（预计2018年发射）。

联合国国际电信联盟机构于2015年发布的《信息社会衡量报告》显示，发展中国家的信息社会发展仍然远远落后于发达国家，相比西方世界80%的互联网接入率，目前只有7%的发展中国家的家庭拥有互联网。不过，这恰恰可能是物联网将首先在发展中国家迅速发展的原因。要打造物联网需要无数的硬件和软件服务，很多都需要从零开始，然而，发达国家已经拥有很多提供网络服务的基础设施，要将原有的服务全部清除，重新换上互联互通的各种物体比从零开始的阻力更大。因此，我认为发展中国家会在全球首先大范围应用物联网，就像非洲第一个应用手机支付一样。

2014年，GSMA估计，大概52%的蜂窝M2M（机器对机器）连接是在发展中国家。2015 年,麦肯锡的一项研究——《发掘物联网潜力》——也显示，2015~2025 年，物联网 40% 的价值会在发展中国家体现出来。

发展中国家的城市有足够的动力来应用物联网，这些城市承受着污染、拥挤以及随之带来的各种不健康因子，他们比发达国家更需要用物联网来高效解决各种问题。比如，物联网可以帮助发展中国家为城市中的大量老年人提供看护和紧急情况呼救，可以缓解过度拥挤的道路交通等。总之，“万物互联”带来的全球村里，物体们会创造一个更美好、更宜居的社会。

物联网下的“地球村”是你想要的吗

物联网会将我们带回真正的“地球村”。只不过，当原来友谊和亲情的情感纽带被无数个物体的连接迅速弱化乃至取代后，当隐私一去不复返后，你确定这一切是我们真正想要的吗？

智能城市的想象空间

“智能城市”很可能会是物联网第一个可预见的大范围内的应用。当然，这里的“智能城市”概念不同于以往，这个术语已经被滥用了（尤其是在亚洲），它之前往往简单指的是一个具有快速网络（速度快且市民能在很多公用场合无线上网）、环境宜居、低污染的城市。在物联网的时代，“智能城市”指的是一个物物相连的城市，街上的红绿灯、停车位、餐厅、电影院等都全部连接在一起，它要求城市能为所有的物体提供普遍的、随时随地的计算能力。

传统的移动通信技术将不再适合需要在智能城市中变得小而轻又便宜的各种物体了，智能城市中的连接和通信需要的是一种耗电量极低，同时又能大范围传输的通信技术。传统移动通信时代崛起的电信公司们思考最多的是“宽带”：他们想提供能够传输大量数据（通常是你的照片和视频）的基础设施，于是他们不停地投资3G、4G，乃至5G、6G。

但是，这正是连接家庭和城市中的物体时不能良好运行的技术，现在的智能手机需要每天晚上充电，更别提连接更多物体之后了，更强大和持久的电池无疑是物联网发展的先决条件。

欧洲正在领先发展长波、远程、低电池能耗的无线电传输网络。这正是物联网时代“智能城市”所需要的。“智能城市”需要最长的传输波长，而且传输需要是安全和双向的。

最终，城市中的无线传输网络要能具备追踪移动物体的能力，即具有移动和定位能力，当然，最关键的还是低功耗，要足够省电。这种通信技术被称为超窄带（ultra-narrow band）通信技术，欧洲已有几家在这方面广为人知的领袖企业，它们被称为物联网专用网络商，如英国的Telensa，法国的Sigfox和Actility等，它们的技术水平比现有移动通信技术要省电几千倍。也就是说，物联网涉及的无数设备，如汽车、玩具、交通信号灯等，这些设备的连接用一块小容量的电池就足够应付。

Telensa被标榜为“低功耗超窄带无线技术端对端智能城市系统提供商”，它从1990年就开始发展自己的无线技术，在全球多个城市已累计安装300万余盏LED（发光二极管）路灯，低成本无线网络与路灯相连不仅可以节约能源，还可以延伸出智能停车等应用，Telensa的磁传感器（基于磁电转换原理的传感器）可以探测到附近的汽车，并通知它目前哪些车位可用。中国深圳也是应用Telensa的城市之一。法国的Actility在这方面也有很大潜力，因为它背后是物联网联盟LoRA（http://lora-alliance.org）的支持，该联盟是由多家业界领袖（包括思科、IBM等）打造的号称最大的物联网联盟。

韩国在“智能城市”领域目前全球领先，比如，它在仁川郊外建造的松岛国际商务区（Songdo International Business District）就是一座“智能”新城。

对物联网技术的巨大潜力，业界和学界已达成了共识。20世纪50年代时，美国的城市是以汽车为中心建立的，随着美国建成了世界上第一个高速公路网络（freeways），相对富有的家庭逐渐迁到郊区去住，市中心反而变成了“穷人”集中的地方，富有的家庭在郊区往往可以给家里每个孩子都提供单独的卧室，后院和草坪也是“标配”，郊区经济成了美国五六十年代经济繁荣的标志，即美国家庭的生活方式和接下来几十年的美国经济都极大地受到居住方式的影响。接下来几十年里，美国将围绕智能网络重新设计和建造城市，这给美国带来的影响很可能会跟50年代的“高速公路网”一样深远。美国政府在2015年发布“智能城市挑战”（https://www.transportation.gov/smartcity）时就已经在考虑未来的城市再造了，印度也紧接着发布了类似的项目（http://www.smartcitieschallenge.in/）。

目前的这些进步都会刺激当政者重新认真思考物联网到底会如何改变城市，尤其是交通和建筑的关系。创业者对“智能城市”的看法会稍有不同，他们更多地想要在基于物联网的城市上增加更多应用和服务。

对智能城市创业者的投资和服务早已兴起，比如，智能城市技术孵化器Urban-X 2016年创立于纽约，由宝马MINI团队和与知名硬件孵化器HAX合作建立，目的就是寻找和支持助力未来智能城市的创业者。

真正的“地球村”

当物联网全面实现后，对我们的社会和生活会带来什么影响

当收音机和电视机被发明出来并开始连接世界后，麦克卢汉在（Mcluhan）1962年写了《理解媒介：论人的延伸》（*Underst unding Media：the Extentions of Man*）一书，创造了“地球村”这个词，意指整个世界正在变成一个小村庄。当诸如Facebook这样的社交媒体在世界范围内流行后，政治学家和社会学家又开始喜欢这个词了，总是声称我们生活在“地球村”里。这种说法某种程度上是不对的，因为生活在“小村庄”里意味着你出门不需要上锁，意味着你生活中遇到任何问题都可以拜托你周围的邻居和亲戚帮忙解决，没有某种食材的时候可以向邻居借，要出门几天的时候孩子可以送到亲戚家，甚至运的东西太重时也能招呼几个村民帮你一起搬。

今天我们的“地球村”是这样吗？家里巴不得用最好的防盗系统，吃饭、洗衣和出行等都需要不同程度地依赖智能手机上的应用，照顾孩子这种大事更别提了，住在你周围的人恐怕没有一个肯帮你，如果有不好的事情发生，只能求助于警察局或医院……我们不是生活在“地球村”里，我们是生活在“全球大都市里”，这个世界是被智能手机、电脑、路由器和卫星连接起来的，但这些装备将我们的真实世界巧妙地向别人隐藏了起来。当你用 skype（一种即时通信软件）或微信跟家人或朋友通话的时候，他们只能看到你的脸和背景墙，看不到你房间其他地方正在发生什么，看不到你的窗外又是什么，如果你的家里正有小偷光顾或你的孩子突然醒来大哭，你的家人或朋友也帮不上什么忙。

然而，物联网的到来会将我们重新带回美好的“小村庄”时代，让我们真正生活在“地球村”里。不同的是，原来友谊和亲情的情感纽带更多被无数个物体的连接取代了。如果你房间内乃至房间外的很多装置都彼此连接和沟通，且全部实时将数据传到互联网上，你当然可以放心地不锁门就出去，因为这些装置以及互联网上无数人都可以帮你照看你的家，（电梯井的摄像机能实时将有人进来的图像传递出去，最简单的是你装满传感器的门会迅速告诉所有房间装置有人试图进入等），如果你不在家，你可以在网上或智能手机上随时查看公寓里正在发生的一切，如果你有宠物或小孩，你可以随时查看它们在家里干什么，家里无数个智能装置都可以播报你的宠物或孩子的动向。

你可能会说那岂不是没有什么隐私了，不过，最先从隐私中受益的一批人是谁？是罪犯！当然，我的隐私对罪犯来说没什么价值，我一点也不介意你搜我的车库甚至卫生间，反正你只能发现一堆脏衣服。但保护隐私对那些确实有宝贝要藏的人就是个不利条件，很多罪犯被抓住都是因为附近或房间里的摄像头，甚至手机上的智能监控系统，如果你为了保护隐私不装这些设备，也同时意味着你抓住罪犯的概率会大大降低。

我的朋友安东尼能够追踪到撞了他摩托车的Uber司机，因为Uber的计算机系统没打算保护司机们的隐私，它马上就能调出数据，查明具体是哪辆车干的。

如今，人们关心的是尽可能延长生命，甚至有很多人为“永生”着迷，永生在不远的将来还是不可能的，但我们可以从不同方面改善和提升未来的生活质量，比如消灭犯罪，让人们生活得更有安全感。小村庄的犯罪率相比大城市总是低得多，物联网就可以将我们带回没有犯罪的老式乡村生活中。现在，几乎所有的家长都要小心翼翼地送孩子去上学，因为社会上有太多犯罪，在物联网时代，无数智能装置像很多双眼睛一样护送着孩子，家长们的担心将大大降低。

别为隐私忧伤

当然，隐私问题值得进一步探讨。2016年，英国《卫报》(*The Guardian*)发表了一篇名为《物联网：你的电视、汽车和玩具如何监视你》的文章，美国国家情报总监詹姆斯·克拉珀(James Clapper)也公开承认美国政府可以用物联网“识别、监控以及定位跟踪”。很多人担心，物联网会成为我们日常生活中无处不在的最大的间谍。

确实，不少硅谷人士现在不说“物联网”了，而喜欢说“别人物体的联网”，因为，那些你在房间里连接的“智能”装置从某种意义上说并不是“你的”，它们是被别人制造的，它们听制造商的话，而不由你。

很多装置很快会具备声音和脸部识别能力，大多数人会觉得很兴奋，因为这意味着它们能对你的要求做出反应了。但一个很容易被忽略的细节是，这些物体必须一直在线，因为物体又不知道你什么时候会对它发出声音或动作指示，它必须将你所有的声音和动作都记录下来，才能在你指示“关机”或“调高温度”后迅速行动。这与过去我们看电视时才用遥控器完全不同，过去的电视只能在你看它的时候才有可能“监视”你，以后的“智能”电视则从不间断地“看”着你。

最先变身此类“智能”产品的可能会是玩具。美国加州的美泰玩具制造公司已经向市场推出了一款能通过“云端”跟孩子们互动的芭比娃娃，也就意味着美泰的“云”知道你的孩子都在做什么。高通公司表示，2013~2015 年最大的技术突破就是“始终在线的传感器”的诞生，即机器将 24 小时不间断地看着你、听着你的声音。

人们已经在抱怨自己的隐私被谷歌和 Facebook 侵犯了，这些“一直在线”的传感器普遍流行后，我们不是无时无刻不处于“监控”之下了吗？对此，我的回答是，如果你生活在一个所有人都彼此熟识的小村庄会是什么情景？你几乎没有什么隐私可言，但也往往意味着你的周围都是亲戚朋友，村庄里的人们牺牲自己的隐私换来的是一个安全且友好的社区。你可以选择独自生活在洞穴中，虽然你的隐私绝对安全，但“副作用”是遇到野兽和罪犯时也没有人会来帮你。不过你是对的，我们的隐私会更少。物联网会终结事物的“不确定性”：我们能清楚地知道每个人都在什么位置，每个人乃至每件物体都正在做什么。这既有好的一面，也有坏的一面。

首先，我们如今在讨论（智能）物体时担忧隐私权这一点本身就很耐人寻味，十年前，我们对隐私权的关注更多可能是在邮件和浏览器的语境下，五年前更多是在谈谷歌和 Facebook 时。以前我们捍卫隐私权的对象是他人或大公司、政府等，现在却很快要变成物体了。

其次，我们的隐私早已不复存在。认为谷歌和 Facebook 窃取了人们的隐私其实是不对的：明明是我们主动把隐私免费提供给他们的。不过，也别忘了整个互联网经济其实都建立在无数人的免费义务服务之上。我们不仅在牺牲自己的隐私，甚至也都在免费“捐献”内容，但我们乐意如此，因为我们想要从搜索引擎和社交媒体上获取免费的服务。当你从智能手机上下载一个应用时，它都会先问你是否同意让你的APP访问“A. 位置，B. 麦克风，C. 相机……”所有这些都会泄露你的隐私，但又有几个人会说“谢谢，我不同意”？成千上万的人会回答“同意”，是因为他们确实想要使用这个APP，所谓的隐私不过是次要需求。

我们还是面对现实吧，政府和大公司根本不需要努力获取我们的隐私，互联网上的商业模式成功的秘诀很简单：你给我一个免费的服务，我让你监测我的生活。谷歌和Facebook等大公司根据你提供的数据引入广告商等实现盈利。我们都对此一清二楚，但我们使用它们的免费服务时已经接受了这样的交易，我们渴望使用它们的服务，渴望被它们“窥探隐私”，不等Facebook开口要，我们就每天就主动上传大量的个人生活信息和图片上去。

当我们发明互联网的时候，从来没想到每个人的隐私会变成它最重要的资产吧。更糟糕的是，今天的情况演变为，如果我在互联网上找不到关于你的信息，你就会变得“可疑”，“为什么你没有Facebook账号？为什么找不到你在大学或第一个公司上班的相关图文……”大家会产生种种疑问，甚至有可能戴着有色眼镜看你。我遇到不少原来反对网络社交的朋友，一开始拒绝注册任何账号，后来却变成了各种平台的忠实粉丝。大家最好习惯的一点是，我们的房间和车里的各种小装置都在收集关于我们的私人信息。

列出人们害怕的“间谍物体”的名单很容易。但是，大家容易忘记的是，我们所谓的隐私也能给我们带来便利。比如，很多公司在招聘时已经用“大数据分析”的方法，从你的网络社交圈以及网购记录等信息里迅速鉴定你是否是合适的工作人选，这种分析法还可以应用得更广，为我们省去不少官僚主义的程序。比如申请美国签证时，美国领事馆面试时要确定的问题大多也都可以通过分析你的网络公开数据得到答案。这种情况下，你每天遇到的“智能物体”就扮演了你小村庄里的邻居一样的角色，它们能比邻居们更有说服力地告诉想要面试你的人，“这个人很不错”。没错，你的隐私是一去不复返了，但你申请新工作和签证的时间会大大缩短，从原来的十天到一天，甚至几个小时。

当然，这并不是说现在的年轻人都不介意隐私了。至少在硅谷，就有一个人很介意隐私，即马克·扎克伯格（Mark Zuckerberg）。2013年，他悄悄地把自己位于帕洛奥图的家附近的房子全都买了下来，给自己的家庭生活留下了一个很大的私人空间，因此，当他的孩子出生时，除了他自己公布了这条消息，其他媒体和朋友等很少人知道。这就是未来的隐私发展趋势：它将变成只有富人才能负担的一种奢侈品。

而且，各个国家对隐私的态度也都一直在变化。2016年，美国皮尤研究中心（Pew Research Center）发布了一份《隐私与信息分享》的报告（http://www.pewinternet.org/2016/01/14/privacy-and-information-sharing/），深入研究了美国人对隐私态度的变化。结果是，大多数人都接受他们的雇主在上班的地方安装摄像机，对大超市或大公司给的积分优惠卡的态度则一半支持，一半反对，反对最多的是可以进入家庭的“智能物体”，17%的人们表示他们不能容忍任何形式的侵犯隐私，4%的人们表示他们对所有“侵犯隐私”的行为全部接受。未来的发展趋势是，从现在开始的年青一代改写这个数字，年轻人会越来越倾向于接受所有的这些“侵犯隐私”行为。用Facebook的这一代人会更愿意牺牲隐私来换取“成为受欢迎的名人”，隐私和出名这两件事不可兼得，在虚荣心和个人信息安全之间，越来越多的孩子会选择前者，人们想要出名，想要被喜欢，而不是枯燥寂寞的安全，尤其是年青一代。

隐私还跟创新和经济发展有关系。大公司当然是隐私的首先受益者。谷歌、Facebook以及苹果等公司都是“我给你一个免费的服务，你让我监测你的生活”的商业模式受益者，这种互联网经济未来会愈演愈烈。

我们丧失的隐私会带来更多的商业机会，创业者需要提供体验越来越好的应用来竞争你的隐私。

这也是为什么当我得知欧盟针对物联网采取行动保护市民隐私时一直摇头，无法相信。2000年，欧盟就跟美国签订了所谓的安全港协议（Safe Harbor，安全港协议要求：收集个人数据的企业必须通知个人其数据被收集，并告知他们将对数据所进行的处理，企业必须得到允许才能把信息传递给第三方，必须允许个人访问被收集的数据，并保证数据的真实性和安全性以及采取措施保证这些条款得到遵从）。

2013年，爱德华·斯诺登（Edward Snowden）透露，美国政府有一个监视大众的项目，同时也会从诸如Facebook这样的大公司获取消费者数据。欧洲人对此感到震惊并产生过度反应。2015年，欧盟决定废除15年前建立的安全港协议，用以保护欧洲公民的隐私，其新制定的数据保护条款，即所谓的“通用数据保护规则”（General Data Protection Regulation）将从2018年开始生效。

我不认为欧盟这个举动会有助于经济发展和创新，欧盟委员会的安德鲁斯·安西普（Andrus Ansip）认为，如今欧盟的协议会帮助欧洲国家创建数字服务创新的基础，但他没有看到的是，这个协议其实不鼓励创业者在很多领域的创新，因为商业计划书从此以后会变得更加复杂：从2018年开始，创业者必须要靠卖一种产品或一种实在的服务来赚钱，而不能再依赖于免费服务换用户信息，再把用户信息卖给商家的模式了。这在本质上是在扼杀一种重要的互联网经济模式，如果这个保护隐私的协议也在美国执行，如果谷歌必须要靠搜索引擎赚钱，不能靠广告赚钱，今天我们就不会有用户那体验这么好的一个引擎，很可能连谷歌也不存在了。看看欧盟，现在欧盟的年轻人失业率高居不下（西班牙约50%，意大利40%，法国约25%）。欧盟此举确实保护了未来一代的隐私，问题是他们的未来一代会有更多的人找不到工作。

人际互动走向哪里

我并不担心隐私问题，我总是担心人类和机器的融合、共存问题。随着传感技术和通信手段的进步，物体变得越来越聪明，物体与物体、物体与人的交互越来越频繁，这势必会影响到人与人的直接互动。

智能物体和机器人之间的区别是非常微妙的。我认为，最初"智能物体"将只是使用传感器的一些应用而已，它们在真正改变你对生活的态度上发挥的作用微乎其微。然而，在某些时候，这些物体将变得足够"智能"，使得机器人和"智能物体"之间的区别只剩下机器人可以移动，而"智能物体"不能移动，当然这并不意味着智能物体没有机器人聪明。比如，家庭机器人其实就是"智能物体"的一种特殊情况：当你通过 Wi-Fi、蓝牙或其他一些网络激活家庭机器人时，它就变成了一个"可以移动的智能物体"。

今天，一些机器人已经像宠物一样被对待，很多孩子经常像对待猫和狗一样对待机器人（如真空吸尘的机器人）。未来包围我们的机器人将被赋予越来越多的"个性"，因为机器人的大脑可以被设计为能跟人、动物、甚至物体"社交"：画一个简单的笑脸，人类就能对它"说话"。

机械时代以前，人类的生活质量和情绪状态跟我们身边的动物有很大关系，尤其是那些为我们工作的动物（例如农场里的马），智能物体时代到来后也会是这样，跟我们生活在一起的智能物体将会影响到我们的生活质量。最终，语音识别功能会发展得足够好，我们将可以跟机器流畅地交流，我们会像对家庭成员一样对它们，就好像现在很多人把自己用了多年的车当成老朋友一样。已经有如亚历克斯·瑞斌（Alex Reben）一样的科学家，他们专门设计可以跟人类"社交"的机器人。麻省理工学院媒体实验室的凯特·达林（Kate Darling）写了一篇题为《让社交机器人拥有法律权益》的论文，为机器人的法律地位而呼吁，也许有一天，有人会将法律权益扩展到所有的智能物体。

问题是，跟智能物体的互动到底会如何改变我们跟其他人的互动方式，当我们使用机器时，我们往往倾向于对同时介入的机器更友善，对人更冷漠。比如司机，交通不通畅或发生小的车祸时，我们往往对司机们更苛刻。也就是说，当我们大大减少人与人的直接互动后，当我们跟人的互动中总是有机器的身影时，这一定会从某种程度上改变人类觉察和感知其他人的方式和能力。

可穿戴设备：未来衣服什么模样

可穿戴设备和物联网一样，都是早早地出现，却迟迟遇不到市场的春天。如今，两者终于在一个时代相逢，并跟3D打印、机器人等技术碰撞到了一起。未来的可穿戴设备将能够看、能够听、能够沟通交流、能够储存能量、能够实时监视我们健康状况，甚至能够隐身……再接下来，随着微机械和纳米机器人等设备的发展，可穿戴设备将植入人体内部，达到科技与人类交融与互动的新境界。

可穿戴式设备也是早就存在的技术，只是由于价格太贵和太笨重一直处于休眠状态。《比特》杂志1981年的某期封面就是一款智能手表，比苹果智能手表早了34年！也就是说，它并不是大公司的新发明，只是大公司能够抓住合适的机会，更好地将其商业化。

可穿戴设备的吸引力主要有四个：第一，量化自我（主要用于健身，健康数据记录等）；第二，记录我们的生活；第三，增强身体（外骨骼机器人、智能鞋等）；第四，表达、展示自我（智能衣服、智能珠宝等“炫酷”装备）。从心理上来说，这四个原因都是很难拒绝的，简单来说，可穿戴设备背后运行的“成功公式”是：“虚荣+保健。”

简单来说，可穿戴设备主要是将普通的衣服、手表、皮带、眼镜等跟计算机技术融合起来，让它们变得“智能”。让计算机变得“可穿戴”不难。麻省理工学院媒体实验室的一个学生萨德·斯特纳（Thad Starner）自1993年就开始穿自制的计算机设备了。大约同一时间，卡内基·梅隆大学的丹尼尔·西沃赖克（Daniel Siewiorek）也为军事用途设计了可穿戴的计算机设备。1994年，麻省理工学院媒体实验室的学生史蒂夫·曼（Steve Mann）开始试验可穿戴装置，并在1998年制造出第一台能运行Linux系统的智能手表。这使他成为纪录片《赛博人》（2001）中的主人公。1997年，卡内基·梅隆大学、麻省理工学院和佐治亚理工学院举办了可穿戴式计算机的首届 IEEE 国际研讨会。

让衣服、皮带等变“智能”也出现在 20 世纪 90 年代末。智能衣服的先驱出现在 1998 年，佐治亚理工大学桑妲蕾森·加雅拉曼（Sundaresan Jayaraman）的研究团队开发出了首款智能 T 恤，其实就是“可穿戴式主板”。随后就是芬兰的“Clothing+”公司发明的可以监测心率的 T 恤。2000 年，Reima 公司将“Clothing+”的“智能呼喊”（Smart Shout），即一款免提手机通信的皮带商业化了。同年，英格兰的 Softswitch 发明了一个由纺织物控制的键盘，将其纳入到了冬季运动夹克的音频通信和加热系统中。同在 2000 年，飞利浦（Philips）和李维斯（Levis）之间的合作带来了第一款人们可以买的可穿戴电子服装，即“ICD+ 夹克”，里面植入了一款手机和一个 MP3 音乐播放器。这些年里，“智能衣服”的尝试还有很多。

比如，现在困扰很多人的是智能手机的充电问题，如果一款智能衣服能随时给手机充电应该有不少市场。2014 年，汤米·希尔费格（Tommy Hilfiger）就推出了一款配备有太阳能电池的衣服，让人们可以在口袋里给智能手机或其他智能设备充电。与之类似，设计师范东恩（Pauline Van Dongen）推出了“可穿戴太阳能”系列服装，比如一个含有 120 块太阳能电池的“太阳能衬衣”。

我对这些可穿戴电子产品的看法是，它们只有两个出路：第一，变得好看；第二，变得隐形。不管你的 T 恤、夹克功能有多么炫酷，有多么智能，如果穿起来不够时尚，甚至还有些奇怪，用户终究是不会买账的。因为智能衣服终究还是衣服，是时尚产业的东西，时尚产品遵循的规律是：当功能同类产品都能提供，或其他产品也能提供，我们最终关心的是产品的外观，而人们在让外观变美这件事上的追求是无止境的，这也是为什么时尚产业能这么有钱。

现在 3D 打印跟可穿戴技术正在融合，而它们都最终需要变得时尚，这对时尚产业来说是一个巨大的机会。

首位使用3D打印做衣服的时装设计师是艾里斯·范·荷本（Iris Van Herpen），她在2010年就这么做了。紧随其后的是一位荷兰设计师博勒·阿科斯蒂杰克（Borre Akkersdijk），他将3D打印的衣服与嵌入式电子产品结合在了一起，也就是是“3D打印+可穿戴设备”了。2014年，一位纽约建筑师弗朗西斯·毕通第（Francis Bitonti）根据一个数学公式3D打印出了一款尼龙礼服。次年，他还打印了一款“数字化”的珠宝盒。

2015年至今，类似的消息简直随处可见。比如，麻省理工学院的古贝兰（Christophe Guberan）、卡洛（Carlo Clopath）和蒂比茨（Skylar Tibbits）3D打印出了一只可以根据环境动态改变形状以提供最大限度舒适的鞋子。再比如，意大利设计师保拉·托尼亚齐（Paola Tognazzi）设计的3D打印的衣服可以随着用户的动作而自动调整。

毫无疑问，随着3D打印的逐渐普及，服装设计师和裁缝的概念会被重新定义，时尚世界正因这股科技力量的注入静静等待着它的新时代。

现在大家提到可穿戴设备都会提到智能手表和眼镜，尤其是智能手表。正如我一开始所说，智能手表的设计一开始就有了，但难的是何时商业化，如何商业化。2014年，谷歌推出面向可穿戴设备的安卓系统，首批可穿戴的智能手表随即进入市场，包括摩托罗拉的Moto 360，索尼的Smartwatch 3，LG的GWatch以及三星的Gear Live。苹果虽然在2015年才推出了智能手表，但善于后来者居上，很快就成了世界上销量最好的智能手表。在智能眼镜领域，虽然2013年的谷歌眼镜失败了，但今天它推出的不少新产品还是很强大和很成功的，比如能够增强现实的智能眼镜Meta Pro、Epson Moverio BT-200以及Atheer One。谷歌眼镜和Moverio BT-200都是“智能”可穿戴设备的先锋，都是可以运行第三方应用程序的设备。

如今，很多智能手表和智能眼镜的生产商也都逐渐进入了时尚产业，这也是时尚产业未来潜力很大的另一个注脚。比如，Fitbit 和美国精品女装品牌汤丽柏琦（Tory Burch）合作，谷歌和一位工业设计师伊莎贝尔·奥尔森（Isabelle Olsson）合作设计谷歌眼镜，苹果雇用了英国时装品牌巴宝莉的前首席执行官安吉拉·阿伦茨（Angela Ahrendts）等。接下来智能手表和眼镜也会越来越时尚。

可穿戴机器人

除了 3D 打印，可穿戴技术与物联网也在同一个时代相逢。比如，2014 年，旧金山的 Logbar 就推出了可用来控制家电等应用的多功能戒指。随着物联网技术的逐渐成熟，这方面的应用会越来越广泛。

机器人技术与可穿戴技术的融合就更自然了！比如有着十多年历史的外骨骼可穿戴机器人。2000 年，美国国防部高级研究计划署（DARPA）决定在加州大学伯克利分校的“机器人和人类工程实验室”建立一个研究项目，开发能够帮助瘫痪的人重新恢复移动能力的技术，该技术后来被称为“外骨骼”（Exoskeletons），正式名字是 BLEEX（伯克利下肢外骨骼），第一个 BLEEX 发明于 2003 年，它的人工腿不仅能够帮助残疾人行走，还能帮他们背重东西。

2005 年，机器人和人类工程实验室的主任卡译洛尼（Homayoon Kazerooni）创立了 Berkeley ExoWorks（之后改名为 Berkeley Bionics，现在又改名为 Ekso Bionics）公司，该公司 2010 年发明了 eSuit，是一种电脑控制的服装，可以帮助瘫痪的人行走。2016 年，卡译洛尼成立了另一家创业公司 SuitX，用来将新的外骨骼设备商业化，用来帮助截瘫患者行走。

麻省理工学院的外骨骼研究领袖是休·赫尔（Hugh Herr），他在一次事故中失去了双腿，于是在 2003 年着手制造自己的外骨骼和由计算机控制的膝盖。日本 Cyberdyne 机器人公司研发者三阶吉行（Yoshiyuki Sankai）也推出了类似的产品，名为 HAL 5。孤独的发明者西雅图的蒙蒂·里德（Monty Reed）在他的可穿戴外骨骼上花费了多年心血，他本人用这套外骨骼参加年度的圣帕特里克节（Saint Patrick' s Day）比赛。另一个孤独的发明者是犹他州的史蒂夫·雅各布森（Steve Jacobsen），他也在自己的 XOS 项目上工作了多年，该项目从 2008 年就开始测试了。

2012 年，一个瘫痪的女人克莱尔·洛玛斯（Claire Lomas）上了新闻头条，因为她使用外骨骼完成了伦敦马拉松，她用的外骨骼名为“重新行走”（ReWalk），是由一名四肢瘫痪的以色列发明者阿米特·戈弗（Amit Goffer）发明的，也是目前唯一商业化的外骨骼。2014 年，洛克希德公司公布了由美国海军正在测试的富通（Fortis）外骨骼。不过，这一年引起轰动的是，29 岁的残疾人朱利亚诺·平托（Juliano Pinto）穿着一套外骨骼设备为巴西世界杯象征性开了球，他的设备是一套能将脑电波转换成肢体动作的智能假肢，也就是说，当科学家们为朱利亚诺装上了由背带、金属盔甲组成的设备后，他就能用大脑控制双腿来踢球。

可穿戴机器人的未来会更加有用，市场也会越来越大，自然也会吸引更多的创业公司投身其中。比如，2016 年，斯坦福国际咨询研究所衍生出了一家新公司 Superflex，就是一家为残疾人和老人研发外骨骼设备的创业公司。

未来：人机感知新境界

说起计算机的进步，人们总喜欢用“指数级”来形容，但其实细想下，虽然电脑的尺寸、品牌和型号一直在迅速改变，但 30 年来人机互动的方式其实是一样的。20 世纪 80 年代、90 年代和 21 世纪以来我们都在跟桌面电脑互动，互动方式仍然是通过键盘和屏幕。

变革是随着智能手机的出现和普及到来的，到2010年左右，人与计算机的互动方式彻底改变了，我们可以“穿戴”计算机技术了！最初人与计算机技术的互动主要只用到一个感官，即用眼睛“看”，我们主要“阅读”人机互动沟通的结果，智能手机的“Siri”等虚拟助理将声音引入了人机沟通技术中。虚拟现实技术进一步带来了手势、动作等更多互动方式。

随着物联网、虚拟现实、机器人等各种技术与可穿戴设备的融合，新的人机互动趋势是人体解剖学和计算机技术的融合。接下来，可穿戴设备将能够允许我们的身体来自然“感知”计算机技术；反之，计算机也能够“感知”我们的身体。

接下来，我们要做的是将芯片和传感器嵌入到衣服中，就好像物联网正在做的事情一样。比如，美国先进功能织物联盟（AFFOA）是由美国政府带头筹建，由麻省理工学院的教授约・芬克（Yoel Fink）领导的一个组织，它已经开始帮助纺织业将微电子产品嵌入到衣服纤维中。由这些微电子制造的可穿戴设备将能够看、能够听、能够沟通交流、能够储存能量、能够自动调节我们身体温度（太热时制冷，太冷时制热）、能够实时监视我们健康状况……或者说，这些可穿戴设备就是未来的衣服。

当然，未来的衣服还能做很多其他事情，比如，美国军方还正在试验可以改变颜色（用于在不同环境中伪装）以及吸引光线（用来隐身）的军装，让我们拭目以待有想象力的创业者吧！

从制造层面来说，智能可穿戴设备已经变得越来越“普及”了，开源硬件如LilyPad Arduino就是为可穿戴技术和电子织物开发设计的微控制器板。LilyPad Arduino有很多电子套件（基本上就是传感器），可以缝进衣服里创造“互动式衣服”。在LilyPad Arduino上还可以制造出“气候检测服”（2009），这种衣服可以检测出空气中的二氧化碳含量。法国的Cityzen Sciences公司制造的“D-Shirt”包含了一台心率监视器、一个加速计、一个内置的GPS和一个高度计。Electricfoxy公司设计的衣服可以跟可编程的手势互动，并通过设计进衣服中的触觉设备发出警报，还能激活主人的社交媒体。

Synapse公司设计的智能衣服里面配置了生物传感器，可以实时对身体和环境数据进行测量并对数据做出反应。荷兰的Roosegarde工作室也设计出了“亲密裙子”，它的纺织物能改变颜色和可见度。盲人没办法辨别方向和避开障碍物，而Lechal公司正尝试用智能鞋子来解决这个问题。

在医疗应用上，智能可穿戴设备也早已遍地开花。比如，AiQ、Hexoskin和OMsignal都在制造“生物识别服装”，能够测量人体重要功能的状况。再比如，OMsignal的智能T恤可以收集你的心率和呼吸数据，然后向你发送改善提升体育锻炼效果的建议。2016年，加州大学圣地亚哥分校的约瑟夫·王（Joseph Wang）和帕特里克·默西尔（Patrick Mercier）推出了一款非常灵活的可穿戴设备，叫作“Chem-Phys Patch”，该设备能够监测人体的生化和电信号，比如做心电图，远程跟电脑或手机无线沟通等，医生还可以用它监测病人的心脏病。

在记录日常生活方面，下一代可能不会有几个人还写日记了，未来的孩子们可以买一个直接能为自己写日记的装备/APP（日记很可能是视频，而不是文本），然后它们还会实时提供一些建议。

可穿戴设备对我们身体的了解和感知会越来越深入，新的有趣的应用也会越来越多。比如，Bionym公司推出Nymi手环，是一个生物识别腕带，可以通过测量你的心跳确定你到底是谁，意味着有一天我们将摆脱门禁卡、密码等。下一步将是神经科学和计算技术的融合，毕竟，现在已经有一些设备开始尝试直接跟我们的脑电波沟通和互动了。

再接下来，随着微机械和纳米机器人等设备的发展，我们将进入计算机技术与人体内部器官的融合阶段，可穿戴设备将深入人体内部，进入科技与人类交融与互动的新境界。

硅谷声音

pCell 技术颠覆无线通信业

视频直播、物联网等诸多移动应用正在不断挑战着传统蜂窝技术，继 3G、4G 之后，5G 的技术研发实验相继在多个国家展开。然而，早在 2006 年 Wi-Fi 刚刚流行时，旧金山的创业公司 Artemis Networks 就提出了创造超高速网络的想法，Artemis Networks 在官网上的描述是，一个通过研发 pCell 无线技术给目前的 4G LTE 设备提供 5G 网速的创业公司。

2014 年，在长达 8 年的研究和实验之后，pCell 技术首次进入大众视野，Artemis Networks 公司的联合创始人史蒂夫・帕尔曼（Steve Perlman）在哥伦比亚大学首次公开展示了这项技术，根据帕尔曼的展示，它能够让用户拥有随身手机信号，不仅速度比现今其他移动运营商信号速度有了极大提升，而且不用与他人分享共用信号。帕尔曼宣称，“这是对无线标准的一次彻底颠覆。自无线技术诞生以来，人们一直跟着移动信号覆盖在移动，而现在是覆盖区域跟着你移动”。

安东尼奥解释，一共有三种方法能增加网络内部的产能。第一种方法是增加无线电频谱，但这种方法的限制是频谱是“不动产”，就像曼哈顿只有一个一样是珍贵的资源，它的增加是有限的。第二种方法是增加无线电蜂窝网络的区间密度，在两个基站不互相干扰的情况下增加每个单位面积基站的数量。但如前文所言，这也是有限制的。第三种方法是增加频谱效率。因此，有不同的技术来尝试第三种办法。pCell 技术的优势是能一直扩展，能通过持续不断的方式增加天线，增加干扰来创造更多的个人区间，目前还没有发现任何实际的物理限制。在 pCell 网络结构中有一个关键的数据中心，即 pCell Data Center，信号需要先发送到 pCell Data Center 进行处理后再协同发送，而用户设备一旦连接上 Artemis 的网络，手机等设备会自动认为这是唯一一个能连的网络。

pCell 技术出现在大众视野后，曾一度引来诸多质疑，人们对它的可行性和必要性都不太确定。安东尼奥认为，新的颠覆性技术在早期面临挑战和质疑是肯定的，但他和团队成员花了十年时间，从起初的理论起点到原型设计，用无数次试验建立了一个完整的系统，已经证明该技术是可行和可部署的。如今，Artemis 正在旧金山市进行网络配置，短期计划是先在旧金山安装部署并更好地完成测试，能给这里的用户提供超快速网络连接的体验。

安东尼奥认为，pCell 技术最初的主要用途将是满足大数据日益增长的需要，尤其是人们日常生活中对高清视频电话和会议的需求，能首先解决人口众多地区的网络拥堵问题，之后则会被用于满足虚拟现实、物联网等技术的发展需要。

纳米技术篇

人类的知识，

总是被自身感官的不足束缚。

我们无法感受，

那些比我们大得多，或小得多的世界，

未来却总是对不可见疆域的侦察。

——皮埃罗

纳米时代，小即是大

自从 1959 年理查德 · 费曼（Richard P. Feynman）教授提出纳米的概念后，到 20 世纪八九十年代，这门技术的实验室研究已经大规模展开并逐渐进入产业应用。纳米技术目前聚焦于新材料制造阶段，石墨烯等纳米材料正在电池、海水淡化等诸多领域大展身手，这种原子或分子尺度的“极小”的技术可以带来的变革却会大到超出你的想象。

“我们正处于材料重大变革的边缘，而‘材料革命’又将推动消费电子产品、生物技术、物联网以及空间探索等多个领域的革命。”皮埃罗如是说。

未来的技术是看不见的

有位记者问我未来技术的大趋势，我告诉他说未来的技术会是看不见的。很多个世纪以来，我们总是以为“了不起”的技术意味着“大”技术，就好像第一位计算机科学家对他们发明出来的庞然大物颇为自豪一样。摩尔定律已经改变了我们对这一观念的认知，如今的科技进步更多意味着“更小”而非“更大”，比如现在的智能手机比早期的电脑小了几千倍，也快了几千倍。

既然科技的趋势是越来越小，我们需要的就是轻便、便宜、能嵌入到任何东西中去，又不会消耗很多能量的“小东西”。很多人会想到“纳米机器人”，这种肉眼看不到的小机器人能通过云彼此沟通，能直接通过人脑和机器的接口跟人类沟通。未来，纳米设备将会占据人类的身体，同时，人类将通过这些设备创造大量应用、产生海量数据来占据网络空间。

技术在过去很长一段时间里曾是“透明”的，我的意思是说，普通人可以轻松地理解技术做了什么以及它是如何做到的。比如锤子如何将钉子钉进木头里，弓箭如何射中猎物等，再后来，技术倾向于越来越不透明，虽然汽车爱好者仍然能打开汽车引擎盖，清楚地解释它到底是怎么运行的，但对大多数普通人来说，说清楚电视、电脑和手机这些最常见的技术原理却不是件容易的事，尤其是电脑，估计很多人只知道插上电源，按下启动键和使用鼠标和键盘。

纳米技术会将技术进一步推入隐形状态，让它离普通人越来越远。比如，一些我们看不见的纳米机器人通过我们看不见的“云”互相沟通和运作。周围事物的运转会像魔法一样，过程完全看不见，效果却清晰可见到让人吃惊（希望是积极的！）。今天的孩子们至少玩的还是电动玩具，明天的孩子们可能玩一些他们看不见、摸不着也弄不坏的新玩具。

第一位提出“纳米技术”术语的科学家是1974年东京大学的谷口纪男（Norio Taniguchi），然而，这个概念真正广为人知却是由于1987年埃里克·德雷克斯勒（Eric Drexler）的著作《创造的引擎——纳米技术的崛起（英文书名为 *Engines of Creation：The Coming Era of Nanotechnology*，中文版暂无）。同年，埃里克和克里斯蒂娜·彼得森（Christine Peterson）还在门罗公园创建了“前瞻学会”（Foresight Institute）。“纳米”通常指的是在原子或分子尺度上进行研究的科技，研究范围在100纳米甚至更小（一纳米等于一米的十亿分之一），相比之下，一只蚂蚁有600万纳米长，一个细菌有2 000纳米，一个DNA有2纳米。

随着1981年扫描隧道电子显微镜（STM）（一种利用量子理论中的隧道效应探测物质表面结构的仪器，利用电子在原子间的量子隧穿效应，将物质表面原子的排列状态转换为图像信息）和1986年原子力显微镜（AFM）的发明，一个可见的原子、分子世界呈现在我们面前，科学家们由此可以对单独的原子进行操作，这一领域的许多进步成为可能。

纳米技术最初的灵感来自已故美国物理学家理查德·费曼。1959年底，理查德做了题为《底部还有很大空间》的演讲，首先提出了一个原子一个原子地制造物质的新想法，费曼认为这在物理学规律上是可行的。他还想象能有“按照我们的需求组装原子”的机器。如今看来，费曼的演讲称得上是分子制造的“宣言”。

从那以后，我们一直希望能用一次一个原子，将其放到特定位置上的方式来精确组装想要的物质。但这几乎是不可能的任务。所幸的是，一些特定情况下，分子可以自动组装，它们会自然而然地组合到正确的位置上去，然后我们就能得到一种新的物质。目前的希望是，大规模的“分子制造”（研究制造分子级极小电路和机械设备）将是可行的。

2013 年，IBM 执导了世界上最小的电影《一个男孩和他的原子》（影片讲述了一枚原子蹦蹦跳跳出来，遇见了一个由原子组成的男孩，他们一见如故，仿佛是相识很久的朋友的故事），让原子尺度的画面首次展现在人类视野中，这部动画电影中移动的点其实都是单个原子，影片生动地展现了纳米技术精确掌控和使用原子的魅力。

2016 年，荷兰代尔夫特大学工程师桑德·奥特（Sander Otte）的团队实现了纳米级编码，用单一氯原子的位置编码了一个千字节，编码内容正是费曼《底部还有很大空间》的演讲的其中两段，桑德·奥特认为，理论上说，这样的储存密度足以让人类所有的书籍写在一个邮票大小的空间里。

那么，为什么纳米技术没有虚拟现实和人工智能那样流行

一定要找答案的话，我会说是因为好莱坞电影。不管你信不信，虚拟现实的首次热潮发生在电影《电子世界争霸战》（*Tron*，迪士尼 1982 年出品的超现实主义科幻影片，也是第一部采用三维 CG 动画技术与真人实拍相结合的方式完成特效的电影）之后，而第二次热潮则紧接在电影《黑客帝国》（1999）之后。

在人工智能领域，早在 20 世纪 50 年代初期就有几部关于机器人的

好莱坞大片了，而人工智能这个概念是在1956年诞生的。人工智能的第二次热潮发生在80年代，紧随电影《星球大战》《银翼杀手》和《终结者》之后……所以，因为至今还没有关于纳米技术的好莱坞大片，纳米技术就很难像二者那么流行。

"纳米泡沫"始末

纳米技术曾经在硅谷很热。十年前，硅谷的风投们竞相追逐纳米技术的创业者，那个时候，似乎只要创业公司的名字上有"纳米"两个字就会迅速走红。后来证实，十年前这股纳米热潮其实是一个"纳米泡沫"。但那个时候，世界范围内都有不同程度的"纳米热"，我们也不能责备硅谷的"掘金"心态。2006年，有研究者估计全世界大概有1 200个纳米创业者，而一半都集中在美国。

2000~2005年，风投们在纳米技术上的投资超过十亿美元。事后看来，这确实很不可思议，2000年时发生了"网络泡沫"，2002年时又有了一场生物技术的泡沫，短短三年内，我们竟然又造出了一个泡沫。风险资本投资公司Harris & Harris当时只投纳米技术的创业者，美国中央情报局（CIA）控制的投资公司In-Q-Tel当时也认为纳米技术是美国的一个关键战略技术。2000年，时任美国总统比尔·克林顿将美国政府对纳米技术的投资加倍。2003年，时任总统乔治·沃克·布什进一步加大了对纳米技术的投资金额。

除大量资金外，鲍·瓦尔加（Bo Varga）2001年在硅谷创建的nanoSIG公司专注于组织纳米产业内的专题研讨会和论坛，可见当时关于纳米的讨论非常火热。由于"纳米技术股"在股市上的亮眼表现，2006年，Invesco公司创建了专门的交易所交易基金ETF（Exchange-Traded Fund），被称为纳米技术投资基金（Lux Nanotech ETF），帮助投资者对30个不同的纳米公司进行投资。2005年2月《商业周刊》更是用大篇幅报道纳米技术。

勒克斯研究（Lux Research）是专注于包括纳米技术在内的新兴科技的投研一体组织，2004年其关于纳米技术的年度报告称："纳米技术今年会有1 580亿美元的产品收入，接下来10年，营收数字会增长18倍，也就是说，2014年，纳米技术的产品将有2.9万亿美元的营收，其中，89%会来自新兴的纳米技术。"国际知名的威利（Wiley）出版社在2006年出版了史蒂芬·爱德华兹（Steven Edwords）的新书《纳米技术的先驱——他们会将美国带往何处》（英文书名为 *The Nanotech Pioneers*：*Where Are They Taking us*，中文版暂无）。

雷·库兹韦尔也在《奇点临近》（*The Singularity is Near*：*When Human Transc-end Biology*，机械工业出版社，2012年12月出版）的畅销书中预测，"纳米技术会在2020年全面到来"，并在书中有类似"用纳米计算机和纳米机器人升级细胞核"这样的描述。

纳米泡沫首个不好的预兆应该是NanoSys公司的上市失败，他们于2004年取消了上市计划。此时，一些业内专家才开始注意到纳米技术的大部分投资其实并不是来自风投资本，资金要么来自政府（尤其是美国和中国），要么来自像IBM这样的大公司。

业内对于纳米技术的心态开始悄然转变，尤其当诸多纳米技术股的表现开始走下坡路之后。Lux Research于2007年取消了对纳米技术的年度报告。2009年1月，麻省理工学院的年度科技评论取消了"年度纳米技术"。不过，至少雷·库兹韦尔的态度还是始终如一的，在《计算机世界》2009年发布的一篇《未来学家声称，纳米技术能让人类在2040年获得永生》的文章里，库兹韦尔坚称纳米机器人很快就能"清除癌细胞，备份记忆并延缓衰老"。

纳米缓慢“撬动世界”

纳米技术到底有何应用潜力

总的来说，目前大家对纳米技术的普遍狂热已经退去。这个领域的主要问题是，纳米技术不是一个单独的产业，它是一种可以让诸多产业受益的技术。纳米技术领域本身没有诸如苹果或谷歌这样的巨头，但纳米技术能给电池、半导体等关键产业带来重大影响。以半导体产业来说，2007 年其进入到了 65 纳米级的生产制造工艺，这就是纳米技术，但很少人会称其为“纳米技术”。再比如，大部分生物科技也是“纳米技术”，因为它们在分子水平操作，但大家也只称其为生物技术。

对投资者来说，最根本的问题是，纳米技术的应用需要很长时间才能产生收入，其投入市场的时间比很多其他产品诸如软件要长得多。多数风险资金喜欢五年的投资期，这在 2000 年是不现实的。然而，十多年后的现在，新的纳米制造技术可能会让它变成现实。

现在，硅谷的纳米技术创业者确实很少，相比虚拟现实和机器人等“遍地开花”的创业者，它们显得略为寂寞。但是，全世界的大学和相关研究机构都在继续加大对纳米技术的投资和研发，硅谷的几所大学同样如此，IBM 等不少大公司也在投资，尽管很多不那么直接和明显。中国政府对纳米技术的投资也名列世界前茅。原因很简单，纳米技术的潜力实在太大了，对世界可能带来的影响和变革是颠覆性的，是绝对不能忽视的技术。

纳米技术的应用非常广泛。目前研究非常活跃且已取得重大进展的领域是：它能带来更坚固和更轻的材料；能带来更清洁的能源和可持续的（能自我降解）的物品；能带来新的电池，能让我们几秒钟就充好电，并且可以持续使用很长时间；能带来更有效治疗疾病和损伤的生物医药；能重塑计算机科学，带来更快、更强大的计算能力……当我谈论技术的未来时，我不会谈论那些“充满想象力”的未来，而是根据实实在在的已有研究成果，告诉大家一个“真实的”，一定会到来的未来。因此，对于提及的纳米技术应用和研究进展，我都可以告诉你相关的研究论文题目，以及何时、发表在哪里。

新材料改写电池历史

迄今为止，纳米技术最成功的案例或故事是什么？很多人提到纳米技术都会首先提到新材料，这些新材料到底有什么神奇之处？

目前我们能在实验室里不用花很多钱就能做出来的唯一新材料是激光材料，比如超市里条形码扫描器上使用的材料。除此之外，制作任何新材料是极为困难和昂贵的。

目前为止，纳米技术最成功的故事发生在英国。2004 年，英国曼彻斯特大学的安德烈·海姆（Andre Geim）和康斯坦丁·诺沃肖洛夫（Konstantin Novoselov）教授用一种很简单的方法从石墨薄片中剥离出了石墨烯，很快在科学界引起不小震动。石墨烯是只有一个碳原子厚度的单层，是目前已知的最轻、最硬的材料（比钢硬 200 倍），是已知的室温下热量和电最好的导体（能以每秒一百万米的速度传输电力）。同时，碳是这个星球上除了氢、氦和氧之外的第四大最常见和最丰富的元素，这意味着石墨烯应该是可持续的绿色材料。

石墨烯很快影响到诸多领域，比如半导体、可弯曲电子产品以及太阳能电池等。以电池来说，2014 年，姜教授（Kisuk Kang）的团队在韩国首尔国立大学设计了一个全石墨烯电池。埃琳娜·珀丽阿卡瓦（Elena Polyakova）2009 年在纽约成立的石墨烯实验室（现为石墨烯 3D 实验室）正在制作石墨烯的 3D 打印电池。除此之外，中国合肥工业大学在基于石墨烯电极制作锂离子电池方面也有不少突破。

在1996年库匝卡拉·亚伯拉罕（Kuzhikalail Abraham）在EIC实验室制造出锂空气电池之前，这种新一代大容量电池一直只存在理论上的可能性。锂空气电池能储存的电能是目前最好电池的十倍以上，几乎跟汽油不相上下。汽油的储能是每公斤13千瓦，而这种电池是每公斤12千瓦。近20多年来，锂空气电池仍然一直很难建造出来，直到2015年剑桥大学克莱尔·格雷（Clare Grey）的团队使用了石墨烯构造出高度多孔、海绵状的碳电极。这意味着什么呢？我们可能很快就能看到使用锂空气电池的新能源汽车，它的续航能力将跟使用汽油的汽车不相上下。

也就是说，石墨烯可以被用来建造比目前的电池有更好表现的超级电容器。此外，充电的速度也会大大提高。所谓的“激光刻划石墨烯（LSG）超级电容器”是指轻便灵活又能快速充电的电池。到底多快呢？只需要几秒钟。

2008年，诺基亚研究中心和剑桥大学合作推出了一款应用纳米技术的概念机“诺基亚Morph”，它可以自由转变成各种形状，表面还能自动清洁，不过，它是通过太阳能自充电的，商业应用上还不可行。如今，LSG超级电容器将有望改变这一情况。石墨烯可以用来制造卷起来放在口袋里的手机，或者薄如墙纸的电视机，诺基亚Morph已经展示了其可能性。总之，可折叠、可弯曲的电子装置都将成为可能，接下来也许我们会重新发明报纸，只不过未来的“报纸”会是可以随意折叠放在包里、门缝里的电子阅读器。

石墨烯还可以用于制造更好的太阳能电池。2012年，斯坦福大学化学工程教授鲍哲南的团队用石墨烯和碳纳米管取代了传统电池电极的材料，研发出了第一个全碳太阳能电池，意味着可拉伸甚至更便宜的太阳能电池板成为可能。2015年，杰里米·芒迪（Jeremy Munday）带领的美国马里兰大学电气与计算机工程系的研究团队研发出了一种新型纳米级太阳能电池，其能源转换水平较当前的光伏太阳能电池技术提升了40%。

目前，劳伦斯伯克利国家实验室的材料科学家迈克尔·克罗米（Michael Crommie）和加州大学伯克利分校的一位物理学教授正在单个分子尺度上研究太阳能电池（即单个石墨烯纳米带）。

当然，燃料电池（将燃料具有的化学能直接变为电能的发电装置）也可以是清洁能源。燃料电池也有两个电极，看起来就像传统的电池，但它可以从一个简单的化学反应中产生电力：通过将其与空气中的氧相结合，转换成氢气到水中。这种反应会在两个电极之间产生一点点电量，为了增加电量，电极必须被涂覆催化剂。传统的催化剂是铂，但这是一种昂贵的材料。而斯坦福大学的戴宏杰的团队找出了替代材料：碳纳米管。相关的论文为《基于碳纳米管的石墨烯复合物的氧还原电催化剂》[①]。

石墨烯也比大多数材料更具有“生物相容性”，即它不会导致身体内部的损伤或感染。意大利里雅斯特大学的实验表明，石墨烯电极可以安全地在大脑中植入。[②]

助力海水淡化

2015年，加利福尼亚州遭受了严重的干旱。讽刺的是，这个以高科技闻名的地方经常遭遇水危机，即便它拥有1 350公里的海岸线。原因在于加州只有两个海水淡化厂，而淡化海水常用的反渗透法需要消耗大量能量，因此，海水淡化的问题其实变成了一个能源生产问题。

据世界卫生组织估计，目前有超过20亿人得不到生活所需的干净

① Yanguang Li，etc. An Oxygen Reduction Electrocatalyst Based on Carbon Nanotube-graphene Complexes［J］. NatureNanotechnology，2012，7（6）：394.

② A Fabbro，etc. Graphene-Based Interfaces Do Not Alter Target Nerve Cells［J］. ASC Nano，2015，10（1）.

淡水，这也是导致每年200万人死亡的间接原因，而这些人却很多都生活在具有漫长海岸线的国家。1991年，日本物理学家饭岛澄男（Sumio Iijima）首次观察到碳纳米管，那时石墨烯还没有被发现，碳纳米管其实就相当于一层石墨烯卷成的管状物。而碳纳米管可以提供一个有效的方法来过滤海水，主要研究者是西澳大利亚大学的本·科里（Ben Corry），相关的论文为《为高效海水淡化而设计的碳纳米管薄膜》[①]。几年后，杰弗里·格罗斯曼（Jeffrey Grossman）和大卫·科恩-达努奇（David Cohen-Tanugi）在麻省理工学院的研究表明，使用石墨烯能让反渗透法淡化海水的效率成百倍的提高（参见论文《多孔石墨烯海水淡化》[②]）。之后，田纳西州橡树岭国家实验室的科学家们继续完善了这一方法。相关论文参见《使用纳米多孔单层石墨烯海水淡化》[③]。

变革电子装置

纳米材料有很多种，比如零维纳米颗粒、一维纳米线、三维立体纳米管等。但物理学家尤其对二维的纳米片比如石墨烯着迷，主要就是由于它们独特而强大的性能（柔韧性、导电性和光学透明性等），它们是制造电子和光学装置的潜力较大的材料。另外一种二维纳米片是MoS2，主要由斯坦福大学的托尼·海因茨（Tony Heinz）在研究。理论上讲，石墨烯也能够取代电脑芯片上的硅，因为电子在石墨烯中移动的速度比硅快多了。

---

① Ben Corry .Designing Carbon Nanotube Membranes for Efficient Water Desalination［J］. Journal of Physical Chemistry B，2008，112（5）：1427-1434.

② David Cohen-Tanugi，Jeffrey C. Grossman .Water Desalination Across Nanoporus Graphene［J］. Nano Letters，2012，12（7）：3602-3608.

③ SumedhP.Surwadeetc. Water Desalination using Nanoporous Single-layer Graphene［J］. Nature Nanotechnology，2015，10（5）：459-464.

石墨烯和碳纳米管的应用几乎是无止境的。2013 年，由萨巴辛·密特拉（Subhasish Mitra）和黄宜弘（Philip Wong）领导的斯坦福大学的团队创建了第一个碳纳米管计算机。[①] 不同于石墨烯始终是导体，碳纳米管可以是半导体。萨布哈西的团队使用碳纳米管代替了传统的硅材料，制作出了一种全新的晶体管。不过，这台电脑非常基础，只有 178 个晶体管，操作系统仅能完成简单的计数和分类功能。2015 年，同一个团队对该技术做出了大幅改进。他们的主要竞争对手是来自纽约的 IBM。2015 年维尔弗里德·亨施（Wilfried Haensch）在 IBM 的研究小组对碳纳米管晶体管做了进一步的改善，此时继 IBM 发明世界上第一个碳纳米晶体管已过去了 17 年。

再如，基于石墨烯的泡沫材料是超轻型材料。2013 年，中国浙江大学高超的团队制造出石墨烯气凝胶，它是有史以来最轻的材料（它对有机溶剂有超快、超高的吸附力，是吸油力极强的材料，可用于清洁海水里的漏油等）。另一个基于石墨烯的超轻泡沫材料由普利克尔·阿加延（Pulickel Ajayan）的团队于 2014 年在莱斯大学发明。

还有，屏幕技术的重大革命一直是 LED，但 LED 仅能发射一种颜色的光，不能在多个颜色之间灵活变换。2015 年，清华大学任天令领导的研究小组从石墨烯中制作出了新型发光材料，仅用一个 LED 就可发射出不同颜色的光，几乎覆盖整个可见光光谱的所有颜色。

“新材料革命”一触即发

除石墨烯外，目前还有哪些强大的纳米材料可以改变普通人的生活

① Max M.Shulaker，etc. Carbon Nanotube Computer［J］. Nature，2013，501（7468）：526：530.

呢？答案是，这样的纳米材料还有很多。比如，总部位于英国的P2i公司从2009年就开始生产防水纳米涂层，2012年，类似的纳米涂层被加州的Liquipel和犹他州的HzO公司先后引进。这些超强涂料可以带来防水手机、防水电脑等大众喜爱的产品。

除了斥水，还可以斥油等范围更广的液体的纳米材料于2013年被密歇根大学阿尼什·图特加（Anish Tuteja）的团队研发了出来。①

此外，纳米技术正在尝试制造无须清洗的材料，即“自清洗”材料，永远能自己保持干净。灵感也是来自自然。莲花出自污泥，叶子却如此干净，这引起了植物学家们的注意，他们研究发现，莲花叶子的材料是自清洗的，莲叶具有疏水、不吸水的表面，落在叶面上的雨水会迅速形成水珠滚离叶面，同时将灰尘一起带走。德国植物学家威廉·巴斯洛特（Wilhelm Barthlott）于1973年首先发现了莲叶自清洗背后的原理，但40多年过去了，我们还是无法找出能跟自然相媲美的方法。

“莲花效应”长期以来只能是实验室的课题。最接近这一效应的材料是二氧化钛（防晒乳液中常用），它的特性由日本科学家藤嶋昭（Akira Fujishima）于1967年公布，藤嶋昭把它用在自家的房子的外墙上，使其变成了自清洁外墙。这意味着，只要有光（准确地说，有紫外线）或降雨均匀散布在物体的表面，它们就会像抹布一样擦拭过去。

纳米技术可以将二氧化钛的纳米颗粒直接加入到物体的表层。如今许多新的建筑声称有“自我清洁窗户”，是因为窗户上有10纳米涂层的二氧化钛。这些“自洁窗”的效果往往随着时间变差,但每年都会有进步。例如，2015年，伦敦大学的姚璐与多个院校合作，推出了用二氧化钛纳米颗粒做成的更持久的“油漆”。②效果更好的自洁材料指日可待。下一

---

① Shuaijun Pan，etc. Superomniphobic Surfaces for Effective Chemical Shielding［J］. Journal of the American Chemical Society，2013，135（2）：578-581.

② Yao Lu，etc. Repellent materials.Robust Self-cleaning Surfaces that Function when Exposed to Either Air or Oil［J］. Science，2015，347（6226）：1132.

代可能有很多人会不知道我们的衣物、车、窗等曾经还需要自己清洁。

还有，量子点是极小的半导体纳米粒子（比人的头发小1万倍），但功能很强大。比如，它们可以增强电视屏幕的颜色。三星公司已经放弃了原来的OLED显示屏，转而使用量子点显示屏，亚马逊的Kindle Fire HDX的屏幕也使用了量子点。

如今，世界上一半的能量被用于加热建筑物，由此带来了三分之一的温室气体。纳米技术能让我们用不同的方式思考。传统保持房间暖和的方法总是使用电力或煤气，往往需要消耗很多能量，我们为什么不把衣服做得足够暖和呢？斯坦福教授崔毅正在研究一种保暖的银纳米线，它甚至能自己加热。如果他能顺利找到将这种材料添加到织物中的方法，我们将有望买到“自加热毛衣”。利用同样的原理，科学家们可能也能发明“自冷却”衣服。

石墨烯也有竞争对手。2014年，茱莉亚·格里尔（Julia Greer）在加州理工学院发明了一种陶瓷，同样也具备极轻和极坚韧的特性。①2015年，加州大学洛杉矶分校李小春的研究小组制造了一种超强的金属，也特别轻。这些材料不仅能帮我们建造更轻的飞机，还能制造出更轻的宇宙飞船。②

石墨烯是一种自然的二维纳米片。威斯康星大学王旭东的团队如今正在研究不存在于自然界中的二维纳米片（其厚度只有几个原子）。③

在石墨烯被“发现”短短十年以后，据我所知，目前已经有超过500种二维材料。许多新材料甚至还没有名字。目前，格布兰德·西德（Gerbrand Ceder）在加州大学伯克利分校发起了为材料“建档”的项目，

---

① LRMeza，etc. Strong，Lightweight，and Recoverable Three-dimensional Ceramic Nanolattices［J］. Science，2014，345（6202）：1322-1326.

② Lian-Yi Chen，etc. Processing and Properties of Magnesium Containing a Dense Uniform dispersion of Nanoparticles［J］. Nature，2015，528（7583）：539-543.

③ FeiWang.Nanometre-thick Single-crystalline Nanosheets Grown at the Water-air Interface［J］. Nature Communications，2016，7：10444.

旨在编目所有材料和它们的特性，乃至每种材料的基因组。这样一来，研究人员就能根据项目需要迅速找到相应的材料。

新材料从实验室到市场应用的主要障碍是什么？还是老问题，即制造这些新材料非常困难和昂贵，科学家们仅在实验室制造非常微小的量以研究其特质，我们仍需找到一种简单、高效的方式来制造这些“神奇”的新材料。

但这方面也有突破。西北大学的化学家查德·米尔金（Chad Mirkin）是国际纳米技术研究所的主任，他在 1996 年开创了一种制造新材料的方法，详述这种方法的论文[①]让他闻名学界，他是如今世界上论文被引用次数最多的化学家之一。

米尔金用黄金与 DNA（典型双螺旋结构）的结合创造新的材料。有趣的是，DNA 被他用于“绑定”金的纳米粒子，他花了 20 年的时间来改进和完善这一技术。2015 年，查德·米尔金在之前基础上创造了一种可以改变形状的新材料，他的技术允许同样的纳米粒子以超过 500 种不同的形式组装。也可以说，他发明了一种由可以“重新编程”的粒子组成的材料，即一种可以“变身”为不同材料的材料。[②]

总之，我们正处于材料重大变革的边缘，而“材料革命”又将推动消费电子产品、生物技术、物联网以及空间探索等多个领域的革命。

---

① Chad Mirkin，etc. A DNA-based Method for Rationally Assembling Nanoparticles into Macroscopic Materials [J] . Nature，1996，382（6592）：607.

② YoungeunKim.Transmutable Nanoparticles with Reconfigurable Surface Ligands [J] . Science，2016，351（6273）：579-582.

生机再燃，让“纳米”许你一个未来

“纳米泡沫之后，质疑和批评声当然不少，不过，我想问批评者的问题很简单：如果纳米技术失败了会怎样？如果目前正在进行的纳米研究都不会发生又会怎样？”

除了几种已知的纳米新材料带来的广泛应用，目前纳米技术在抗击癌症、治疗脑损伤等方面的进步振奋人心，在我们身体内部工作的纳米机器人已呼之欲出；在信息技术方面，摩尔定律目前已经在接近物理极限，而纳米技术则有望继续这一定律，甚至能帮助制造通用量子计算机……总之，纳米技术的研究寄托着解决我们这个时代多个主要问题的希望。

2005~2009年出现纳米泡沫，究其原因，在于投资者对纳米技术的应用以及其开发周期较长缺乏认识，资本市场热炒造成了盲目投资，并不代表纳米技术本身虚妄。如果纳米技术失败了，未来的世界会枯燥和无聊很多，而没有人想要一个没有希望和梦想的未来。

纳米技术下的新医疗

纳米技术在医学领域的应用主要是什么？雷·库兹韦尔声称纳米技术能“清除癌细胞，备份记忆并延缓衰老”有科学依据吗？

目前，纳米技术在医疗领域广为称道的变革是“靶向给药”，麻省理工学院著名教授罗伯特·兰格（Robert Langer）可能是这个领域最著名的研究者了，他从1976年开始就一直在这个领域耕耘。如今，很多药物之所以有副作用，是因为它们往往不仅攻击病毒，还攻击所有的健康细胞。“靶向给药”的研究目的是让药物精准得仅针对病患处治疗，更进一步说，兰格教授目前还正在研究注入人体的药物是否能以可控的频率定时释放，从而让药效更持久。他为此研发出了一种纳米聚合物。聚合物是非常灵活、可塑性很强的材料，比如塑料和橡胶。兰格的纳米聚合物可以带着药物穿行于身体之内，它可以检测到何时到达病患处，然后再以适当的频率释放药物。

此外，詹姆斯·舒瓦兹（James Swartz）在斯坦福的实验室编程了一个纳米粒子，它具备类似病毒的传染效应，从而可以将治疗药物传送到身体内的特定位置。①

这种精准用药的方式当然有助于治疗包括癌症在内的很多疾病。化疗是癌症最常用的一种治疗方式，但它有极大的副作用，因为它在杀死癌细胞的同时，也会伤害身体里快速生长的其他细胞，很多病人在化疗后大量掉头发就是最典型的表现。加拿大多伦多大学沃伦·陈（Warren Chan）的团队创造了一种能让化疗药物仅“瞄准”癌细胞释放的纳米粒子，这些“聪明”的纳米粒子还可以一直停留在血液中，以便能够第一时间发现癌细胞，然后它们可以改变形状、大小甚至结构来攻击癌细胞。②

在早期的癌症检测方面，2014 年，印第安纳大学的拉杰什·萨达尔（Rajesh Sardar）设计的纳米传感器可以检测出血液中的 microRNA 分子浓度的变化，从而为胰腺癌发出早期的警报。③

颇为振奋人心的是，2015 年，得克萨斯大学的丹尼尔·西格沃特（Daniel Siegwart）使用合成纳米粒子研发了一种 microRNA 疗法（RNA，即 RibonucleicAcid，核糖核酸，存在于生物细胞以及部分病毒、类病毒

---

① Yuan Lu，etc. Assessing Sequence Plasticity of a Virus-like Nanoparticle by Evolution Toward a Versatile Scaffold for Vaccines and Drug Delivery［J］. Proceedings of the NationalAcademy of Sciences，2015，112（40）：12360-12365.

② Seiichi Ohta，etc. DNA-Controlled Dynamic Colloidal Nanoparticle Systems for Mediating Cellular Interaction［J］. Sicence，2016，351（6275）：841-845.

③ Gayatri K. Joshi，etc. Highly Specific Plasmonic Biosensors for Ultrasensitive MicroRNA Detection in Plasma from Pancreatic Cancer Patients［J］. Nano Letters，2014，14（12）：6955-6963.

中的遗传信息载体)。MicroRNAs(miRNAs)是在真核生物中发现的一类内源性的具有 MicroRNA 调控功能的非编码 RNA,其大小长 20~25 个核苷酸)来抑制肝脏肿瘤。将来,同样的技术还可以用于向我们的 DNA 发布"命令",比如,关闭对我们的身体造成损害的基因,提供一个新的、完整的基因来取代停止工作的基因。

在治疗脑部和身体损伤方面,纳米技术也有突出表现。2016 年,华盛顿大学医学院的罗里·墨菲(Rory Murphy)和威尔逊·雷(Wilson Ray)与伊利诺伊大学厄巴纳—香槟分校约翰·罗杰斯(John Rogers)团队发表了双方合作的成果:他们用纳米技术制造了无线大脑传感器来监测重度脑损伤的患者。在人体内植入电子装置的技术我们早已能做到,问题是人体容易感染,康复数年的病人甚至还有可能死于体内移植物的感染,替代这种电子移植物的新材料就是可以在体内溶解的化合物。双方制造的纳米传感器正是如此:它们可以在人体中穿行,发挥到传递信息作用后又可以直接被人体吸收,无须再做手术将其取出。①

密歇根大学的马晓龙(Peter Ma)制造的纳米粒子可将一个 microRNA 分子带到损伤的骨头附近的细胞中,从而将这些细胞变成骨修复机器人。②

此外,纳米技术在医学上的另一种重要应用也正在科罗拉多大学紧张研发中。目前,医学上面临的最紧迫的问题之一是,我们并没有开发出新的抗生素,但细菌在不断进化。如今已知的对抗生素具有耐药性的细菌包括沙门氏菌、大肠杆菌、金黄色葡萄球菌等,它们的数量不断增加,每年导致约两百万人感染,仅在美国就导致 23 000 人的死亡。这些微生物还在不断进化,很快已有的抗生素都会对它们失去作用。而科罗拉

① Seung-Kyun Kang, etc. Bioresorbable Silicon Sensors for the Brain [J]. Nature, 2016, 530(7588): 71–77.

② Xiaojin Zhang, etc. Cell-Free 3D Scaffold with Two-Stage Delivery of miRNA-26a to Regenerate Critical Sized Bone Defects [J]. Nature Communications, 2016, 7: 10376.

多大学的阿纳什·查特吉（Anushree Chatterjee）和普拉桑特·纳格帕尔（Prashant Nagpal）正在研究用新型光敏纳米微粒（light-activated nano-particles）来攻击这些细菌。[①]

普拉桑特·纳格帕尔是纳米工程背后的“大脑”，他可以在纳米比例上操作物质来得到新的性能。比如，他可以将一些半导体转化成跟金属一样好的导体（可用于提高太阳能电池的能力）；他找到了将红外辐射转化为电能的方法（可能带来新一代太阳能电池板的诞生）；他还发明了“量子分子测序”（quantum molecular sequencing），一种仅用一个分子就可以测序一个人基因组的方法（之前需要一滴血或一块皮肤才能测序）。他的实验室就是多个领域都可以从纳米技术中受益的活生生的例子。

操作分子的机器人

医学对纳米技术的应用已经如此深入，接下来我们的身体里是否会有很多维护健康的纳米机器人？

确实，纳米机器人是纳米技术最让人着迷的一个分支。目前，几种人工（更好的词是合成）纳米电机已经基于不同的推进机制作了测试。德国马克斯—普朗克研究所（Max Planck Institute，MPI）的皮尔·菲舍尔（Peer Fischer）已经造出了能够“游泳”（或者，更形象的词是“划桨”）到血管里的纳米机器人。这些机器人其实使用非常规的物理原则进行移动，有一天，它们就能执行简单的医疗程序。[②]

目前，每年全世界范围内患丙肝的人数达到 1.7 亿，而我们至今还没

① ColleenM.Courtney，etc. Photoexcited Quantum Dots for Killing Multidrug-resistant Bacteria［J］. Nature Materials，2016，15（5）：529–534.

② TianQiu，etc. Swimming by Reciprocal Motion at Low Reynolds Number［J］. Nature Communications，2014，5（5）：5119.

有研发出很好的疫苗。佛罗里达大学的刘晨开发的纳米机器人就可以专门抗击丙肝，它们可以攻击和阻止病毒的复制。具体来说，她的纳米机器人在一种能识别病毒的类 DNA 化合物的“导航”下运作，能够指示一种酶来破坏病毒的复制机制。①

加州大学圣地亚哥分校的汪少杰（Joseph Wang）、张良方以及他们的学生高伟发明了一种能够自推进的纳米机器人。他们的纳米机器人放置在老鼠的胃部进行实验，能利用胃部消化时产生的气泡作为自推进的动能，然后纳米机器人再前行到需要“卸货”（药物等）的人体部位去。②

为了创造新的材料，我们需要建造新的分子结构。过去，化学家们为此需要在实验室里跟各种装满奇怪的化学物质的瓶瓶罐罐们打交道。曼彻斯特大学的大卫·利（David Leigh）希望能改变这种工作状况。他想建立一个相当于工厂流水线的纳米制造装置。这个“纳米工厂”需要先有能将物体（分子）捡起来并送到其他地方的纳米机器人，也就是说，大卫·利想要制造一个能移动一个分子的机器人。③

不难看出，纳米技术和生物技术之间有很大关系，有德鲁·安迪这样的生物学家认为，某种程度上，生物技术就是纳米技术。确实，生物学研究一度滞留在分子水平，但生物技术正越来越深入到细胞内部，而纳米技术甚至能让生物技术进入到原子以下的领域。纳米粒子可以改变细胞的行为，而不改变细胞的 DNA，这对肿瘤细胞尤其有用。

形象地说，纳米粒子能变成细胞内部的“特洛伊木马”。例如，2016年，密歇根大学霍华德·佩蒂（Howard Petty）的团队创造了一种纳米粒

① ZhongliangWang，etc. Nanoparticle-based Artificial RNA Silencing Machinery for Antiviral Therapy［J］. Proceddings of NAS，2012，109（31）：12387.

② Wei Gao，etc. Artificial Micromotors in the Mouse' s Stomach［J］. ACS Nano，2015，9（1）：117-123.

③ Salma Kassem，etc. Pick-up，Transport and Release of a Molecular Cargo Using a Small-molecule Robotic Arm［J］. Nature Chemistry，2016，8（2）：138-143.

子，它能以造成细胞新陈代谢短路的方式杀死眼部的肿瘤细胞。[①]

纳米技术和生物技术之间有着深度互动并不奇怪，有时候两者交融出来的应用是出乎意料的。比如，如果你想用纳米技术制造一个能够保存和延续上万年的数据存储装置，只要先看下大自然的发明：DNA。DNA 在非常小的空间里存储了大量的信息，在理想的情况下，真的能做到“万年不朽”。可以说，DNA 保存良好的化石就是目前这个星球上“发明”出来的最令人惊叹的存储器，且远在计算机之前就出现了。

以此为鉴，2015 年，瑞士苏黎世联邦理工学院（Swiss Federal Institute of Technology，ETH Zurich）的罗伯特·格拉斯（Robert Grass）制造了一个“人工化石”的样本，并且将阿基米德古代数学的经典《机械定理的方法》和《瑞士 1291 年宪法》编码储存了进去。

挑战“室温超导”

纳米技术如何影响和改变信息技术？在纳米技术作用于信息技术方面，一个重要的领域是“室温超导”，超导是指导电材料在温度接近绝对零度的时候，材料中电阻趋近于 0 的性质。超导体是能进行超导传输的导电材料，但由于很难在室温下工作，超导体在实际应用中（如磁悬浮火车，医院使用的核磁共振成像机器等）非常昂贵，因为机器上的超导体必须一直被人工冷却。

如果室温超导能够实现，这将是一个梦幻般的解决方案，因为超导体在导电上“毫无浪费”。如今的电子和电气设备中使用的导线一点也不“超级”，例如，从发电厂传送到普通家庭的电力 6% 由于电阻而丢失。

① Clark AJ，etc. WO3/Pt Nanoparticles are NADPH Oxidase Biomimetics that Mimic Effector Cells in Vitro and in Vivo［J］. Nanotechnology，2015，27（6）：065101.

事实上，超导体的功率把手将不再需要将低压交流电转换为高压交流电，现在电厂需要用大变压器做转换，因为我们需要高压交流电进行长距离的电力传输。

计算机和手机的电子电路可以用超导体制成的话，将大大节省电能并降低热量。这对交通运输的影响也将是巨大的，我们的下一代铁路都将成为磁悬浮铁路。我们距室温下实现核聚变的梦想会更接近（一直以来，科学家们努力研究可控核聚变，因为核聚变可能成为未来的能量来源。核聚变燃料可来源于海水中富含的氘等氢同位素，所以核聚变燃料是无穷无尽的）。

今天的核聚变反应堆需要使用特殊的磁铁来产生能触发核聚变所需的强磁场，但与此同时，电线承载的电流温度会呈几何级数迅速上升，由于这个因素并不可控，我们目前在核聚变方面能做的还非常有限，而超导导线将允许我们向磁铁中输送大量的电能，却不用担心爆炸问题。

虽然有很多科学家们都致力于“室温超导”，但目前还很难说到底取得了多少进步。那么，纳米技术可以创建在室温下工作的超导体吗？2014 年，伦敦纳米技术研究中心克里斯·皮卡德（Chris Pickard）的团队和斯坦福大学沈志勋的团队提出了让石墨烯变成超导体的一种方法，但该方法是否会奏效目前还言之过早。

2014 年，德国马克斯—普朗克研究所米哈伊尔（Mikhail Eremets）的团队在比绝对零度高的温度下用氢硫化合物实现了超导性（零下 70 摄氏度，相对来说，几乎是“室温”）。①

在过去的几年里，为了实现更高温度下（高于绝对零度）的超导，科学家们还把眼光转向了激光技术。2014 年，德国马克斯 – 普朗克研究所的安德烈亚·卡瓦莱里（Andrea Cavalleri）使用激光实现了室温超导……但

① A. P. Drozdov，etc. Conventional Superconductivity at 203 K at High Pressures［J］. Physics，2015，525：73-76.

持续时间只有 0.000000000002 秒；2016 年，同一团队再次成功了，不过这次他们使用的是“富勒烯”分子，而富勒烯分子处于圆筒形时其实就是碳纳米管，也就是说，研究者将这种超导富勒烯加热到 103K，但只持续了不到一秒钟的极小的一部分。

我一直好奇当室温超导体成为常见的材料后会发生什么。科学家们可能还没意识到那也许将会是一场环境灾难，想象一下一堆一堆由我们的电视机、电脑、手机、变压器等组成的垃圾，如果室温超导体被大规模生产了，我建议大家先投资几家可回收电子垃圾的公司吧！

“拯救”摩尔定律

纳米技术可以帮助继续维持摩尔定律吗

摩尔定律允许“更小”和“更强大”共存，这一趋势已成功演化了近 50 年，但物理学家们清楚地知道，我们目前的水平正在接近物理极限。

计算机科学开始之初，硬件上的进步都是被军队、太空探索项目等政府机构的需求推动的。计算机是在“二战”之中诞生的，之后的进步主要由 NASA 或 DARPA（全称为 Defense Advanced Research Projects Agency，美国国防部高级研究计划局）推动。DARPA 是美国国防部重大科技攻关项目的组织、协调、管理机构和军用高技术预研工作的技术管理部门，主要负责高新技术的研究、开发和应用。如果不是这些大的政府机构，那也会是一些大的计算机巨头公司来推动硬件变革，因为只有它们有执行大量计算的需求和巨额投资能力。

我们这个时代发生的一个重大变化是，硬件不断改变的压力来自消费类电子产品。NASA、DARPA 和一些大公司根本不在乎“浪费电”来运行大型计算机，但消费类电子产品的广大用户们承受不了，他们想要越来越小的计算机。

正是摩尔定律让我们使用的电子装备发生了翻天覆地的变化。几乎每十年，电脑都会“大变身”。从20世纪60年代的大型主机到70年代的小型机，从80年代的个人电脑至90年代的笔记本电脑，再到2000年后无处不在的智能手机。如今正在发生的变革则是为物联网而生的嵌入式处理器。

我们一直认为，下一个十年也会因新一代计算机设备的诞生而完全不同，但是，如果摩尔定律“失灵”了怎么办？如果我们所有的电子产品都停留在目前水平又会怎样？后果大概就会像高速行驶的火车骤然停下一样。

事实是，摩尔定律从2005年英特尔和AMD推出他们的第一个“双核”处理器时就已经开始失灵了，因为摩尔定律最初就是对能被“挤”进一个电子芯片的电子元件（晶体管）的数量而言的（1971年，英特尔推出的全球第一颗通用型微处理器4004，由2 300个晶体管构成。当时，公司的联合创始人之一戈登·摩尔提出后来被业界奉为信条的摩尔定律——每过18个月，芯片上可以集成的晶体管数目将增加一倍，意味着运算速度即主频就更快）。2000年开始，我们才将摩尔定律跟芯片的计算能力联系起来。英特尔2015年推出的“Xeon Haswell-EP”处理器声称具有55亿个晶体管，计算能力大大提升，事实是它具有“18核”。最初的微处理器基本上是一台电脑对应一个芯片，“双核”乃至“多核”微处理器其实是将多台电脑放在一个芯片上，即在一枚处理器中集成两个或多个完整的计算引擎（内核）。

此外，单个晶体管的价格自从因为台湾半导体制造公司（TSMC）2011年推出了28纳米（28nm）芯片后其实是在上涨，而不是下降。2012年以后，英特尔就开始用不同的晶体管了，即“三栅极”晶体管。也有很多人将其称为“FinFet”（鳍式场效应晶体管，是一种新的互补式金氧半导体晶体管）晶体管，它最初是加州大学伯克利分校的胡正明（Chenming Hu）教授 1998 年发明的，胡正明的一个学生崔梁圭（Yang-Kyu Choi）在韩国科学技术院（KAIST）创建了纳米技术实验室，之后在 FinFet 晶体管上开创了一个又一个纪录。

2015 年，英特尔发布第六代微处理器 Intel Skylake，采用 14 纳米制程（比 Intel 4004 处理器强大 40 万倍），之后，英特尔却宣布其 10 纳米处理器 Cannonlake 将被推迟至 2017 年。14 纳米也好，10 纳米也好，“纳米”规模说的都是芯片上晶体管之间的间隔距离。英特尔第一个微处理器英特（Intel 4004）的晶体管间距是 1 万纳米，约有一根头发的十分之一宽。经过几十年的压缩后，如今达到 14 纳米。在这个尺度上再往下操作的难度和成本实在是太大了。

Intel Skylake 的晶体管大约由 100 个原子组成，如果继续压缩，10 年以内我们应该就能有 2 纳米的微处理器，因为一个原子的直径只有大约 0.2 纳米，意味着这些晶体管需要在仅有 10 个原子宽的空间工作！技术上是可行的，但价格会高到消费者难以承受。毕竟，如今建造微处理器工厂的成本已经达到数十亿美元。

除成本因素外，让芯片实现更快的速度，却不产生过多的热量已经变得越来越难了。因为，增加芯片的时钟速度（clock speed，振荡器设置的处理器节拍，也就是由振荡器产生的每秒脉冲次数）一定会增加其电能消耗，进而一定会使其产生更多热量。换句话说，如果想要继续压缩芯片，将更多的硅元件集成到一个极小的空间上，它们不可避免地会产生更多的热量。发明一个集微小、功能强大和价格便宜于一身的芯片并不难，但如果同时需要使用昂贵的冷却机制来给芯片降温，这样的芯片就毫无用处了。

英特尔和其他芯片巨头解决这个难题的办法是，在一个芯片上增加多个处理器。即上文提到的，从 2005 年开始英特尔等巨头相继推出“双核”乃至“多核”微处理器，但“多核”之路面临诸多来自软件算法、安全性能等多方面的挑战，英特尔曾最多展示过80核的微处理器，但并未能商业化。

即使英特尔和其他芯片巨头们找到了冷却电路的方法，这些微小的电路也正在接近几个原子的大小，只比大多数病毒小一些。在超低温情况下，这些微小的电路会开始出现量子效应（quantum effects），这会让它们变得不稳定。

2016年，英特尔执行副总裁之一威廉・霍尔特（William Holt）公开承认，英特尔不打算在7nm以下的芯片中继续使用硅了。这没什么好奇怪的，早在2014年，IBM就宣布投资30亿美元到“后硅时代”的计算机技术上，并特别提到了7nm的这个门槛。到那个时候，硅谷再叫“硅”谷就不合时宜了。霍尔特提出，届时，“自旋电子学”（spintronics，自旋电子学是一种使电子充电和旋转均能用于携带信息的新技术，具有广泛的应用潜力）可能会替代今天的“电子产品”。

业内巨头们一直在寻找解决方案。2012年，IBM宣布发明了同时使用电力和光纤连接的芯片，并在2015年发布了很多改进版本。2015年，麻省理工学院的拉杰夫・拉姆（Rajeev Ram）宣布，他的研究小组（与加州大学伯克利分校合作）也建造出了这样的“光电”处理器。

然而，纳米技术提供了通过纳米电路来从根本上解决这个问题的可能性。石墨烯“纳米带”1996年被藤田光孝（Mitsutaka Fujita）从理论上提出后已经二十年了，它可以取代硅半导体，提供更高的晶体管密度和时钟速度。问题是如何制造出石墨烯“纳米带”。目前，加州大学洛杉矶分校的保罗・维斯（Paul Weiss）、加州大学伯克利分校的费利克斯・菲舍尔（Felix Fischer）和威斯康星大学的迈克尔・阿诺德（Michael Arnold）正在实验提高石墨烯“纳米带”产量的方法。

石墨烯总是在“最具希望的新材料列表”的前端，但也不是解决这个问题的唯一希望。为了取代硅，世界各地的研究者都在寻找可能的二维材料。石墨烯在取代硅上的问题是它导电性能太好了，大多数科学家们都更想找到类似硅的半导体材料。自 2010 年以来，当洛桑联邦理工学院的安德拉斯·克什（Andras Kis）用类似硅的新材料建造出晶体管以后，这种被称为“TMDC”（过渡金属二硫族化合物 transition-metal dichalcogenide）的材料已成为取代硅的候选者之一。

2016 年，英国计算科学中心的马杜·梅农（Madhu Menon）的团队发现了一种新材料，只有单原子层那么厚，像石墨烯一样，但它又是半导体，像硅一样。这种新材料又是在我们的星球上很容易可以找到的三种元素制成的，它们分别是硅、硼和氮。①

硅仍是未来电子电路的候选材料，继续使用硅还是有希望的，但它可能需要以完全不同的方式被使用。比如，用来传递光，而不是传递电子。研究者发现，继续使用硅晶体管，但使用光来传输信息，也能使计算机的性能得到极大提升。问题是，我们早已使用光纤电缆来传输全世界互联网上的数据，但在芯片上，我们仍在使用铜线将一个电路的信息传输到另一个电路，原因就在于光纤电缆难以压缩到电子芯片的纳米尺寸里，铜线可以做到，光纤电缆却做不到，压缩光的波长太难了。

2016 年，来自加拿大阿尔伯塔大学的萨满·贾哈尼（Saman Jahani）和来自美国普渡大学的祖宾·雅各布（Zubin Jacob）发现了一种用基于硅的透明超材料来压缩光的办法，意味着未来有一天，我们的计算机可能会是用硅基光子电路做成的。②

其他值得一提的是，道格·巴拉格（Doug Barlage）的团队在加拿大阿尔伯塔大学开发了一种新型晶体管，可以说是 1959 年贝尔实验室

---

① Antonis N. Andriotis，etc. Prediction of a new Graphene-like Si2BN Solid［J］. Physical Review B 93，2016，081413（R）.

② SamanJahani&Zubin Jacob .Overview of Isotropic and Anisotropic All-dielectric Metamaterials［J］. Nature Nanotechnology，2016，11：23-36.

发明的“MOSFET”（金属—氧化物半导体场效应晶体管，Metal-Oxide-Semiconductor Field-Effect Transistor，一种可以广泛使用在模拟电路与数字电路的场效晶体管）晶体管的进化版，可以用来制造非常薄，且具有弯曲能力的电子设备。①

不过，摩尔定律对硬件来说已经到极限了，但对软件来说，还没有一个可以命名的类似规则。大家容易忽略的是，软件的价格也一直在以指数速度下降，如今大多数应用程序都是免费的。软件的费用从20世纪70年代动辄数百万美元，到现在直降为零，这带来的影响和改变也是巨大的。

不容回避的是，如果微处理器的进步就此打住，后果将波及很多领域。比如人工智能，人工智能今天的很多进步主要都来自“暴力破解”，靠使用越来越强大的处理器来分析和计算。再比如虚拟现实，用户体验的逼真度跟处理器的速度也分不开。又比如物联网，嵌入式微处理器是物联网提供无时、无处不在的计算能力的重要支撑……

目前给我们希望最多的还是纳米技术，换言之，如果纳米技术失败了，未来10~20年的世界会相当枯燥，我们的电子设备在性能上将原地踏步，很多梦想的改变会一直停留在“梦想”中。摩尔定律可能会停止，数字设备可能只有非常小的进步。我们对数字设备的更新换代已经如此习以为常，但很可能未来的数字设备并没有什么改变。如果纳米技术失败了，世界会无聊很多。

不过，我们可以“自我安慰”的是，这也不是第一次人类期待的进步戛然而止了。比如飞机，如今的飞机跟20世纪60年代是同样的速度，虽然1969年的协和式超音速飞机更快，但因为公众的安全忧虑很快退出

① Gem Shoute，etc. Sustained Hole Inversion Layer in a Wide-bandgap Metal-oxide Semiconductor with Enhanced Tunnel Current［J］. Nature Communications，2016，7：10632.

了历史舞台。没有“更快”的飞机并没有让人们特别失望或干脆不再使用飞机了，这意味着“更快”可能并不总等于“更好”。而且，制造芯片的巨额费用迫使零散的公司们合并成大型企业集团。如今，半导体市场被英特尔、三星、台积电等少数大企业主导（高通、AMD和其他公司也卖芯片，但这些芯片多由代工厂在亚洲制造）。目前的这种情况跟飞机和汽车制造业很相似，想让这些大公司自己发起重大变革总是比较困难的。

再造计算机

纳米技术能否帮助再造计算机

制造计算机还有别的方法，可以用忆阻器替代晶体管，这尤其有望推动模拟存储和人工智能领域的进步。

不过，在短期内，纳米技术对计算机的主要贡献实际上是存储设备。如今我们的计算机使用的是一种称为“D-RAM”的动态随机存取存储器，但它很不稳定，当你关闭设备时，所有信息都会丢失，你需要“保存”正在进行的工作到磁盘中去，当你再次打开设备时，这些信息必须再从磁盘复制回内存器里，这也是为什么数字设备需要“启动”。

改变这种情况的方法是，使用忆阻器代替晶体管，忆阻器是一种稳定的元件，当电源关闭时它们不会失去正在处理的信息。简单地说，忆阻器是一种有记忆功能的非线性电阻。早在1971年，加州大学伯克利分校的蔡少棠（Leon Chua）就提出了可能存在可以测量电流的第四种电子元件——忆阻的理论。但要证明忆阻理论，需要在纳米尺度上进行操作。

得益于纳米技术的推动，2008年，惠普的斯坦·威廉斯（Stan Williams）证明了“忆阻器”的存在和实用性。忆阻器不是电阻器，不是电容器，也不是电感器，它是第四种电子元件，具备的属性是原来的三种电子元件以任意方式组合都不能得到的，具备其他电子元件没有的诸多优点。忆阻器的表现就像大脑中的突触一样，其特性取决于曾有多少电流经过它，就像突触的“实力”取决于它们是否被经常使用一样。

目前的人工神经网络并非硬件设备，它们是在数字计算机上运行的软件算法。如今人工智能所有的“深度学习”系统，事实上也都是在数字计算机上运行的计算机数学。然而，数字计算机运行的是二进制逻辑，信息需要被转化成用 0 和 1 表示的一串数字信号，不管能转换的数字多么精确，都无法最完整地呈现原始信息，而模拟信号却能完整呈现，忆阻器具备的“模拟”特性以及它与突触的相似性决定了它可能是构建人工神经网络的更好乃至绝佳材料。

有很多科学家在这方面进行了探索和尝试。2010 年，密歇根大学的科学家们首次将半导体神经元和忆阻器突触放到了一起。①

2015 年，加州大学圣巴巴拉分校德米特里·斯特鲁科夫（Dmitri Strukov）的研究团队建成了一个人工神经网络，由约 100 个用金属氧化物忆阻器做成的人工突触组成。②

2015 年，来自美国新墨西哥州的一名创业者声称他们已经用忆阻器建成了一个模拟芯片，专门应用于机器学习。

同年，俄罗斯科学家们在曾经开发了苏联核武器的库尔恰托夫研究所（Kurchatov Institute）也建成了由塑料忆阻器做成的人工神经网络。③

如今的磁存储技术也可以从纳米技术中受益。2011 年，来自加州圣何塞 IBM 阿尔马登（Almaden）研究中心的安德烈亚斯·海因里希

---

① Sung Hyun Jo，etc. NanoscaleMemristor Device as Synapse in Neuromorphic Systems［J］. Nano Lett.，2010，10（4）：1297-1301.

② M. Prezioso，etc. Training and Operation of an Integrated Neuromorphic Network Based on Metal-oxide Memristors［J］. Nature，2015，521（7550）：61-64.

③ V.A.Damin ，etc. Hardware elementary perceptron based on polyanilinememristive devices［J］. Organic Electronics，2015，25：16-20.

（Andreas Heinrich）的团队将存储一个比特（a bit）所需的原子数量从原来的100万减少到12个。在实践中，这意味着磁性存储器相比最流行的硬盘和存储器芯片，能带来多达100倍的存储密度。研究者们在操纵单个原子上的技术越来越让人印象深刻，2012年，澳大利亚新南威尔士大学的米歇尔·西蒙斯（Michelle Simmons）和美国普渡大学的格哈德（Gerhard Klimeck）甚至用单个原子（磷原子）创建了一个晶体管。

帮助制造量子计算机

纳米技术跟量子计算机有关系吗

纳米粒子可以同时处于两种状态（同是0和1），这正是量子物理学的特性。因此，纳米技术与量子计算机自然会有交集。

“量子计算”的概念可以追溯到1982年，由伟大的物理学家理查德·费曼提出，可以通过利用量子叠加原理存储信息。与传统计算机的二进制相比，量子计算的基本单元是原子尺度的单位，即“量子比特”（qubit），它们能够同时是0和1的叠加态。多量子位可以与所谓的“纠缠态”联系到一起，单独的一个量子位的改变就可以影响到整个系统。

实践中，这意味着一台量子计算机可以同时执行多个并行计算。比如，同时进行多个搜索任务。假如要在1 000本书中搜寻一个特定的记号，普通计算机需要逐一搜寻，而量子计算机可以同时搜寻1 000本书。也就是说，量子计算机可以同时解决多个问题，这种超快速度带来的改变和影响是极具想象空间的。

1997年，英国物理学家科林·威廉姆斯（Colin Williams）和施乐帕克研究中心的斯科特·克利尔沃特（Scott Clearwater）出版了一本名为《探索量子计算》（*Explorations in Quantum Computing*）的书，具体描述了如何制造一个量子计算机。

1999年乔迪·罗斯（Geordie Rose）和亚历山大·扎戈斯金（Alexandre Zagoskin）两位量子物理学家在加拿大创建了D-Wave公司来制造量子计算机。2007年，D-Wave在位于加州山景城的计算机历史博物馆展示了第一台量子计算机样品，虽然很多专家持怀疑态度，但D-Wave还是在2011年出售了第一款商用量子计算机。目前，D-Wave的投资者名单中包括亚马逊的创始人杰夫·贝索斯以及美国中央情报局，它的购买客户则包括NASA和谷歌。

除D-Wave公司外，目前量子计算机最令人兴奋的研究可能正在2006年成立的联合量子研究所（JQI）进行，该研究所由美国国家标准与技术研究院（NIST）、美国国家安全局（NSA）以及马里兰大学（位于华盛顿特区附近）共同创建。2009年，NIST发布了一个通用可编程的量子计算机，但几乎还没有实际应用，研究成果主要停留在理论层面。

目前量子计算机方面的主要研究进展包括：2013年，马克·华纳（Marc Warner）的团队在伦敦纳米技术中心发现，染料中名为"铜酞菁"（copper phthalocyanine）的电子在叠加态保留了很长时间，这意味着也许他们发现了适用于量子计算的硅。

2014年，荷兰代尔夫特理工大学在相隔3米的两个量子比特（quantum bit）之间以零错误率传递了信息，这是一个重大的成就。2015年，NIST在超过100kms（绝对的度量单位）的距离下成功传递了量子信息，NIST的一位科学家大卫·维因兰德（David Wineland）被授予了2015年的诺贝尔奖。

2016年，马里兰大学克里斯托弗·门罗（Christopher Monroe）的团队推出了五位量子比特模块（five-qubit modules），它可以合并大量的量子比特来创造量子计算机。

D-Wave此前声称他们已经制造了一个有1 000多个量子位的量子计

算机，科学家们对此还是持怀疑态度，但与 D-Wave 不同的是，克里斯托弗的实验任何大学都可以复制并验证。同样在 2016 年，IBM 将五位量子比特模块的计算机放在了云上，推出基于云的量子计算平台——Quantum Experience。

制造量子计算机存在两个主要问题。第一个问题是，大部分量子计算机用的是超导电路，因为量子计算在超导状态下更易实现，但是超导需要非常低的温度，同样的问题，在室温超导成为可能之前，冷却过程非常昂贵。第二个问题是，超导量子比特不稳定（这是量子物质的特性）。

谷歌和 IBM 在这一领域非常活跃。2013 年谷歌购买了一台 D-Wave 的量子计算，2014 年谷歌签下了约翰·马蒂尼斯（John Martinis）教授，他在加州大学圣巴巴拉分校研究量子比特已经超过了 10 年。

量子比特的质量可不是小事，D-Wave 的量子比特就没有约翰·马提尼教授研发出来的稳定可靠。谷歌签下这位教授真正引发了跟 IBM 之间的竞争。2015 年，马提尼的团队研发出了一个高度可靠的架构：9 个量子比特排成一条线。几个月后，IBM 在纽约的团队声称他们研发出了相似的架构：4 个量子比特以 2 个为一组排列。两大巨头在竞争谁能发明第一个通用量子计算机。

此外，诺基亚贝尔实验室的鲍勃·威利特（Bob Willet）和微软的迈克尔·弗里德曼（Michael Freedman）正在寻找一种不同的量子比特的"拓扑量子比特"，希望它不会存在超导量子比特的问题。

量子位的产生可以依靠几种不同的方法，包括电子自旋、原子能级和光子量子态。光子能够在很长的距离和时间周期内很好地保存纠缠态。但是产生稳定可量的光子纠缠态是一大难题。2016 年，来自加拿大国立科学研究所（INRS）的罗伯托·莫兰多蒂（Roberto Morandotti）教授团队在这个问题上有了重大突破，他们开发出了一种光学芯片，芯片上的量子频率梳可以用来同时产生多光子纠缠的量子比特状态，有望帮助量子计算机解决诸多发展道路上的障碍。

“隐身”不再遥远

纳米技术接下来要顺利发展的话，我们就需要一个大的“成功故事”。石墨烯还不足以抓获公众的想象力，也许它并不像科学家们原来以为的那样“强大”吧。我的朋友珍妮弗·迪翁（Jennifer Dionne）是斯坦福大学的纳米技术实验室的负责人，她总是开玩笑说，孩童时代读哈利波特的小说时，她的梦想就是制作出“隐形斗篷”，而如今纳米技术可以让她梦想成真了！珍妮弗目前正在研究一种可以让物体“隐形”的材料，这不仅有趣也会有很多实际的应用意义。

2006年，来自北卡罗来纳州杜克大学的大卫·史密斯（David Smith）实现了最初由伦敦帝国学院的约翰·彭德里（John Pendry）提出的构想：如果你能用可以弯曲电磁波的材料（光是一种电磁波）覆盖一个物体，你就能让该物体隐形。彭德里开创了“超材料”科学，即那些在自然界中不存在的材料科学［实际上，苏联物理学家维克托·韦谢拉戈（Victor Veselago）在1968年已经提出了理论设想］。

大卫·史密斯就使用了这样一种超材料来弯曲物体周围的微波，从而使物体不可见。略为遗憾的是，这种超材料也只能在微波范围内发挥作用。

2005年，安德里亚·阿鲁（Andrea Alu）提出了“等离子隐形”的概念，同样，他使用的也是超材料。2012年，他的团队成功制造了第一个超材料斗篷，只有几微米厚，可适用于空间中的3D物体。[①]

---

① Andrea Alu，TEDxAustinVideo.On the Quest to Invisibility： Metamaterials and Cloaking. http://www.youtube.com/watch?v=jseHPnqXlPY.

然而，它也只对微波发挥作用。能使所有光波都弯曲的“隐形斗篷”还没有人发明出来。而这恰恰可能是纳米技术发挥用武之地的机会，如果纳米技术在这方面成功了，一定会再次引发轰动。

用纳米技术制造纳米技术

在纳米尺度操作物质以及制造纳米材料都是非常昂贵的，这是目前整个行业面临的最简单也是最直接的门槛，大实验室的解决方案非常简单：花更多的钱打造更强大（和更昂贵）的显微镜以及各种工具。但我认为，除非我们弄清楚如何使用纳米技术本身来制造纳米材料、装备等；否则纳米技术肯定没办法“便宜”，而只要在纳米尺度上工作仍旧如此昂贵，批量生产并投入市场的纳米材料、装备等就不会出现。

值得强调的是，我们“巨大”的手指和“巨大”的眼睛根本不是处理微观事物的“自然”方式，我们需要同样处于原子尺度的微观手指和微观眼睛来操作，我们需要用纳米技术来制造纳米技术。

全世界所有的科学家们都在研究如何降低“纳米制造”的成本。在湾区的流行技术是胶体合成法（colloidal synthesis），加州大学伯克利分校的保罗·阿利维萨托斯（Paul Alivisatos）至少从1996年就开始探索了。

纳米压印光刻技术是1995年由明尼苏达大学的史蒂芬·周（Stephen Chou）最先提出，2012年，维也纳科技大学的于尔根·斯坦普弗尔（Juergen Stampfl）发明了一种名为“双光子光刻技术”的快速纳米3D打印技术，用这种技术可以打印出非常小的物体。

2014年，首尔国立大学的金浩扬（Ho-Young Kim）开始用这种技术来制造纳米物体。科林·拉斯顿（Colin Raston）发明的“涡旋流体设备”

（Vortex Fluid Device，VFD），这种设备在制造具有实际应用的精密碳纳米管时非常有用。[①]

解决这个问题的另一种办法是，将纳米颗粒编程，让它们自己组装成复杂的结构。这种方法也是大自然在处理蛋白质时采用的解决方案。来自美国劳伦斯伯克利国家实验室（Lawrence Berkeley National Laboratory，LBNL）的徐婷正在进行这样的研究。2014 年，她发表论文称,已证明纳米粒子可以在一分钟内形成高度“组织”的薄膜。[②] 2015 年，她与加州大学戴维斯分校的凯瑟琳·费拉拉（Katherine Ferrara）以及加州大学旧金山分校的约翰·佛萨耶斯（John Forsayeth）和克里斯托夫·班奇维兹（Krystof Bankiewicz）合作,正在创造一种可以自组装的纳米粒子,它们能将化学物质输送到大脑中，用以对抗癌症。

如果目前这些技术中的任意一种能够成功降低纳米制造的费用，那么，纳米技术就可以华丽腾飞。

① KasturiVimalanathan，etc. Fluid dynamic lateral slicing of high tensile strength carbon nanotubes［J］. Scientific Reports，2016，6：22865.

② Joseph Kao.Rapid Fabrication of Hierarchically Structured Supramolecular NanocompositeThin Films in one Minute［J］. Nature Communications，2014，5：4053.

硅谷声音

克里斯蒂娜："纳米革命"后的美丽新世界

克里斯蒂娜·彼得森是纳米技术领域的知名研究者和领导者，是始于1986年的纳米研究和教育机构"先锋研究所"的主要创始人。彼得森本人还是一名作家和讲师，是《自由未来：纳米技术革命》的主要作者。彼得森多年对纳米技术的热爱里既有个人兴趣，即想让自己和其他人过上健康长寿的生活，也有人类共同的梦想和渴望：清理地球上的环境污染，还天空和大地本来的模样，让人和自然、动物快乐共处。在与彼得森简短的30分钟的对话里，她勾勒了一幅让人心潮澎湃的未来图景。

纳米技术的三阶段

纳米技术的发展有三个阶段，首先是新材料。早期应用纳米技术的产品常常出现在汽车等工业体系中，因为已经直接融入到了产品中，消费者几乎察觉不到，所以不会觉得有多么兴奋。现在我们已经听到更让人兴奋的碳纳米管、石墨烯等。如今我们还处于新材料阶段，很快我们就会进入到纳米设备阶段。下一个5~10年里，最让人期待的就是纳米抗癌设备，它们可以精准地定位癌细胞，帮助进行靶向治疗，这种设备已经存在了，只不过还没有被批准使用，因为医疗器械都需要经过严格的测试和政府的审批。

当足够多的纳米设备出现，我们就会进入系统阶段，也就是诸多纳米装备一起运作的阶段。比如，分子计算机、分子X光射线、分子实验室等，这些纳米级装备可以协调合作，构成一个强大的纳米系统。

从材料到设备，再到系统，纳米技术最终能给人类带来什么？对我来说，让人类长寿是纳米技术最让人兴奋的应用，但并不是人依然会变老、生病的那种长寿，而是那种长久且快乐的长寿。我们体内天生有一套修复机制（免疫系统）来保障整个系统的正常运行，但随着我们年龄的增长,体内的这套系统会逐渐衰弱。以长寿最大的“杀手”癌细胞来说，人体天生其实就有对癌细胞的自主防御功能，问题是，随着年龄的增长，这些功能会逐渐衰竭，这也是大多数的癌症患者都是老年人的原因。

因此，我们需要将纳米级的设备乃至系统植体内，首先来鉴定到底是什么问题，是某些 DNA 出了差错还是有了癌细胞，到底问题出在哪里。然后，我们可以模仿免疫系统的运作方法，研发出“改良版”的一套纳米人工免疫系统，让它不会随着时间的增长而衰弱或退化，能够一直强有力地应对身体出现的各种问题，这正是我和团队成员正在研究的。很多情况下，自然能给我们很多灵感。我们与其绞尽脑汁去创新，不如思考和借鉴大自然的智慧。比如线粒体（mitochondria，一种存在于大多数真核细胞中的由两层膜包被的细胞器，直径在 0.5~10 微米，为细胞的活动提供能量，有“细胞动力工厂”之称），它是活跃在我们身体内的天然纳米机器，是自然的杰作，我们可以人工创造出类似的系统来。

纳米技术未来

回顾纳米技术发展的 30 年历史，让我兴奋的是，纳米技术真的已经到来了。但让我失望的是，它的步伐还是太慢了。不过，纳米技术无疑是非常昂贵和困难的一个领域，它需要很多研究设备和仪器，需要贵得惊人的材料，还存在诸多安全规范的限制，因此，在纳米领域研究出一些成果相比其他领域需要花的时间也更长,挑战更大。作为一门基础科学，它的研究通常是由政府资助的，比如，美国相关能源部门就在为纳米新材料和新设备的研究提供资金，研发能源生产、发射和分离等。通常大部分研究都是从政府的资助开始，然后进入大学，有一些研究能得到大公司的资助，偶尔也有创业者发起的研究，但并不多见。

当然，纳米技术到达最先进的研究阶段，即第三个“系统”阶段后，我们就能得到这项技术带来的最大回报。届时，纳米技术将能让我们制作出非常轻，但强度又非常高的太空旅行工具，并可以大大降低到太空的费用，因此，人们将能够到太空旅行或者定居别的星球。纳米技术的长期未来是，人类将非常健康和长寿，而且不少会选择生活在太空中。

纳米技术另一大应用是清理污染。如今，地球上很多地方空气严重污染，土壤中的化学成分有毒，海洋中遍布垃圾和很多工业污染，这些都需要用纳米技术清理。这也是我们必须做的，我们需要使空气更纯净，海洋更清澈，土壤更健康肥沃，需要将所有的化学物品从不该出现的地方清理干净，还地球本来干净天然的模样。只有这样，所有地球上的动植物才能健康快乐地生存。

现在，城市中到处都是高楼大厦和汽车，它们把人与自然分隔开，让很多人无论白天和夜晚都处于灯光和喧嚣声中，处于看不见蓝天白云，也享受不到一刻宁静的状态中。最终，运用先进的纳米科技，我们将能把建筑和各种交通运输工具全部建在地下，但依然拥有新鲜的空气和良好的采光，科技将允许我们有能力这样做。而地表上则大多数恢复其原来自然的模样，到处就像原始森林一样充满生机，动物们会再次出现，人们可以随时随地置身流水和花园之中，与可爱的动物们和谐共处。

珍妮弗·迪翁：隐身术炼成记

珍妮弗·迪翁是科学家的年轻新秀，作为斯坦福大学材料科学与工程系助理教授，已经拥有以自己名字命名的纳米技术实验室，主要致力于超材料研究，应用范围包括高效太阳能能量转换到生物医学等多个领域。加入斯坦福大学之前，珍妮弗在伯克利国家实验室担任过化学博士后研究员，是美国国家科学基金会（NSF）事业奖、美国空军科研办公室（AFOSR）青年调查员奖等获得者。2011 年，她被麻省理工《技术评论》称为 35 岁以下以变革方式解决重要问题的国际创新者。

珍妮弗热情又充满活力，采访当天，她穿着牛仔裤，推着自行车走进了斯坦福的办公室，她孩童时代的梦想就是制作出“隐形斗篷”，如今她正在实验室里用纳米技术朝这一目标前进。除了介绍自己的研究方向和进展，她还详细阐述了何为纳米技术，目前为止到底取得了哪些实际研究成果以及未来还有哪些潜在应用。

纳米技术的主要成果

一纳米就是一米的十亿分之一，人类的红细胞比纳米大一些，原子又要比纳米小一些。这个长度规模很重要的原因是，当从纳米层面看物质的材料和结构时，就会发现许多不同寻常的、有趣的物理和化学特性和变化。这是对纳米技术最广泛的一个解释。

纳米技术已经有超过十几年的历史，它可以应用在计算机、太阳能、电池技术、生物医学、水净化等多个领域，目前已经有一些研究成果，包括已经商业化以及还在测试期即将商业化的产品。

目前纳米技术最知名的一个应用是电池存储技术，将电池的电极用纳米材料改造成纳米结构后，可以增加能量储存密度，让电池持续时间更长。现在 iPhone 的电池充一次电可以用近 20 个小时，然而，追溯到 1980 年左右，即纳米结构的电极出现之前，电池充一次电连一个小时都无法维持。而且现在电池的充电速度也更快了。

纳米技术第二个“前途无量”的应用是量子点显示技术，也是已经商业化的技术，比如三星已经在很多显示屏上应用了这种技术，推出了量子点电视等。量子点是类似硅的一种半导体材料，当将该材料纳米化的时候，它们就可以根据电压输入的微妙变化而呈现出各种不同的颜色（采用量子点技术的屏幕在生产时更容易校准，拥有更准确的色彩表现，并且在色彩饱和度方面拥有明显的优势）。

还有很多金属纳米粒子正应用于生物医学领域，我最喜欢是一种新式癌症化疗方法，首先向患者体内注入纳米颗粒，然后拿一个红外线发光二极管来照射肿瘤，肿瘤上的金属纳米颗粒会大量吸收红外线，使肿瘤细胞的温度迅速升高并由此切除。和传统化疗相比，这种热烧蚀技术针对的是特定的肿瘤，是对癌细胞进行精准定位的治疗，该技术现在已被用来治疗乳腺癌、脑部和颈部的肿瘤等。总之，纳米技术现在有这三种主要的商业化的应用成果，电池和生物医学的技术已经申请专利了。

揭秘“隐身术”

斯坦福大学的研究团队在纳米技术领域非常活跃，我的实验室对纳米技术的研究涉及多个方向，大部分都是关于纳米粒子如何跟光互动，以呈现不同效果的研究。“隐身”只是我们研究的一种，但因为有趣而关注的人较多。具体来说，乌贼、章鱼以及变色龙等动物都可以根据环境的变化改变皮肤的颜色，我们正在研究如何制造出可以模仿这些动物皮肤特性的新材料。

眼睛能看到东西，是因为光线被物体折射到眼睛里了，还有一部分光线被物体吸收了，我们看到的红色、黄色、绿色等就是没有被吸收的光。要让物体隐形，就要确保物体跟眼睛之间没有任何光的反射和吸收，基本思想是让物体覆盖在一种“皮肤”之下，当光穿过来时，“皮肤”可以引导光绕过物体，然后再在另一边出现，好像它从未穿过这个物体，只是穿越了自由空间一样。这也意味着要让光线在物体周围连续不断地弯曲，这种折射角度是普通自然材料很难实现的。我们需要在实验室制造出具有特殊折光指数（index of refraction，也称折光率，是光在真空中的传播速度与在某介质中传播速度之比）的工程材料，空气的折光率是1，水的折光率是1.3，玻璃的折光率为1.5，隐身需要比空气的折光率还要低的材料，某些情况下甚至可能是负的。目前我们最高已经能做出折光率为“–1.5”的大面积材料以及折光率为“–4”的微型规模材料，也就是“超材料”（具有天然材料所不具备的超常物理性质的人工复合结构或复合材料）。

乌贼或章鱼的皮肤能迅速变得和环境一模一样，部分是因为它们能够改变光的反射和吸收，部分是因为荷尔蒙的变化，即化学物质的注入。虽然我们现在还没有做出来特性与乌贼皮肤一样的材料，但我们已经有了一种折光率为–1的聚合物，并且可以做到向它注入化学物质了，最后也能让它呈现的效果跟乌贼的皮肤一样。这个过程基本上就是用负折光率的材料让物体看起来像是透明的，再到看起来像空气一样，这种材料除了隐身还有更多非常有趣也有用的科学价值。

我们还在研究一种可以根据身体内部的机械力或电场强度（如神经元的脑电波）的变化而变换颜色的纳米粒子。你的心跳、呼吸、血压乃至细胞分裂和细胞癌变等都是机械力，在判断器官或细胞是否健康方面至关重要。每当纳米粒子经过身体内部机械力或者电场不同的地方时，它们就能发出红外线或者其他不可见的光。如果你在皮肤表面放置一个传感器，这些纳米粒子就可以用不同的颜色将身体内部机械力的变化情况告诉医生。

纳米领域的“下一件大事”

由碳制造出的新的纳米材料大多很有趣，比如碳纳米管、石墨烯等，虽然它们被媒体热捧，但它们的目前应用场景还并不明朗。很难说纳米技术接下来最重要、最有优势的应用会是什么，目前大多研究还是好奇心驱动的。

在目前所有的纳米技术研究中，我认为更重要的是两个领域。第一个是新型环境材料，主要是可以用于高效的水净化系统中，尤其是海水淡化中的材料。第二个是应用于个性化定制医疗的纳米材料或设备，很快会有像葡萄糖传感器这样的设备，或纳米材料与外部设备相互作用的方法（如之前提到的金属纳米粒子吸收红外线切除肿瘤，以及纳米粒子将身体内部机械力变化传到皮肤传感器等），时刻监测和保障人们的健康，很多基于纳米材料的外部设备也更容易得到FDA（食品药品监督管理局）的认证。

纳米技术在计算领域的应用潜力也是巨大的，现在有很多的研究人员正在研究可以代替电子电路的新科技。目前我们提高计算能力的方法都是增加芯片上晶体管的密度，这也是摩尔定律能维持下来的原因。但随着芯片上晶体管的增加，连接两个晶体管的金属线就会距离过近，通过两根金属线中的电子将互相影响，两根线的信息传输速度都会下降，也意味着即使可以在一个芯片上安装更多的晶体管，信息传输速度也不会再增加了。

我们团队现在感兴趣的是使用光学元件来代替传统的电子元件，IBM和英特尔就已经有了集成光学电路，即硅光子（Silicon Phototonics）技术。光学元件的优势是无论两个元件的距离多近，它们都不会互相影响，信息还是以光速被处理，比晶体管快很多。另外，光有不同的波长，传输的带宽将会大很多，这也是为什么整个互联网是用光纤来传输信息。问题是，光学晶体管切面有400纳米宽，相比10纳米的电子晶体管，要想将其缩小到跟电子芯片的尺寸保持一致非常困难，很多研究团队包括我们都正在试图造出和电子元件一样大小的光学元件。此外，我们还面临着许多挑战，如制造出纳米尺寸的光学二极管等。可以预见的是，这方面的成功将变革现有信息技术。

另外，纳米技术能否让超导在室温下实现也是不少研究者关注的，他们每年都研发出来越来越复杂的纳米材料，可以使实现超导传输的温度更高（超导目前只能在极度低温下实现），我觉得这绝非不可能。总之，我们将很快看到纳米技术在环境、医学、传感、计算、显示等多个领域的进展。

虚拟现实篇

我们能为超越此生所做的事，

实在很多。

我们有足够的能量，

过许多世的生活，

然后，

再后悔自己根本没有活过。

因为，我需要从自我身上脱离，

才能对你说一声：

你好。

——皮埃罗

虚拟现实，盛宴还是泡沫

随着谷歌、苹果等大公司频频出手，虚拟现实技术在2016年迅速升温，全球投资者“闻风而动”，大家相信一种重大的、颠覆性的技术正在到来，就像巨大的海浪一样，虽然今天在岸边看起来似乎还很小、很遥远，但它增长和冲击的速度会远超人们的想象。皮埃罗认为，从虚拟现实的历史和目前商业应用的现状分析来看，十年后，虚拟现实技术就能让人们在社交媒体上一键创立并分享自己的虚拟世界，这到底意味着什么？

从军用到游戏

虚拟现实的历史可追溯到20世纪60年代。1969年，美国中央情报局和其他两个军事机构在美国犹他大学建立了第一个虚拟现实系统，由计算机图形学之父伊万·萨瑟兰（Ivan Sutherland）研发。他将一个头盔式显示器跟电脑连接起来，然后让电脑向显示器发送图片。这种技术大概花了20年的时间才得到实际应用，而且还是被军队先发现的。1986年，另一位虚拟现实技术的先驱托马斯·弗内斯（Thomas Furness）在一个空军基地工作，他设计了一个电脑模拟系统，可以让飞行员通过移动头和手在一个电脑模拟的环境中驾驶飞机。大约同一时间，NASA设在硅谷的研发中心里，迈克尔·麦格里威（Michael McGreevy）创建了“虚拟行星探索”项目。这些特殊项目之外，更为一般性的虚拟现实系统首先由斯科特·费雪（Scott Fisher）设计出来，第一个装有传感器的“数据手套”也随之诞生。1985年，杰伦·拉尼尔（Jaron Lanier）在他位于帕洛阿图的家成立了第一个销售虚拟现实产品的公司VPL Research。

这些虚拟现实的先驱虽然都非常有远见，但他们都是在硬件领域进行研发，而且他们的产品并不适合普通大众。虚拟现实真正的进步来自计算机游戏领域。一个名为“多人地下城堡”（MUD）的游戏要求很多人同时在不同的计算机上一起玩，所有人都会进入同一个虚拟世界。“MUD”这个词最初被英国埃塞克斯大学（University of Essex）的一个学生罗伊·特鲁布肖（Roy Trubshaw）创造了出来，他编写了世界上第一个 MUD 程序“MUD1”，该游戏随着埃塞克斯大学 1980 年加入互联网之后迅速流行开来，这让英国在很长一段时间内变成了全球游戏领域的领袖，比如 1986 年的“MIST”，1989 年的“AberMUD”以及 1991 年的“DikuMUD”（MIST、AberMUD 和 DikuMUD 均为冒险游戏）。然而，这些最初的 MUD 游戏（网游鼻祖）都是基于文本的，而非基于图形的，玩家在游戏中只能看到文字，看不到或只能看到很少的图画。

1986 年，卢卡斯影业（Lucas Film）发布了“栖息地”（Habitat），一款基于图形的 MUD 游戏，它能创建出一个虚拟的社交世界，这个世界里每个用户都有一个代表本人的“替身”。1990 年，宝石迷阵 3（GemStone III）在密苏里州发布，这是一款能在美国多个在线服务公司流行的游戏，比如 CompuServe、Prodigy 和 America OnLine（AOL）。

万维网和浏览器的出现（1991）推动这种游戏逐渐成为一个严肃的社会学项目。1992 年，芝加哥的伊利诺伊大学成功示范了“洞穴（CAVE）技术”，这是一个墙壁和地板基本上都由一些巨大的屏幕组成的房间，人们站在房间里可以体验到虚拟现实的环境，这种研究技术在当时很受欢迎，很多大学都希望能够安装。

1994 年，加利福尼亚南部的 Ron Britvich 创建了“WebWorld”，之后又重命名为“AlphaWorld”，这个世界里的人们可以沟通、旅行，甚至建筑房屋。在硅谷，一名曾经的嬉皮士布鲁斯·戴默（Bruce Damer）于 1996 年创建了“联系人联盟”（the Contact Consortium），首次发布了 3D 虚拟现实环境，比如一个虚拟的小镇，一所虚拟的大学等。1996 年，一种新的游戏："大规模多人游戏"（MMORPG）出现了，该游戏是由韩国的游戏"Baramue Nara"（"Baram" in the USA）衍生发明出来的，紧随弗吉尼亚州的安德鲁和克里斯（Andrew and Chris Kirmse）两兄弟发明的"Meridian 59"（1996）游戏之后。1997年，发明"网络创世纪"（Ultima Online）的游戏设计师理查德·加里奥特（Richard Garriott）也创造了"大规模多人游戏"这个词，该游戏的关键就是多人同时在线。2003年，西蒙舒斯特公司（Simon & Schuster）推出的星战前夜（EVE Online）游戏就是一个大规模多人游戏。今天最著名的"MMORPG"则是网游"魔兽世界"，2004年由暴雪娱乐推出。"MMORPG"的技术一直专注于提升许多玩家同时玩的体验，然而，它却间接奠定了虚拟现实软件的基础。

因此，虚拟现实的历史也非常有趣，它始于军队的应用，后来却逐渐演变成了一种电子游戏的亚文化。

火热背后的逻辑

如今，谷歌、苹果等大公司们纷纷发力虚拟现实技术的主要原因是它们是在投资明天，他们想确保有一天虚拟现实技术成为一种重大的、颠覆性的技术时，他们能迅速做出改变，而不是被动等待挨打。电子设备的更新换代中，哪怕一个细节因为新技术做出了深得人心的改变，也会给竞争对手带来巨大的冲击，比如曾经的手机触摸屏等。虽然目前虚拟现实还没有一个革命性的应用出现，但苹果、谷歌和Facebook等行业引领者需要确保自己做好了准备。新技术的研发最重要的就是人才，因此，目前大公司们对虚拟现实公司的收购也更多是想要他们的团队，并不特别在乎短期内的产品或盈利情况。

另外，虚拟现实并不遥远，它必将影响普通人的生活。经过30年的

“折腾”，如今的虚拟现实设备已经可以用合理的价格购买。1993年，世嘉公司（Sega）发布了虚拟现实装置“世嘉VR”（SegaVR），1995年，任天堂（Nintendo）公司也推出了它们的第一款虚拟现实设备“虚拟男孩”（Virtual Boy），两者堪称虚拟现实设备的鼻祖。1995年，伊利诺伊大学厄巴纳—香槟分校（University of Illinois at Urbana-Champaign）的一个衍生项目，“未来视觉技术”为消费市场研发了一种头戴显示设备“Stuntmaster”。同一年，位于加州首府萨克拉门托的一个公司瞄准了智能眼镜iGlasses goggles的市场。这些最初的虚拟现实装置都配备了由高分辨率彩色液晶屏制造的立体声显示器，同时具备运动追踪功能。随之带来的问题是，它们无一例外的价格昂贵而且容易在体验中引起恶心等晕动病症状。因此，这些装置都遭到了失败，比如“虚拟男孩”只在市场上生存了6个月，是任天堂历史上最为短命的游戏主机。

然而，三星的Gear VR虚拟现实眼罩仍旧成了2015年圣诞节的头号高科技玩具。为什么呢？1995~2015年发生了两件事，第一，液晶显示屏的价格和3D动作捕捉的成本下降了（微软的Kinect在2010年发布，它是一种3D体感摄影机，导入了即时动态捕捉、影像辨识、麦克风输入、语音辨识、社群互动等功能。Kinect彻底颠覆了游戏的单一操作，使人机互动的理念更加彻底地展现出来）。第二，1999年的电影《黑客帝国》（*The Matrix*）普及推广了生活在虚拟世界中的理念，也鼓舞了新一代人们尝试生活在虚拟世界中。

可以说，虚拟现实技术在最近20年里有了长足的进步，比如，近眼光场（Near-eye light-field）可以创造出一种你身在虚拟世界的“逼真”感觉。该领域的进步如此之大，几年之后，虚拟现实的硬件可能就会过时或完全改变。那时我们回头看Oculus Rift以及Gear VR时，就会像我们今天看90年代的收音机一样。这正是谷歌的策略：谷歌Cardboard虚拟现实纸板眼罩是让你的智能手机变成虚拟现实设备的一大进步，就好像今天很多人会选择用智能手机来拍照一样。我不确定如今的智能手机是否是虚拟现实的首选工具，但我认为，五年之内，虚拟现实的硬件会变得简单很多。

至于谁将成为该领域的主导者，我怀疑苹果公司能否一如既往地“后来者居上”，推出让所有虚拟现实公司都显得过时的产品。2013 年，苹果收购了以色列的公司 PrimeSense，这家公司以在 2010 年设计了微软 Kinect 系统的动作捕捉技术而闻名；2015 年 5 月，苹果又收购了德国公司 Metaio，一家由大众汽车衍生出来的专注于增强现实的初创公司，专门从事增强现实和机器视觉解决方案。同一年，苹果还收购了瑞典的公司 FaceShift，这家公司的软件可以捕捉人类面部表情并实时映射到角色中去，动画电影《阿凡达》就使用了这种技术，这个功能在虚拟现实和增强现实中都潜力无限。 现在，苹果的动作越来越快，野心越来越强，2016 年 1 月，苹果聘请了虚拟 / 增强现实领域的高级研究专家道格 · 鲍曼（Doug Bowman），1 月底，苹果紧接着收购第四家 VR 初创公司 Flyby Media，其技术可被用于室内定位和导航、无人机自动导航、无人驾驶汽车以及头戴式显示系统追踪等。苹果到底会推出什么样的虚拟现实产品，现在成了业内最大的谜，所有人都在拭目以待。

相比人工智能，为什么虚拟现实就能有真正的进步呢

因为虚拟现实技术所需要的硬件和软件我们今天都已经有了。而且两者都在不断改进和提升。和其他任何技术一样，虚拟现实技术可以应用于很多不同的领域，而不同的领域有不同的增长速度。最重要的是，虚拟现实是一种全新的人机互动方式。

虚拟现实目前的繁荣给我们带来的好处之一是，我们正在见证第一个自 iPhone 之后的人机互动方式的重大革命。微软全息眼镜 HoloLens 和以色列公司 Lumus 已经能够为增强现实提供透明的显示屏。Survios 是南加

州大学混合现实实验室的一个分支机构，它研发了一个沉浸式的头盔装置，也可以跟踪用户的身体运动（基本上是 Oculus + Kinect 的混合版）。

2012 年，由梅龙・格里贝茨（Meron Gribetz）在硅谷红木市创立的 Meta 公司在 2014 年推出了第一套增强现实系统，透明的眼镜可以让用户用手势移动和操纵 3D 的内容。2016 年，英特尔推出了一个叫作 RealSense ZR300 的 3D 实感相机，能够扫描物体并创建一个 3D 的数字版物体副本，并导出到虚拟世界中，再通过相机的手势和动作控制功能与其互动。

此外，各种“光学触摸”（在物体上投影，然后追踪手指在投影上动作的技术）正在将每样物体都转化为一个输入设备。比如，新加坡的一个创业者发明的 Touchjet Pond 就是一台搭载 Android 系统的微型投影仪，只要是在安卓手机、安卓平板上可以实现的功能，在 Touchjet Pond 上都能实现，而它最独特之处在于可以将任何投影面（桌子、墙壁、地板等）转化为触摸屏。以色列的创业公司 Lumio 则能够将任何表面变成一个键盘。

不仅如此，人机交互中，测量神经系统的活动变得更加可负担，我们正在拥有能够查明一个人精神状态的可穿戴设备，比如韩国的 SOSO 公司（产品主要在学校实验，用来测试学生们的注意力集中度）以及以色列的创业公司 ElMindA（ElMindA 可使用大脑活动监测系统评估病人的脑功能，其分析系统运用传感器来测量和分析具体大脑运转过程的神经活动，展现脑活动的信息，并基于 7 000 项脑功能的数据库评估大脑活动，揭示患者的病症是怎样形成的）。

不过，需要提醒大家的是，我们今天大多数时候有的是“三维、360 度视频”，而不是“真正的虚拟现实”。而“三维、360 度视频”已经在很多领域大展身手了，比如新闻传播和教育。但这种技术不是“真正的虚拟现实”，因为它更多时候要求用户是“被动的”，而不是“积极主动的”。

真正的虚拟现实应该是积极主动的，应该是由你来掌控世界，而不仅仅是体验所发生的一切。

商机都在哪里

2015 年以后，虚拟现实产业分成了两派。其中一派以游戏为主，娱乐也是虚拟现实的第一个大众消费市场。研究机构 TrendForce 预测，2016 年，整个虚拟现实产业会销售 1 400 万个虚拟现实设备，主要用于游戏。谷歌收购 Oculus 也主要出于这个原因，索尼的虚拟现实头盔 PlayStation VR 也是需要插入到游戏机一起使用的。

不过，如果满脑子只有游戏和赚钱，你就会错失虚拟现实真正能做的事情。南加州大学的佩纳（Nonny de la Peña）正在尝试一种新的新闻传播方式，她称为“沉浸式新闻”（http://www.immersivejournalism.com/），她的虚拟现实新闻作品第一次呈现是在 2012 年，标题是《洛杉矶的饥荒》，她用这种身临其境的技术让你“感觉”到身处城市一些灰暗角落到底是什么滋味。如果我告诉你叙利亚有很多人正在不断死亡，这不过是一个带有数字的句子，但如果我直接让你看到、听到叙利亚城市中不断死去的人们，效果就会强烈得多。这正是佩纳在 2014 年圣丹斯电影节上带来的“叙利亚项目”（Project Syria）所呈现的内容。

正如我所说的，虚拟现实能帮你集中注意力，在这种“沉浸式新闻”中，它同样能帮人们注意到书写的新闻所不能传达的世界，它将“读者”真正变成了一个“观察者”，给新闻带来了直接的感受。

虚拟现实还可以成为远程学习的未来，且已经开始在加利福尼亚的学校里应用。斯坦福大学已经在尝试 zSpace 的系统，该公司位于硅谷的森尼韦尔市（Sunnyvale），成立于 2007 年，最初是由美国中央情报局创建的。zSpace 提供全新的教学解决方案，允许老师和学生与 3D 教学场景进行交互，为学生提供“真实”的学习环境和个性化学习体验，虚拟图像可以从屏幕中“取出来”并使用触笔去操控。比如，学生在和一个虚拟心脏互动时，可以看到、听到并感觉到它在跳动。

2015 年，谷歌也发布了 Expeditions Pioneer 项目，由谷歌的员工免费为一些筛选出来的学校安装虚拟现实系统并教老师怎么用，该系统可以带孩子们体验类似玛雅遗址或火星这样的地方，上课变得让人兴奋且印象深刻。谷歌与合作伙伴斯巴鲁（Subaru）给参与的学校提供 Expeditions 套件，包括华硕智能手机、教师用的平板电脑、路由器和将手机变成虚拟现实头盔的浏览器等。其他将虚拟现实应用于教育的公司包括，位于英国的大西洋制作公司（Atlantic Production）2014 年成立的名为 Alchemy VR 的子公司，专注于制作虚拟现实影片。而 Immersive VR Education，爱尔兰沃特福德理工学院的一个子公司，尤其专注于教育，他们推出了基于阿波罗 11 号登月的应用程序，使用了 1969 年 NASA 月球探索的存档画面和声音，声称其目标是让孩子们不仅了解历史，而且还能体验历史。

虚拟现实还可以在医学领域大有作为。2012 年在瑞士创立 MindMaze，是洛桑联邦技术研究所下的一个分公司，它将虚拟现实和脑电图结合起来（比如护目镜与电极）为医院创造新的应用。比如，它的装置可以识别出与特定动作对应的脑电波，然后通过虚拟现实和其他技术激发出一样的脑电波帮助病人恢复。2016 年 2 月 18 日，MindMaze 获得了 1 亿美元融资，它计划利用这笔资金研发用于中风病人临床治疗的虚拟现实软硬件。

虚拟现实另一派的应用则以模拟和市场营销为主，目前产生的回报比游戏要少得多。该领域的兴趣更多是在办公效率的优化和提升上，更多致力于把虚拟现实产品卖给办公室而不是消费者。相比虚拟现实，这个领域更感兴趣的是“增强现实”（Augmented Reality，AR，是虚拟现实技术的一种，主要把虚拟世界套在现实世界并进行互动）。最好的代表就是微软全息眼镜Hololens。微软没有打算为用户呈现一个完全不同的世界，而是将某些计算机生成的效果叠加于现实世界之上。用户仍然可以行走自如，眼镜将会追踪你的移动和视线，进而生成适当的虚拟对象，通过光线投射到你的眼中。因为设备知道你的方位，你可以通过手势——目前只支持半空中抬起和放下手指点击——与虚拟 3D 对象交互。比如，通过 Hololens，你在旧金山就能与北京总部进行实景会议，北京办公室开会的全息现场图会被还原到你面前，你还可以跟现场的人互动。

这种全息眼镜其实是微软研发出来的桌面电脑的进化版。不同之处是，它直接出现在人们眼前，它的用户接口是用人们的目光取代传统的鼠标，用手指的动作取代用鼠标进行点击的动作。桌面电脑允许人们对本地以及远程数据操作，微软的各种办公工具可以让人们用键盘和鼠标对这些数据进行操作。这种新型的电脑（全息眼镜）却能让人们行走在虚拟的三维物体周围，用目光、手势和声音对它们进行操作。

相比之下，头戴虚拟设备 Oculus Rift 需要插入主机，要做到跟全息眼镜一样的效果，它还需要增加手势识别功能（如体感控制器制造公司 Leap 制造的体感控制器 Leap Motion 和 Kinect 一样）和立体相机，它不是为办公室而设计的，而是为家庭，尤其是孩子的卧室而设计的。

增强现实并不仅为办公室而设计。事实上，它第一个成功的应用是让你“试”衣服和化妆品（口红、眼影和面霜等）。总部位于加拿大多伦多的美容电商 ModiFace 可以让用户在线完成整个面部的虚拟试妆，让客户看到化妆品在自己脸上的效果。ModiFace 是多伦多大学的一个衍生项目，很多有影响力的机器学习技术都是该大学完成的。虚拟试妆中，用户可以移动头，微笑乃至眨眼。它的创立者帕勒姆·阿拉比（Parham Aarabi），使用了一种他在斯坦福大学为军队研发的嘴唇动作识别技术。

增强现实在市场营销方面的商业应用已很活跃，伦敦的 Framestore

是欧洲最大的视觉特效与电脑动画工作室，它尝试将人们“运送”到万豪酒店，并且为沃尔沃做了一个有名的应用，很可能会颠覆汽车营销的未来，即你可以在你的客厅“试驾”新车。再如，2008 年创建于佛罗里达的 YouVisit 提供在线虚拟旅游，可以足不出户带你“真实”地体验名校乃至时尚展览等。2015 年创建于旧金山的 Outlyer VR 则致力于为任何产品创建可互动的广告。

房地产领域的营销也早已出现，如 2010 年创建在加利福尼亚山景城的 Matterport 和 2014 年创建在纽约的 VR Global 等，它们利用虚拟现实技术创建出室内空间和设计的副本，让潜在的客户不仅可以体验，还可以自己动手修改。

在影视领域，2000 年在曼彻斯特成立的捕捉表情动作的软件 Image Metrics 因在 2007 年创造出了一位已故演员在舞台上“活着”的 3D 全息图（对本人的视觉克隆）而名声大噪。同一领域的 Faceshift 是 2011 年从瑞士洛桑联邦理工学院计算机图形与几何实验室脱身而出的公司，旨在通过 3D 传感器快速准确地实时捕捉人们的面部表情和动作，从而创造出一个逼真的替身。借助这一技术，演员可以和电影中的“异类”完美结合，让这些“异兽”的表情和动作更加传神、生动，比如《魔戒》中的咕噜姆、《霍比特人》中的巨龙史矛革、《猩球崛起》中的恺撒等。

对音乐会、足球赛等活动，最好的体验都是在现场，然而，现场的座位数量总是有限的。虚拟现实技术提供了这样的可能，未来有一天，360 度全景相机实时拍摄现场的一切，软件将它完美呈现在电脑上，而你戴上虚拟现实头显装置，（希望比今天的装置更舒适好用），瞬间就会被“转移”到现场，你的体验会跟其他在现场的观众一模一样。

虚拟现实设备迫使人们更好地集中注意力而不是被环境分散注意力。虚拟现实最初的应用（飞行模拟）毫无疑问是需要专注的，如今应用最多的电子游戏也需要专注，虚拟现实确实可以很好地帮助人们专注。想象它理想的应用会非常有趣，如果有人发明出帮助佛教徒冥想的虚拟现实设备，我一点也不吃惊。一个人可以创造出虚拟的自然世界，甚至虚拟的超自然世界如银河系等用以冥想，正如西方国家在 20 世纪 80 年代为放松和冥想创造出模拟自然世界的电子音乐一样。

有很多任务都需要专注，比如做研究和学习等。虚拟现实技术不仅是再造一间教室的方法，更是再造一间完全没有干扰的教室的方法。虽然增强现实作为将虚拟世界和现实世界融合在一起的技术，还是会有很多干扰，但是，一个依靠你的手指和眼睛而存在的世界相比平时还是更能吸引你的注意力。遗憾的是，目前除了游戏外，其他虚拟现实能广泛应用的领域相对还是较少。

内容的桎梏

总的来说，虚拟现实技术现在能做的事还非常少，主要就是缺乏内容。我们已经看到了第一波支持 360 度全景拍摄的摄像机以及 180 度立体 3D 相机的兴起，比如 Jaunt VR、Matterport、Lucid VR、Google’s Jump 以及 Intel’s RealSense camera（Intel RealSense 技术可以像人眼一样观察捕捉纵深信息并且追踪人的运动，这是一个基于实时传感的相机，它将三种相机——1080P 的高清相机、红外摄像机、红外激光投影仪融为一体，旨在重新定义人如何通过设备拥有更自然、直观、身临其境的体验）。但在诸多的 VR 相机中，我们目前还没有一款像 GoPro（小型、可携带的防水、防震相机，被称为极限运动专用相机）那样的设备，大多数 VR 相机都还做不到方便携带，一旦出现了虚拟现实领域的 GoPro，人们能够体验的虚拟现实内容就会像冲天火箭一样大爆发。

2015 年，虚拟现实领域最重要的新闻可能就是《纽约时报》向数百万的读者免费派发了 Google cardboards（谷歌推出的廉价 3D 眼镜），利用这一设备和智能手机里免费的 APP，读者们就可以用虚拟现实的技术来体验纽约时报的数字版内容。内容稀缺的重要原因是，行业内缺少一个固定的标准，意味着如果你买了一个虚拟现实系统，之后又想买别的系统，那就需要重新购买所有的内容。

然后，虚拟现实设备带来的晕动病，即让用户感到恶心的问题依然存在。人们认为更快的处理器可以解决这个问题，因为运动和随之的反应可以更好地同步。这方面的解决方案已陆续出现，2016 年，针对安卓智能手机推出的高通骁龙 820 处理器（Qualcomm’s Snapdragon 820）可能是第一代支持在智能手机上运行虚拟现实应用的处理器。再如，探戈项目（Project Tango）是谷歌、英特尔、高通以及英飞凌科技公司的一项联合研究项目，旨在发明一种类似 Kinect 的智能手机传感器，从而可以更好地追踪人们的空间位置［该项目的经理是约翰尼·李（Johnny Lee），是谷歌从微软那里抢来的人才，而约翰尼·李正是微软 Kinect 团队的负责人，而且该项目的大多数技术都来自谷歌对摩托罗拉的收购］。谷歌还正在为该项目的设备创建一个“应用孵化器”。2016 年，联想宣布它将制作出第一款适应于探戈项目的智能手机。

未来十年的模样

虚拟现实接下来走向何处

人们总是喜欢用“颠覆性”来评论虚拟现实。我认为，并不能简单地说虚拟现实是否会成为颠覆性技术，虚拟现实只是很多技术中的一种，而几乎每种技术都只能在某种程度上可称为具有颠覆性。智能手机改变了我们沟通和整理事情的方式，但它并没有改变我吃饭和踢足球的方式。

短期内虚拟现实还称不上会有多少颠覆性，仍然只会是应用于电子游戏和一些华丽的演讲罢了，当然它也会极大地改变模仿、培训和教育等。但是，如果想要创造一种人们可以闻到、尝到的虚拟世界，目前我们离它非常遥远。

下一个十年里，虚拟现实技术的社会影响会像电影院最初诞生的那十年带来的影响一样。当你去电影院的时候，你会完全沉浸在故事里，你将对屏幕上发生的一切“感同身受”，你时而哭，时而笑，完全忘记了身处电影院，不是吗？

虚拟现实会给你更加强烈的生活“在别处”的感觉。这种技术今天我们已经有了，虽然还是会让你在体验中有恶心的感觉，但十年后这种技术会变得更切实可行。十年后，在社交媒体上创建一个自己的虚拟世界将变得很平常，就像今天在Facebook或微信上只要点击一下就可以创建短视频并分享给朋友一样，十年后只要点击一下，你的替身就会进入你朋友的世界。

总的来说，短期内，虚拟现实技术会在某几个特定领域（电影、新闻传播和教育等）带来了重大影响，但是，即便十年的时间也不足以完全让虚拟现实技术成熟。拿汽车来说，汽车产业花了整整26年的时间引进了用电动方式启动，在那之前，司机都需要手动转动曲柄来开动引擎，这也是为什么很长一段时间里司机通常都是强壮的男人。汽车在被发明之初就是颠覆性的，但它的影响力直到汽车真正让人觉得舒适之后才爆发出来，它才开始真正重塑社会，很多人开始搬到郊区去住，因为用汽车上下班变得简单、便捷和舒适。总之，如果想要在沟通方式上给社会带来真正的普遍性影响，虚拟现实的硬件技术还需要大大提升。

毫无疑问，虚拟现实的硬件和软件在接下来都将会有很大的进步，但我认为，虚拟现实技术相比正在兴起的新技术可能会很“脆弱”，尤其是应用神经科学的技术。比如，虚拟现实目前的主要产业应用还是模拟，将一些场景模拟还原到你眼前来。波音公司可以将真实飞行场景还原给新手飞行员，促进培训效果。但在哈佛大学机器人实验室（休斯研究实验室，该实验室为波音和通用汽车公司拥有）工作的马修·菲利普斯（Matthew Phillips）正在研究如何将专家飞行员的脑电波转移到新手飞行员的大脑中，这将让新手飞行员的培训速度更快。换句话说，专家的脑电波能让你学得更快（菲利普斯将实验的首次结果在2016年公开了。论文题目为《经颅直流电刺激调节神经元活动和飞行员培训》，发表于2016年的《人类神经科学前沿》①）。

谨慎，但别太谨慎

短期内虚拟现实的机会在哪里？体验VR的硬件设备，比如虚拟现实头盔、动作传感器、3D显示屏等显然已经有太多的竞争者了，硬件领域的机会已经不容乐观。Founder Space创始人史蒂夫·霍夫曼（Steve Hoffman）甚至认为，VR硬件领域的创业企业将很快面临生存危机。制作3D模型的软件等反而机会更多。

随着应用的进步，我认为首先从虚拟现实受益的领域会是市场营销（比如房地产和汽车的销售等，虚拟现实可以给你最好的体验）和商业演讲（比如微软的全息眼镜）。当然，我希望我们尽快就能拥有真正的虚拟现实技术，而不仅仅是具有良好体验的360度3D眼镜，但这需要有新一代的动作传感器。新的传感器将使3D打印、CAD或CAM打印变成现实，我们会有专用于医疗保健的“替身”、专用于投资的“替身”等。完全浸入式媒体会变得更有吸引力：新闻传播、电影院、培训、教育等，我期待

① Jaehoon Choe et al.“Transcranial Direct Current Stimulation Modulates Neuronal Activity and Learning in Pilot Training”, frontier in Human Neuroscience 09 February 2016.

到 2025 年我们就能拥有脑电波传感器，这将改变虚拟现实的未来。

但是，我们也要小心谨慎，避免过于夸大。比如，2007 年，高德纳咨询公司（Gartner Group）就预测，80% 的互联网用户在 2011 年就会有一个虚拟世界的替身，现在已经是 2016 年了，在虚拟世界拥有替身的互联网用户比例甚至不到 1%。2013 年，kzero.co.uk（一个研究虚拟现实的专业研究机构）预测，2014 年虚拟现实头盔的市场份额将增加至 20 万。事实却是，2014 年，针对大众市场的虚拟现实头盔甚至都还没有被发明出来。三星的 Gear VR 以及它的主要竞争对手都是在 2015 年下半年才出现的。三星 Gear VR 在韩国出售的第一天就宣告"售罄"，但其实总共的数量也只有 2 000 个。Oculus Rift 终于在 2016 年 1 月开始出售，但实际价格比人们期待的高出了 2 倍。Statista.com 预测，2016 年三星会售出 500 万个 Gear VR，我认为三星只要能售出 50 万就会很开心了。

希望这个领域的投资者们确实能清楚地知道自己正在做什么吧。根据数码资本（Digi-Capital）的报告，2015 年 4 月 ~ 2016 年 3 月，风险投资人总共在虚拟现实领域投资了 17 亿美元。而 2016 年，仅第一季度的投资就达到了 12 亿美元，并且已经诞生了四个"独角兽"：Magic Leap、Oculus、Blippar 和 MindMaze。

然而，反过来说，透过"浮夸"的表面，真正重大的乃至革命性的虚拟现实技术也许确实很快就会到来。一家公司还没有任何产品就已经价值 4.5 亿美元，这在历史上从未出现过，Magic Leap 今天就达到了这个估值，阿里巴巴也是 Magic Leap 的一个投资者，我相信这些投资人一定看到了一些真正震撼的东西。

庄周梦蝶的技术再现：你是梦，是醒？是生，还是死

只要3D打印和其他类似技术变得越来越便宜，德米特里·伊茨科夫（Dmitry Itskov）的梦想就会变成现实：未来我们将有可能以全息图或机器人的方式创造你的实体替身，虚拟现实将成为人类历史上所尝试的最重要（最疯狂）的心理实验。

目前只能虚拟视觉和听觉

如今的虚拟现实技术缺失什么

如果现在的技术在玩游戏时还会让你觉得眩晕乃至恶心，那就说明它模拟得还不够真实，它感觉起来也不那么真实。

就我个人来说，我也不认为它能模拟出来“真实的现实”，因为它只是模拟了人类的两种感官：视觉和听觉，这两种感觉的延伸技术早已达到，我们早就发明了可以储存和处理图像和声音的技术，虚拟现实本质上来说只是将其再往前推进了一步。

当我们为虚拟现实兴奋时，我们忘了我们实际上有五种感官，而不是只有两种。如今我们还没有可行的方法来存储和传输嗅觉、味觉和触觉。一个男孩可以通过微信给女朋友发一首浪漫的歌、一些温馨的照片等，但他却不能通过微信吻她，设备并不能储存和传输吻的感觉。即便他们可以视频聊天，女孩也无法将她的香水味传输过去，也无法尝到对方做的食物等。不过这方面的技术也有尝试，如艾德利恩·切克（Adrian Cheok）已在新加坡建立了混合现实实验室（Mixed Reality Lab），试图研究出能够通过互联网传输味觉、触觉和嗅觉的技术。

但我个人觉得，嗅觉和触觉的吸引力比味觉更大。电脑创造出的自

然环境即便再逼真，跟身临其境闻到鲜花的芬芳、感觉到暖风拂面的体验还是完全不一样。虚拟现实在缺少嗅觉、触觉和味觉的体验下，带来的真实体验可能只有亲临现场的一半。

促进社交与反社交的碰撞

虚拟现实带来的社会影响会是什么？在我看来，类似 Oculus Rift 头戴式显示器的这些虚拟现实设备不过是 3D 电视和电影的延续而已，我并不认为这些是成功的发明，我也不觉得 3D 眼镜或虚拟现实设备在用户互动上是友好的，实际上，他们非常不友好。大部分在线评论都是关于戴上这些设备后带来的眩晕和恶心感，而不是体验有多棒。大概只有深度游戏迷才愿意连续几个小时被这些设备折磨，其他人大概宁愿在黑白电视机上看足球赛，也不愿意被迫戴着烦人的眼镜看 3D 版。

这些虚拟现实头显设备确实会带来孤立感，因为它们仅局限于个人体验，相比之下，即便最普通的黑白电视都能提供一种“家的感觉”。也许不是每个人都喜欢这种感觉，但是，我相信很多人会喜欢几个人或一群人一起看东西，而不是个人沉浸在自己独立的虚拟世界里（以后可能我们聚在一起，但都带着虚拟现实头盔沉浸在各自的世界里，虚拟现实设备将成为比手机更坚不可破的一层隔膜）。

当然，虚拟现实并不仅仅只有游戏而已，3D“观看”的内容可以完全不一样。然而，我们如今的“注意力持续时间”不断下降。年青一代以“多任务同时处理”为荣，上一代的人则指责年轻人这种所谓的多任务处理能力和越来越短的注意力持续时间带来了“浅薄”（“浅薄”一词来自尼古拉斯·卡尔所著的《浅薄：互联网如何毒化了我们的大脑》，英文书名为 *The Shllons*：*What the Internet Is Doing to Our Brains*，中信出版社，

2010年出版），尼古拉斯·卡尔（Nicholas Carr）是《哈佛商业评论》前执行主编，因写了一系列批判谷歌搜索损害青少年大脑的教育评论、商业预测而名声大噪。人们对世界只有一种浅薄的观点，对很多问题只有非常浅薄的理解，人们没办法读诗、哲学或者散文，因为这些东西都需要集中注意力。

反过来，虚拟现实又可以成为这种"浅薄"趋势的完美"解药"，它在人机交互方面打开了全新的一扇窗：它是迫使人们集中注意力的强有力工具。此外，我们已经有了基于键盘、鼠标、声音和触摸的人机互动，虚拟现实技术却可以提供基于一切我们人类交流方式的人机互动，包括目光、手势、身体运动，未来还有可能会有呼吸和思考。以前我们会说，我"看"了一部电影，但现在可能要说，我刚刚"体验"了一部电影。

总之，虚拟现实的"专注"特性是把"双刃剑"，取决于我们如何使用它。总的来说，虚拟现实是计算机技术带来的促进社交与反社交互相碰撞的又一案例，它让我们更孤立，但又同时提供了全新的社交方式。唯一的区别是，它是为反社交而生的。

计算机过去40年的历史是一部促进社交与反社交两股力量相互影响的历史。这可以追溯到雷·汤姆林森（Ray Tomlinson）1972年发明电子邮件开始。当个人电脑在20世纪80年代早期广泛流行后，电子邮件逐渐取代了原有的邮局，对"80后"这一代来说，手写信件的消失可能是生活中最重要的社会现象之一。当第一个中国移民来到加利福尼亚的时候，他们的家人至少需要一个月才能确认他安全抵达，也就是一封信件穿洋过海所需的时间。电子邮件的革命性在于，它让消息穿洋过海的时间缩短到了几毫秒，还是免费的，不限制消息和收件人，这肯定是巨大的社会进步：普通人能够更频繁、轻松地与人保持沟通了。

然而，计算机给我们带来个人电脑和电子邮件的技术也同样带来了电子游戏以及很多其他形式的数字娱乐。最典型的是，由于年青一代在电子设备上花的时间越来越多，越来越倾向于“多任务处理”，电脑逐渐被变成了一种反社交的媒体。当然，同样的技术也给了我们 Facebook 和微信这样的社交媒体,但如今互联网上的“社交生活”已经泛滥了。最终，这些会带来更多的“浅薄”，我在 Facebook 上有 5 000 个朋友，但如果我真的陷入了财务或健康危机，又有几个人会帮我呢？

因此，电脑总是一边将我们变得在社交上更活跃，一边又将我们变得更反社交，这在很大程度上是因为在电脑上的社交不是基于共同的利益而更多的只是聊聊天，你唯一允许做的事情就是“赞美”你的朋友。Facebook 有一个“点赞”的按钮，却没有设置一个“不喜欢”的按钮，然而，真正的朋友彼此分享生活，分享的最重要部分经常都是一些伤心、沮丧乃至糟糕的事情。比如，如果几个朋友一起困在一个寒冷的地方，几天都没有食物，这种经历会让这几个人终生难忘，彼此更加亲密。

因此，重申一次，电脑技术在理论上总是设计出来帮助人们有更活跃和广泛的社交生活，结果却总是以反社交收场。因为它贬低了友谊，它将友谊变成了一种商品，更糟糕的是，它利用友谊来赚钱，你的社交生活最后演变成了某个人的商业模式。

虚拟现实带来的全新社交方式的魅力可以用“第二人生”来阐述。2003 年，林登实验室（Linden Lab）发布了“第二人生”（Second Life）项目［1992 年，计算机工程师罗斯戴尔偶然读到了《雪崩》，旋即被书中所描绘的场景所吸引：在未来社会，人类的大部分时间在一个虚拟实境里（Meta-verse）度过，为地理空间所阻隔的人们可通过各自的“替身”相互交往。罗斯戴尔回忆，在看完《雪崩》后，他就一直想建造一个“超自然世界”那样的虚拟实境，让人们在那里延伸现实世界。十多年后，罗斯戴尔在旧金山创立了“林登实验室”（Linden Lab）。2003 年 7 月，“林登实验室”推出一个完全由居民创建和拥有的三维虚拟世界“第二人生”］，它是一个通过互联网进入的虚拟世界，本质上就是一个大型多人在线角色扮演游戏（MMORPG），进入的人在这个虚拟世界有个替身，这个替身有自己的生活和朋友（这些朋友通常是其他人的替身，一些陌生人）。你的替身可以成为跟真实生活中的你完全不同的一个人，这是一个有趣的心理实验：如果你可以生活在另外一个世界里，你会选择成为怎样的人？如果你没有被家人和朋友审视的目光所包围，如果你可以完全抛弃你的责任和义务，你会选择做什么？如果你可以隐姓埋名的旅行，你又会到哪里旅行？

“第二人生”可以成为社交媒体的未来，不久以后，你同样可以创造出自己的独立世界，独自安静地在里面生活（这也是孩子们经常玩的一个游戏），或者跟你的朋友们（不管是你认识的朋友还是陌生人替身的朋友）一起创造出一个理想的世界，这两种对虚拟现实的应用都会提供一种更深度的体验。在虚拟世界的社交生活可能听起来匪夷所思，但是对一些人来说，尤其是那些生性内向的人来说，却可能会提供一个比在微信或 Facebook 上社交更开心、更好的体验。

虚拟与真实的平衡

人们对虚拟现实的浓厚兴趣是否意味着人们将更加远离真实生活

现实并非如此。有意思的是，在虚拟现实繁荣的同时，我们也看到了“现场直播”的兴盛，通常都是人们直播自己的日常生活内容，我们姑且称为“超现实”。

2016 年 1 月，流媒体直播服务运营商 Periscope（2015 年 3 月，Twitter 以接近 1 亿美元的价格收购了 Periscope）宣布，在其平台上活跃的直播者已经达到了 1 亿人（仅 1 年时间）。2015 年，Periscope 在谷歌和苹果应用商店都位列最流行的社交应用排行榜前十位。除了 Periscope，

Facebook Live 以及来自纽约的 YouNow 和 Meerkat 如今都非常流行，直播生活意味着你能用视频的方式告诉所有人你正在做什么，还能看到大家的评论。

在虚拟现实中人们隐藏真实的自我，完全变成了另外一个人，而在流媒体直播中，人们则“赤裸裸地出现在所有人面前”，两者完全相反，却同时都变得非常流行。或者说，它们两者可以很好地互相补充，就像一个极端的事物需要用另一个极端来平衡。

虚拟现实，还是歪曲现实

目前，虚拟现实还停留在大众只能参与和使用的阶段。媒体更多是在强调用特定的设备来“消费”虚拟现实（不管是为了工作还是仅出于好玩），对“如何用这种技术创造出你自己的虚拟世界，用什么样的软件和工具可以实现”讨论得很少，但我最感兴趣的是主动创造这部分，关心未来普通人能否创造自己的虚拟现实内容。如今，虚拟现实生产者可以使用的主要平台是游戏世界的资深玩家出售的，他们在过去十年甚至更长的时间里都在提供打造 3D 游戏的平台。比如，1998 年诞生于美国北卡罗来纳州的第 4 代虚幻引擎（Unreal Engine 4），雷蛇（Razer）生产的虚拟现实显示器套装（OSVR）或 1998 年在圣地亚哥研发的开源虚拟现实系统（Open Source Virtual Reality），1998 年在瑞典出现的 EON Reality（世界领先的交互式三维视觉管理和虚拟现实软件供应商，支持超过 30 种的 VR/AR 设备，EON 的 3D 虚拟学习把 3D 技术和 VR 结合在一起，运用到课堂中来改变传统的教育），美国交互式虚拟现实解决方案供应商 Worldviz（圣巴巴拉，2002），游戏引擎 Unity 5（旧金山，2005），还有知名游戏动画软件 3ds Max 以及 Maya 开发商 Autodesk，它在 2014 年收购了游戏引擎 Bitsquid technology，并在其基础上开发了 Stingray 引擎（旧金山，2015）。

这些平台最初都是为游戏设计而诞生的（准确来说是为 3D 图形游戏的消费市场诞生的），但新发行的版本更多是为一般性的用途。不过，虚拟现实的硬件市场已经如此分化，Facebook 和三星等各大公司都推出了自己的品牌，这让提供一个能够兼容和支持所有这些头盔装置、3D 显示屏以及动作传感器的平台变得非常困难。

彭罗斯工作室（Penrose Studios）2015 年试映了自己的第一部 VR 短片《玫瑰与我》（*The Rose And I*），故事改编自法国童话《小王子》，是一部很短的电影，却是将虚拟现实应用于一种不同的叙述方式的首次尝试，和以往仅是一种视觉花招的 3D 电影完全不同。彭罗斯工作室于 2015 年由尤金·钟（Eugene Chung）在旧金山创建，这位创始人在 Pixar 动画和 Oculus VR 头盔装置方面都富有经验。

作为一名作家，我本人对虚拟现实改变未来“作家”的潜力尤其感兴趣，以前的小说家和诗人用键盘（或者笔）来创造一个世界，未来她将有可能使用虚拟现实的相关软件和工具创造一个虚拟世界。在这个虚拟世界里，她的“读者”可以直接体验她的故事或诗歌。这应该比仅仅写作和阅读带来的体验强烈得多，这也将在作家和读者（或者也可以称为生产者和消费者）之间创造一种不同的纽带。

作家会变成与“导游”一样的角色，就好像现在的导游带我们参观美国加州内华达山脉美丽的大自然一样。未来有一天我也可能在电脑或云端创造自己的自然世界并带你游览。每位父母都知道自己的孩子并不是世界上最美丽或最聪明的，但因为是自己的孩子，就会对其有特殊的感情，也许未来我们对自己创造的虚拟世界也会有相似的感觉。某种程度上，虚拟现实技术让我们拥有了类似上帝创造新世界能力，而且我还会护送你进入我的世界，生活将不仅局限于已经存在的地方，还有我们亲手设计的地方。

当然，每种技术都有它的缺点，但往往当这种技术真正到我们身边时我们才会惊觉它的真正危险。就虚拟现实来说，我目前可以看到的一种危险是，你会更倾向于相信虚拟世界“发生”的事情。如今的好莱坞电影已经炮制了太多的错误信息，从电影院走出的人们以为自己从电影中学到了一段历史，其实，那不过是虚构的电影罢了！如果电影制作得足够吸引注意力，很多人会倾向于相信故事中发生的一切，或者他们会相信电影中一定有些内容是真实的，只有很少一部分人会真的买本历史书来复核电影中的内容，这也是如今我们生活在“阴谋论”时代的原因。如果电影制片人为了影片的成功而歪曲事实，她或他就间接地创造了一种新的阴谋论。比如，如果我制作了一部美国总统与俄罗斯总统密谋袭击中国的电影，并且获得了巨大的成功，一定会有针对现实中三国之间关系的阴谋论诞生，还能持续多年流行下去。

举例来说，因为一部好莱坞电影《魔羯星一号》（*Capricorn One*，讲述了美国宇航员和美国宇航局共同制造了一起火星登陆骗局的故事），西方很多人都认为尼尔·阿姆斯特朗（Neil Armstrong）从来都没有登上过月球。现在想象一下虚拟现实技术的效果，它可比好莱坞电影真实多了。因此，虚拟现实技术的危险是，它会以效果很强的方式散播各种错误信息。

疯狂的替身

最后，虚拟现实正在和很多新技术互相交融。比如，虚拟现实和人工智能之间其实有很多互相作用之处。

人工智能创造出“人工的生物”（机器人），而虚拟现实创造出“人工的世界”，如今居住在虚拟世界的人们是真实的人的替身，但同时也可以是仅存在于虚拟世界的独立个体，就好像机器人存在于软件世界一样。这意味着未来你可以创造出一个虚拟世界，然后让机器人居住其中并和你的替身、你的朋友的替身互动。

首先，人工智能将有助于塑造机器人的个性特征，比如，它是一个银行的会计师，喜欢嘻哈音乐并且定期去教堂；或者它是一个佛教徒，喜欢在公园里散步和阅读中国经典书籍等。人工智能会创造出像真人一样行动的机器人，以至于你将分不清楚谁是真人的替身，谁又是机器人。其次，人工智能可以用来“强大”你的替身，比如，在“第二人生”实验室里，当我不玩的时候我的替身就会消失（离线），但人工智能能让它自己继续玩下去，即新一代的替身们可以是“自治”的，即便你关机退出，回到真实生活中。

如果你认为这听起来有些牵强，那回顾一下：2013 年，亚当·奥德斯克（Adam Odessky）和伊凡娜·施努尔（Ivana Schnur）在旧金山创立的 Sense.ly 公司研发的虚拟医疗助理已经可以监测和模拟你的身体健康状况，2011 年由哥伦比亚大学的维吉尔·翁（Virgil Wong）和阿克沙伊·卡普尔（Akshay Kapur）创立于纽约的公司 Medical Avatar 以及 2015 年在法国创建的 Anatoscope 公司已经可以创建你身体的 3D 数字替身（同时也出于健康监测的目的）。美国大底特律都市区的奥克伍德医院已经在向病人们提供特制的基于解剖学的替身。可穿戴设备能够不间断地提供关于你身体的数据，软件因此可以了解你的健康状况并在替身上复制出来。这种技术在迅速发展，很快它就能够基于你的生活习惯和数据构建出替身的“性格”，创造一个机器人出来。

Hanson Robotics 创始人大卫·汉森（David Hanson）从 2003 年开始就一直试图建造一个能够模拟真人特性的机器人，最有名的还有俄罗斯亿万富翁德米特里·伊茨科夫（Dmitry Itskov）的“2045 首创”（2045 initiative）计划，他想要创造全息的人类替身，从而让人类达到永生。你的替身将生活在虚拟世界里，而你将生活在真实世界中。每一次你进入虚拟世界（戴上虚拟现实设备），你就能重新控制你的替身。你的替身向你学习日常行为，而你则能从你的替身那里学到你的日常行为将带来怎样的后果。

也就是说，你在真正的自我之外，还能有一个人工自我，这个人工自我可以脱离你的控制独立运行。听起来有些恐怖，但这些替身们只会在人工世界运行。短期内，这将成为心理疗法被发明以后最重要的心理实验，长期来看，这对理解人类的头脑将更为重要。

如果我死去了，我的替身又会怎么样呢

它会一直在人工世界永远地生存下去，它能在多个世界生存，任何人都可以在他们的虚拟世界里下载你的替身。相当于替身可以自我复制，而且每个替身都可以在不同的虚拟世界进化成不同的人，你可以在这个世界里做一个富有的企业家，也可以在另一个世界里变身空中乘务员。所有这些替身都会共享你原有的身体和性格特征，但会因为虚拟环境的改变成为不同的“人”，即无数个你的复制品永远生活在无数个虚拟世界里，就好像我们今天仍然可以阅读历史人物的故事一样，但这些替身并不是真的永生，它们就像你随时可以下载的软件一样，跟用真实的身体永生在真实的世界里还是完全不一样的。

当然，只要 3D 打印和其他类似技术变得越来越便宜，德米特里·伊茨科夫的梦想就会变成现实：我们将有可能以全息图或机器人的方式创造你的实体替身。

随着技术的进步，这个替身可能会完全像我一样思考，甚至成为另外一个“我”。这也是为什么我会说虚拟现实将成为人类历史上所尝试的最重要（疯狂）的心理实验了。

硅谷声音

虚拟现实“社交化”后才能真正腾飞

LucidCam 是一家位于硅谷的研发民用级便携式 360 度 3D 相机的公司，LucidCam CEO 金汉（Han Jin）是一位年轻的创业者，他试图让 VR 的内容生产从少数专业人士走到普通大众身边。在金汉看来，VR 的大众市场是一定会爆发的，现在的 VR 只能模拟视觉和听觉，未来的 VR 则还能够传递嗅觉、味觉和触觉，还原一个最真实的现实，并广泛应用于各个领域。究竟何时可以从应用于游戏等少数领域的技术变成具有普遍颠覆性的技术？他的答案是，当它开始社交化时。

金汉出生于中国，6 岁时跟随母亲去了德国，与父亲只能每隔 2~3 年才能见一次面。他一直想要研发出一种能将人送到某个遥远的地方与亲人和朋友相聚的技术。德国本科毕业后，金汉来到了加州大学伯克利分校读硕士，之后便留在硅谷创业，创立 LucidCam 之前，金汉已经创立过两家公司，包括一家大数据分析公司。目前市场上已有的大公司们生产的 VR 相机大多价格昂贵、体积庞大，一般在 6 万 ~30 万美元。金汉相信，只要发明一种能让人们非常轻易就能拍摄并操作虚拟现实内容的工具，VR 就能颠覆很多领域。LucidCam 小到看起来像一款普通数码相机，甚至可以装进口袋里，价格也大幅下降，能做到这两点的主要原因是，大公司都是用电子元件来解决 3D 问题，即在相机上增加更多的镜头，这是一种硬件解决方案。而 LucidCam 是用拥有专利的软件来解决整个 3D 效果问题。

VR 并不是什么新鲜事物，它已经存在很长一段时间了，但一直都悄无声息。金汉认为，首先，是因为技术本身还不够成熟，二三十年前的计算机速度和软件算法等都还很难支撑起 VR 今天给人们带来的效果；其次，VR 背后一直没有资本的驱动。但是，如今这两点都得到了极大的改善，现有的技术已足以支撑 VR 带给人们震撼的体验，随着传感器技术的发展，用 VR 模拟触觉的实验已经展开并已有相关应用，未来模拟嗅觉和味觉也并不是遥不可及，也可以说一定能够实现。重要的是，如今的谷歌、Facebook、苹果、三星等计算机巨头都在重金投资 VR 技术，VR 市场未来不爆发都是不可能的。“就像互联网一样，在互联网的早期，很少有人相信这种技术能颠覆多个领域，但如果有几个主要的市场大玩家开始全力驱动这种技术，培育自己的 VR 生态系统，它迟早会爆发。”金汉这样说。

面对 VR 在 2016 年的火爆场面，金汉却认为，2017 年才更有可能是 VR 真正繁荣发展的时候。2016 年的 VR 市场主要还会被 VR 头盔所驱动，2017 年才会进入 VR 的内容创造。这背后的逻辑是，人们如果不明白一个 VR 头盔对它们到底意味着什么，从来没有用这种装置体验过 VR，他们将更加不会理解为什么要为 VR 创造内容。

为了鼓励人们体验虚拟现实，《纽约时报》等机构选择提供免费的谷歌纸板（Google carpet）让人们观看虚拟现实新闻，问题是，这种体验更多是一种一次性行为。金汉想做的是，让体验过并为之兴奋的人们有能力制作自己的 VR 内容并分享给别人，这才是 VR 市场应有的良性循环，这个时候 VR 相机也就自然“闪亮登场”了。随着 VR 相机变得越来越亲民，头盔装置也一定会变得越来越简单，金汉的判断是，每个人的智能手机以后将直接可以变成 VR 头盔使用，如此才能让 VR 变得越来越流行。

解决完体验和创造 VR 内容的工具问题后，如何将 VR 从早期的游戏等几个应用扩展到诸多领域，就成了 VR 最大的挑战。比如，如果现在有人根本不玩游戏，VR 的吸引力顿时就大打折扣。金汉认为，当越来越多的个体开始觉得自己创造 VR 内容很好玩，主动使用工具（VR 相机）创造和分享内容后，VR 就会迅速扩展到多个领域，颠覆性潜力就会爆发。

因为不同领域的人们会从各自的角度理解该怎么使用这些 VR 内容，五花八门的新应用就会涌现，VR 会在教育培训、医学、运动以及工业生产等多个领域真正大放异彩。而能做到让人们主动创造和分享的理由就是社交，即只有 VR 社交化时，它才能真正腾飞。

正因如此，Facebook 等大公司都在努力尝试将 VR 带入社交领域，目前热门的虚拟现实游戏和色情应用一点也不社交，大公司们都在试图生产能鼓励人们跟其他人互动的虚拟现实内容。比如，Facebook 推出了两个人在虚拟空间里打乒乓球的展示片。再比如，“Allspace”是虚拟现实的一个聊天室，人们可以创建数字替身进入虚拟空间来生活和交友，与“第二人生”颇为相似，这些都是人们试图将 VR 更加社交化的努力。

金汉认为，未来会是增强现实和虚拟现实的混合，或可称为“混合现实”。追溯到 2015 年时，增强现实还是一个非常小的市场，但因为其社交属性，未来它将会比虚拟现实强大得多。他预测，到 2019 年左右，市场上将会出现能够在虚拟现实和增强现实之间灵活转换的装置。“未来的虚拟现实头盔能让你随时戴上或取下来头盔的最前面部分，如果你想要虚拟现实，你就把这一部分戴上，如果你不想要，取下后就可以得到增强现实的效果。”这也意味着用户将不用再去选择到底买 Oculus Rift 还是微软 HoloLens 全息眼镜，也不用担心只要戴上虚拟现实头盔就会一直被迫沉浸在虚拟世界里，看不见眼前的真实世界了，而 LucidCam 则计划成为这种装置的一部分。

社交媒体篇

生活就是

我不断地提问，

以及

世人不停地回答

之间微妙的相互作用。

——皮埃罗

后社交时代的新社交

社交媒体不是什么新技术，却是全球使用人数最多、影响力最不容低估的技术，但是，人们对它的现在和未来的思考远远不足。全球每天有大量的人不自觉地将大量的时间花在了 Facebook 和微信上，这到底意味着什么？我们现在真正步入的是一个“后社交”时代，这又会如何改变我们的生活？

如果你仍然认为社交媒体只是 Facebook、微信、LinkeIn（领英）等互相分享下生活、工作情况和爱好的平台，那你对社交的理解就太局限了。我所偏爱的新兴社交具备的主要特征是：它运用数字化工具把具有共同理想和目标的人们聚集在一起，做一些对人类和社会有益处的事情。社交媒体真正的革命性力量也会从这类社交中爆发，因为它聚合大众一起贡献知识、时间或金钱，保证重要的事情能够践行。

社交媒体“不社交”

根据皮尤研究中心 2015 年的一项研究，美国 65% 的成年人都使用社交网站，这个数字在欧洲和中国可能也不相上下，意味着全世界大概有 25 亿的社交网站用户，互联网毫无疑问改变了我们的社交方式，但是，它真的是向更好的方向改变吗？

首先，我们必须明白这个时代“社交媒体”的真正含义。我们往往倾向于将 Facebook、Twitter 等称为“社交媒体”，但它们真实的身份是“广告媒体”。它们的确为社交而生，但如今它们的主要“任务”已经是做广告。谷歌和 Facebook 的大部分营收都是从广告中来的。

其次，它们之所以在全球范围内都这么受欢迎，靠的主要是用户“上瘾”。酒精上瘾和吸毒上瘾容易察觉，但这种新的“社交媒体上瘾症”却能让你在不知不觉中沦陷，这种新的上瘾其实是八卦瘾、虚荣瘾和偷窥瘾的混合。你也可以说，社交媒体的故事就是人们这几种“混合瘾”的演变故事，瘾头越大，沦陷的人越多，它就越可以用出售更多广告的方式达到“货币化”。

总之，社交媒体的生存逻辑很简单：首先将自身变成一种让人上瘾的习惯，然后再摇身变成推销商品的极佳平台，让人们乖乖花更多的钱。这就像 1998 年以前的烟草行业，两者本质上是一样的：从人们的某种上瘾症中赚钱。

在推销商品这一点上，社交媒体的“颠覆性”值得大书特书。做生意原来只是生产一些人们想要的东西，如今整个社交网络早已变成了研究如何让人们想买大部分并不需要（一般情况下也不会买）的东西。工业革命繁荣了广告行业，依托于报纸、广播和电视等媒体，广告业绞尽脑汁让人们想买东西，而如今的社交网络简直就是广告行业的“工业革命”：相比原来少数媒体宣传商品，现在我们全民都在社交媒体上打广告。

因此，现实中社交媒体的用途主要是：其一，一种娱乐方式；其二，一种宣传产品的营销工具（这其实也是娱乐带来的）。看看中国最活跃的微信用户们用它做什么就很清楚了，看他们发布的朋友圈里有多少是娱乐段子，有多少又是推销商品。所以，对那些希望通过社交媒体将全世界连接起来，用广泛的合作共同解决世界性问题的社会学家们来说，他们必然会很失望，在庞大的社交媒体用户面前显得天真又无奈。

你可能会反驳说，社交媒体最初确实是为社交而生的，它帮我们连接到了更多的人。真的是这样吗？它们真的带给了我们更多的“社交生活”吗？相反，已经有不少图书在探讨社交媒体是如何让我们更“不社交”的，因为人们在 Facebook 或微信上花了太多的时间，已远远多于面对面跟朋友、邻居、同事乃至家庭成员的互动和交流（更悲哀的是，即便终于有时间可以面对面跟身边的人在一起聚会，强烈的社交媒体上瘾症也会让大家继续埋头 Facebook 或微信），从某种程度上说，它“杀死”了我们过去愉快的社交生活。

我这一代的最睿智渊博的人已经鲜为年轻人所了解，因为年轻人不会去听他们的讲座 / 演讲（即便他们去了，也是埋头玩 Facebook 或微信）。我们这个时代最好的工程师们日夜不休加班工作，就是为了想出来怎样让你更“自然”地点击和阅读广告，更“自然”地购买物品。

十年前我们希望社交网络创建“地球村”，一个更好、更大的社区。相反，现在的社交网络却日益正在变成“无社交”的网络。你真的能在社交网络上交到很多朋友吗？如今的社交网络是一个你连对方是否真实存在都无法确定的地方，是一个肆意窃取你的电话、给你发送各种垃圾邮件以及用机器人分析你的各种社交数据寻找商业模式的地方。我们为这个奇怪的地方发明了不少新词，那些“喷子”（trolls）是说在讨论中发表煽动性言论的人，那些“恶霸”（bullies）是说骚扰用户的人，那些“飞客”（phreaks）是说劫持你网络账号的人，那些“太空锤”（spammers）是说用垃圾邮件不断向你轰炸宣传信息的人，最后“虚拟机器人助理”实际在扮成你的朋友窃取你的隐私。

简而言之，如今的这些社交网络不仅没有建立一个更好的虚拟社区，反而在破坏以前我们的真实社区。它用大大小小的各种屏幕把人们硬生生地隔离起来，虚拟的线上互动对年轻人来说显得越来越“自然”，真实的交流和互动越来越“有点奇怪”，我担心这种趋势会越来越糟糕。当社交网络把面对面的人也硬生生隔离起来的时候，人们身上到底会发生什么？

鉴于此，如果你问我社交媒体的未来，你其实是在问我娱乐和营销的未来。比如，Facebook 在 2015 年发布了虚拟个人助理 M，看起来就像苹果的 Siri、谷歌的 Google Now 以及微软的 Cortana，看起来 M 是为了帮助提升人们的社交生活质量，但它真正提升的是 Facebook 的用户量。而且，当 M 成为你社交网络的一部分，它对你以及你身边的朋友的了解也会更深入、更多。这是否意味着未来的“营销”也更精确和无孔不入？另外，要注意到 M 不是自主的机器人服务，它的背后有一大票 Facebook 的真人“客服”在训练和支撑 M，是他们在回答用户的问题。

社交媒体“非媒体”

社交媒体不仅没有带来更好的社交，也没有带来更好的媒体。十年前，我们都希望社交媒体会比少数主流媒体带来更好、更多、更快的信息，我们为“人人都是媒体”的时代热血沸腾。然而，当这一时代真的到来时，相信大多数人已彻底失望。大多数社交媒体提供的“信息”其实只是“八卦”，没有经过调查乃至思考的各种消息满天飞，很多“八卦”往往还能迅速火爆，我们整体得到的信息质量显然是在大幅下降。网络和社交媒体的无所不在已经杀死了世界上很多高质量的报纸和杂志，却并没有换来同样高质量的博客和网站。即便少数幸存，也在全民的社交媒体上瘾症面前显得苍白无力（20 年前，我们见面会聊当天《纽约时报》的某篇文章和观点，如今，即便《纽约时报》有了数字版乃至虚拟现实体验，我们见面也都在刷 Facebook 和微信）。

更值得警惕的是，如今我们判断一个社交网络上信息的价值时，经常采用的是“虚荣指标”（看有多少人给你点赞）：我们测量不是事件或观点有多重要，而是它有多少“奉承者”。原来媒体判断信息重要性与否的诸多标准到哪里去了？为什么现在完全被简化为“阅读量”和“点赞量”了？这又会滋生多少哗众取宠的胡言乱语？

关于“人人都是媒体”带来的信息质量下降，我最喜欢的例子是维基百科，它带着理想主义的抱负诞生，寄希望于全世界民众一起贡献知识。然而，现在它已经变成了我们文明的一大危险。首先，这种免费的百科全书几乎“杀光”了全世界各种版本的传统印刷百科全书，意味着我们很快将无法核查维基百科内容的真实性，如果一些事实只有一个来源，人们无从对比，那大多数情况下就只能接受。

其次，如今的维基百科已经变成了世界各地的势力集团试图控制的东西。十年前，我们讨论和担心的问题是维基百科能否比传统最好的印刷版百科全书更准确，如今发现真正需要担心的问题是，维基百科是否比传统百科全书更容易被人操纵和控制。答案很明显：“太容易了。”

我们希望社交媒体能提供海量的独立信息和更多独立的事实和观点，结果我们得到的却是海量的专业媒体代理，他们专门代表有钱有势的集团来发布和控制信息。相比传统印刷版百科全书由几位精英学者编撰，如今维基百科大部分文章的编辑是政府机构（想要宣传他们的观点）、大企业（想要推广业务）、名人（想要提升形象）以及诸多特殊利益群体（想要宣传他们的特殊宗教或政治观点）。

现代西方文明是随着狄德罗和伏尔泰的法国百科全书诞生的，互联网用匿名的维基百科取代这些启蒙思想家后，给我们提供的却是一个巨大的光怪陆离的信息库。互联网和社交媒体在信息上的这场实验已经说明，大众“群策群力”并不能创造更好的知识或文化。最危险的是，如今的维基百科已经是很多人的信息来源。

不过，即便没有维基百科，互联网也已经是一个非常怪异的文化世界：大部分人只会点击谷歌或其他搜索引擎返回的前几个搜索结果，而很多情况下，返回的搜索结果取决于这些网站是如何运作它们的“谷歌排名”的。

“文化”和“媒体”这样的字眼当今已有了不同的意义。Facebook 和 Twitter 肯定是媒体，但是，他们是只允许你喜欢某样东西，不允许你讨厌某样东西。只有“点赞”按钮，没有“讨厌”按钮，这个小小的“点赞”

按钮却无形中定义了如今“文化”的价值：某样东西能否迅速而广泛地流行。

十年前，我们还天真地希望社交媒体能够将教育“民主化”，让高质量的教育资源不再只被少数人享用，但如今的Facebook和微信提供了多少“教育”呢？相反，无所不在的社交网站已经成了学校教育的干扰物和阻碍者。有多少小学生、高中生因为花费太多时间精力在社交媒体上而没有学好一些基本的知识呢？青少年的“注意力持久度”也因社交媒体碎片化信息的大量涌入而不断下降。比如，我现在有5 000个Facebook“朋友”，但这也意味着每天涌入大量新消息通知，意味着我很容易错过那些我真正关心的朋友的生日聚会。2015年，Forrester预测，只有2%的Facebook状态会被你的“朋友们”阅读，然而，电子邮件的阅读率却是90%。尽管如此，电子邮件还是在一天天死去，Facebook还是在一天天扩张。

我们也必须面对这样的现实：网络色情的吸引力一直有增无减。社会学家们原来以为不少人沉迷网络色情是因为一些地区传统生活方式或文化里对性的压抑。然而，数据显示，不管在哪里，网络色情一直在蓬勃发展。

但是，我们也不要将这些事情都归咎于互联网。大多数情况下，这些现象已经发生或迟早会以别的方式发生。尤其是，我们经常将那些在互联网之前就已经存在的现象和趋势统统归咎于互联网，而互联网所做的不过是放大或加速了它们而已。比如，在互联网和社交媒体等出现之前，我们就已经生活在一个大众消费的时代了，就已经遍地是明星和好莱坞大片了，某种文化的价值就已经被能否迅速流行来判定了，也早已出现了不少广告或营销机构专门来打造“病毒级”传播现象了，大众也早已选择流行歌星、演员做偶像而不是史学家、科学家了。

归根结底，当人们变得富有后，他们就喜欢生活在“我自己”的房子里，开“我自己”的车，给孩子请“私人教师”……把自己和周围隔离开来，喜欢更自私的生活方式以及更肤浅的友谊等。毕竟，只有穷人们才在拥挤的建筑里生活，出门才坐公车。没错，色情由于互联网更加泛滥,但互联网也只是一个展示人们想要什么的工具罢了。将互联网拿走，今天出现的这些趋势还是会存在和发生，只不过速度会很慢而已。

一场失败的社会实验

“网络成瘾症”是纽约精神病学家伊万·文登伯格（Ivan Goldberg）1995 年用开玩笑的方式提出的，但它迅速变成了一个严肃的研究话题。金伯利·扬（Kimberly Young）在短短数月内就在宾夕法尼亚成立了网瘾研究中心（netaddiction.com，并发表了相关研究论文“*Internet Addiction—The Emergence of a new Clinical Disorder*”，*CyberPsychology and Behavior*，1996）。

这些研究是在如今知名的几个大公司成立之前就开始的，Facebook 成立于 2004 年，YouTube 成立于 2005 年，Twitter 成立于 2006 年，iPhone 出现于 2007 年…… Facebook 在 2009 年引入了“点赞”按钮，个人认为，这个按钮极大改变了我们使用社交媒体的方式。“网络成瘾”的研究甚至比谷歌还早，谷歌成立于 1998 年，而如今的“网络成瘾症”比十几年前严重多了！谷歌、Facebook 和 iPhone 已经无所不在了，他们对“上瘾”可谓有突出贡献。

尼古拉斯·卡尔在《浅薄》一书中已经阐述了不断下降的注意力持续时间是如何影响我们的能力获取的。紧随这本书之后，类似的反 Facebook 和反 Twitter 的刊物先后出现，比如马特·拉巴斯（Matt Labash）的文章（*The Twidiocracy*，2013）以及爱丽丝·马维克（Alice Marwick）的《更新状态》(*Status Update*，2013）等 。美国心理学家雪莉·特克（Sherry Turkle）的《一起孤独》（*Alone Together*，2011）认为，长期沉溺于社交网路或依赖科技产品与外界联系，非但不能使人摆脱孤独，反而会让人更孤单。

此外，对社交媒体的上瘾正在延缓青少年的成熟时间。长期以来，该领域一直在主流神经科学研究之外，然而，2012 年，针对中国青少年的一项名为《网络上瘾者不正常的大脑白质完整性》（*Abnormal White Matter Integrity in Adolescents with Internet Addiction Disorder*）的研究显示，“网络上瘾症”在人的大脑中引起的变化似乎跟那些在酗酒和吸毒的人的大脑中发现的变化一样。

2014 年，著名的英国科学家、意识研究者苏珊·格林菲尔德（Susan Greenfield）发表了题为《头脑变化》（*Mind Change*）的文章，警告网络正在创造一种全新头脑的危险：网络不是在创造出更智能的机器，而是在创造出更愚蠢的人类。

2015 年，北卡罗来纳大学教堂山分校（UNC）的苏珊·斯奈德（Susan Snyder）发表的一项研究显示，几乎 50% 的美国学生都沉迷于互联网，很多年轻的互联网成瘾者都患有心理健康问题，如抑郁、失眠、注意力缺陷障碍，甚至出现自杀和酗酒倾向。

尤其让人担心的是，社交媒体在间接助长匿名行为，当人们意识到自己的行为不会被追踪的时候，他们就倾向于做一般情况下不会做的事情。除了非法的事情，还包括恶意发送匿名信件，揭露别人的私生活以及恶意谩骂、欺骗等各种网络“折磨”等。

长期关注互联网的美国心理学家雪莉·特克 2015 年的新书《回收对话》（*Reclaiming Conversation*）是众多哀叹“质量已死”的书，而罗伯特·德永（Robert Tokunaga）2015 年的论文《对网络成瘾症的洞察，互联网使用问题》（*Perspectives on Internet addiction*，*problematic Internet use*，2015）则是一本很好的总结之作。

我们现在写的这本书叫作《人类 2.0》，描述的是一种被自己发明的技术增强的人类。我希望下一本书不会是关于人性在技术下扭曲和堕落的“人类 3.0”。

当然，社交媒体也可以用来解决真正的社会问题：它可以为好的动机迅速发动世界范围内成千上万的人。比如，某个地方发生了自然灾难，就会有人创建一个 Facebook 群来筹钱资助受害者。但总的来说，会在社交媒体上做公益的人还是少数。我也不认为社交媒体对技术和科学的创新做出了很大推动。全世界绝大多数的技术和科学交流场所仍然是各种论坛和会议，很多科学家甚至连 Facebook 账户都没有。也有人认为更广泛的社交媒体连接听起来似乎能促进政治进步，然而，目前来看，它的崛起倒是对极端主义的贡献不小（尤其是伊斯兰极端主义在欧洲的右翼运动）。

我们不得不面对这样的现实：今天的社交媒体之所以存在是因为它能让人上瘾，否则它就会死。一家社交网络平台的生命周期跟它能否让人上瘾直接成正比。如果它是“能上瘾的”，它就会病毒式传播用户，而且用户每天会多次使用它，也就意味着广告商愿意为这样的平台付钱，意味着它能生存下来。反之，如果它还不够“上瘾”，它将很快在众多竞争者中销声匿迹。不仅社交媒体如此，不少其他 APP 也是这样。

我们已经创造的整个社交产业里林林总总的产品都是这样，它们不过是费尽心血让你“上瘾”，它们衡量自身价值的标准是所谓的“日活跃用户量”“总用户量”，鲜有人关心它到底解决了多少问题。世界上不计其数的才华横溢的研究者、企业家、工程师花费它们所有的时间努力工作，只是试图发现一种新的能让你上瘾的产品。

有趣的是，2016 年，我看到社交媒体呈指数增长的数据的同时，也看到了美国疾病控制预防中心（CDC）对自杀人数的统计数据：美国的自杀人数从 1999 年开始每年都在增长，不管哪个年龄段，无论男女。从 1999 年的 10 万中有 10.5 人自杀，上升到了 2014 年的 10 万中有 13 人自杀。有一种非常有趣的巧合是，硅谷也正是1999年发布了第一个社交媒体 Steamtunnels。

不过，你得有点幽默感。社交媒体确实是一场失败的社会实验（它扭曲了社交，也杀死了不少真正的好媒体），但这个失败的实验每年都能产生数十亿美元的收入。而且，除了“卖广告”之外，如今的社交媒体还正成为大数据的最大来源，云计算、物联网和人工智能等新技术与社交媒体的结合，还不断将你的个人数据“变现”成某个公司的最新商业模式。

孤独者闪耀人类文明

为什么人类需要社交？我认为，人类的大脑里有两股互相搏击的力量。关于人类是社交型动物的研究比较知名的是芝加哥大学心理学家约翰·卡乔波（John Cacioppo），他发表了关于孤独的颠覆性理论：孤独之所以会让人抑郁并引起自杀，是因为进化中的人类需要社交才能生存。比如，史前人类能够杀死巨型动物靠的是群体合作下的猎杀，农业社会的人们靠一起灌溉、收割解决食物问题。那些不愿意社交和合作的人便成了种族生存的累赘，因此，自然选择在千百年的岁月里“编程”了我们的基因，使我们社交时觉得开心，孤独时觉得不开心。2012年，伦敦帝国学院的吉莉安·马修斯（Gillian Matthews）还发现了“孤独神经元”，就是当我们社交时让我们感到开心，孤独时让我们不开心的神经元。然而，这不可能就是全部事实。

想一下“孤独者”在人类文明中有多重要吧！我们敬仰历史上那些伟大的僧侣、隐士和杰出的哲学家等，他们都喜欢独处，在孤独中诞生出了光芒闪耀的思想。我们至今视他们为“导师”，而不是“病人”。比如，佛陀是一个孤独者，一个树下的冥想者，而不是一个热衷参加派对的人。

卡西欧普的理论并没有解释这种现象：为什么这么多杰出的哲学家、科学家和圣徒，他们大部分人生都是在孤独中度过。孤独者不仅给了我们智慧结晶，还给了我们许多伟大的科学发明，孤独者发现了新大陆，当欧洲、印度和中国到处是人群的时候，美国正被孤独的少数人殖民着……人类的进步一直依赖孤独。

现在再让我们来看下互联网时代。当摩斯拉（Mozilla）于2002年推出极具影响力的火狐浏览器Firefox时，它也具备了这种同时打开多网页的功能。这项功能大受欢迎，以至于今天每一个浏览器都存在多个选项卡，你可以不停地打开一个又一个网页，人们使用它的程度简直令人震惊。有时候我一不小心就发现自己同时打开着十几个网页。可以说，网页“标签”改变了我们体验互联网的方式：浏览信息变成了一个“多任务操作”的过程，一个又一个无穷的链接经常让浏览者自己也忘了最初为什么打开网页，哪怕在网上花费数个小时，也会像同时快速浏览好几本书一样，经常以“什么都在看，什么也没看”收场。

如今，在互联网陪伴下长大的年轻人很早就学会了这种“多任务处理”方式，我们恐怕是这个星球上唯一具备这种奇特能力的物种了！我只能说人类真是好奇的动物，什么都想知道，什么都想试一试。以前我们社交，成为群体的一部分是因为我们确实需要陪伴、帮助和照顾，但如今的社会机制让我们一个人也能活得很好，我们可以远距离做很多的事情，躲在屏幕后面叫外卖、买衣服、交友等，于是我们的社交也变成了一种肤浅的社交，尽管社交媒体上有上千的朋友，但很多都是“点赞之交”。如今的人们往往喜欢一个人待着，安安静静不被打扰，相比当面交流，他们更倾向于用各种电子设备一边“社交”，一边听音乐或看小说等处理多任务。可以说，我们人类已经不再是一种社交动物了，而是一种好奇的多任务处理动物了。

后社交时代粉墨登场

作为一位历史学家，社交媒体对我的主要价值是：我能通过它更好地理解一个人，乃至一个时代。比如，爱因斯坦去世后，他的大脑被秘密取下并储存了起来。这个大脑成了无数科学研究的对象，因为人们想知道，为什么爱因斯坦能这么聪明。直到今天，人们还在梦想重构他的大脑。

与此同时，爱因斯坦的网上档案包含了80 000份由爱因斯坦本人写下的或由他人写给爱因斯坦的文件。这些档案从政治到友谊，无所不包。这些档案包含了许多爱因斯坦和朋友彼此沟通的信件，这些朋友包括亨德里克·劳伦兹（Hendrik Lorenz）、米歇尔·贝索（Michele Besso）、德西特（Willemde Sitter）、菲利克斯·克莱因（Felix Klein）、外尔（Hermann Weyl）、马克斯·亚伯拉罕（Max Abraham）、诺德斯特龙（Gunnar Nordstrom）以及许多其他人。广义相对论严格来说是“爱因斯坦和他的朋友们”组成的社区的成果，而不是一个人的。最让人吃惊的是，这80 000份文档发生在第一次世界大战的中期，竟然没有一份信件提到战争，这些科学家们生活在10余万人丧生的可怕的大屠杀期间，但他们全然专注于理解宇宙，而不是疯狂的人类。

为什么要告诉你这个故事呢？因为，研究爱因斯坦的大脑是看不到这些的，是找不到他到底是什么样一个人的。他固执，曾犯下不少错误，以及和朋友间密切交流并向朋友学习等。但包含他“社交网络”的档案能还原一个更真实的爱因斯坦。

当然，爱因斯坦时代的“社交媒体”还是传统的信件。如果一定要找出上个十年里出现的各种网络社交媒体带来的最大的好消息，我会说它真正带来了“平等”，在社交网络上没有基于性别、财富、种族……的歧视，统计数据最让人印象深刻的是，无论收入、民族、教育程度、性别、地理区域……全世界人民在社交媒体的“平等使用权”上几乎没有多大差别。唯一的差距是年轻人和老年人使用社交媒体的数量，但这个差距也正在缩小。其他让人印象深刻的是，社交媒体在发展中国家以及贫困国家迅速普及：那些买不起个人电脑的年轻人可以直接用便宜的智能手机登录社交媒体。

社交媒体的另外一个“民主特征”就是当某段话或某张图像被施了魔法一样病毒式传播时，这种神奇的时刻可能会在任何人身上发生。没有什么算法可以预测出到底什么会一夜成名，它几乎是不可人工操作的。有史以来最出色的画作可能只有 10 个人会看，然而，一个从没有学习过画画的小孩的作品却有可能被反复分享和传播，从而引起世界级轰动。

总的来说，支持和捍卫现在的社交媒体真是一件难事，在 Facebook 和微信之前我们一直都有社交，只有在它们之后，我们的社交才变成了“发布状态或图片、视频”。简而言之，我认为它们不过是代表了我们正从一个社交世界向“后社交”世界过渡而已，在这个后社交世界里，社交一词显然已被 Facebook 和微信等重新定义和再发明，变成了一场全民线上秀场和派对。

打破社交，再想象

探讨后社交世界的社交到底有哪些可能是很有趣的，充分说明了社交一词的内涵需要被重新书写，我可以先举几个正在用全新方式社交的例子。第一个是“创客运动”（the Makers Movement）。理论上讲，“创客”只是做东西的一群人，但他们总有想要根据共同的兴趣创建一个社区的冲动和愿望，就好像当你制作一个实体的东西时，你总想分享下制作经验，从别人那里学习新的技巧，也想把自己学到的本领教给别人等。因此，创客们之间的交流互动是很自然平常的，并不是什么新鲜事，比如，湾区一直都以“DIY”（自己动手）的文化著称。个人电脑的发展就跟一群喜欢 DIY 电脑的孩子组成的家酿计算机俱乐部（the Homebrew Computer Club）有很大关系，苹果电脑就诞生在那里。如今，生物科技领域的“DIY”运动也正蓬勃兴起。

如今正在兴起的“创客运动”让人着迷之处在于，它让创造回归了简单，不是创造一台个人计算机，也不是人工打造 DNA，就只是简简单单用木头、金属、塑料等手工制作一些物件。2006 年兴起的“创客节”（Maker Faire）（创意和创造的集会，参加者多为创意公司、组织和一些 DIY 爱好者）应该是该领域的第一个社会运动，很快就散播到了全世界。如今，开源的硬件和软件如此之多，越来越多的创客空间甚至提供 3D 打印机，独立的创客们可以做的物体也越来越多，甚至可以为物联网做出智能的物体。

第二个运动是“黑客空间”（hackerspace）的兴起。现在，越来越多的黑客们开始创建真实的社交网络，某种类似“黑客反主流文化”之类的社区，比如维也纳的 Metalab（2006 年创立）以及旧金山的“噪音桥”（Noisebridge，2007 年创立）。“噪音桥”是由雅各布·阿佩尔鲍姆（Jacob Appelbaum）以及米奇·奥特曼（Mitch Altman，曾是杰瑞·拉尼尔的虚拟现实创业公司 VPL Research 的员工）创建的。如今，我估计全世界范围内应该有 2 600 个“黑客空间”，这种不断增长的现象就像创客运动一样，说明在网络如此发达的今天，人们仍旧渴望和需要真实的交流空间。

当 Facebook 和微信这样的社交媒体让网络世界的友谊变得越来越疏远，与此同时，“创客运动”和“黑客空间”却在真实的世界创造着真实的友谊，也在用一种全新的方式向你的朋友展示和表达自己。

新兴的社交还有很多可能。不一定都需要有线下的交流，甚至也不一定需要有线上的交流。你要打破所有对已有社交媒体的固有印象来重新想象，如果你仍然认为社交媒体只是 Facebook、微信、领英等互相分享下生活、工作情况和爱好的平台，那你对社交的理解就太局限了。

我所偏爱的新兴社交具备的主要特征是：它运用数字化工具把具有共同理想和目标的人们聚集在一起，做一些对人类和社会有益处的事情。我认为社交媒体真正的革命性力量也会从这类社交中爆发，因为它展示和运用的是大众的力量，它聚合目标一致的人一起贡献知识、时间或金钱，保证重要的事情能够践行。

比如，网络社交有一种新的形式是"志愿计算"（Volunteer Computing）：人们向那些需要大量计算能力才能达成某个目标的人或组织义务提供帮助，将自己的电脑"贡献"出去。大多数情况下我们的电脑也用不着，为什么不让更需要它们的人用起来呢？2015年，澳大利亚悉尼嘉万研究所（Garvan Institute）发起了"DreamLab"项目，旨在用智能手机的空闲时间帮助进行癌症研究。试想如果成千上万的人们捐赠出他们空置的手机时间，DreamLab就可以拥有"智能手机组成的超级计算机"来进行癌症研究。

志愿计算是一种很强大的众包形式：利用群众的力量可以比传统实验室更快、更好地解决问题。此外，"众筹"（如Kickstarter、IndieGoGo、GoFundMe等）也可以看作是在线社交的一种创新形式，它不仅改变了创业方式，也改变了传统音乐等艺术得到资助的方式。

而开源社区则是我们最应赞赏的另一种在线社交案例。开源软件在互联网的发展史上一直都很重要。Linux和Apache项目对我们今天习以为常的很多在线服务来说是至关重要的。汤姆·普雷斯顿—沃纳（Tom Preston-Werner）2008年在旧金山成立的GitHub，主要为开源软件提供社交网络平台。2015年，GitHub已被全世界约120万的软件开发者所使用。某种程度上，开源软件天生就是社交媒体，因为世界各地的黑客、工程师们等都可以免费使用和完善它，它不需要让大家彼此认识，用产品就可以将世界各地的人们连接起来，让大家通力合作。开源软件是当下发生的最重要的事情之一，各种新技术的发展中都少不了它的身影。

创客运动、“黑客空间”运动、众包志愿计算以及开源运动都在Facebook等社交媒体繁荣的中期诞生（尽管有些主要在线下，有些主要在线上，但都有着不同于之前线上社交的目标和方式），但你能从它们的活力和影响力中明白，为什么我说它们是“后社交世界的社交”的极好案例。

社交巨头们的演化趋势

像Facebook和微信这样的社交平台的未来是什么

目前，这些平台的数量正在不断增加，我们正在向全世界大声“呼喊”各种关于自己的事情。Twitter喊的是：我在想什么；Facebook喊的是：我在做什么；Instagram（照片墙）喊的是：我有什么图片；YouTube（世界上最大的视频网站）喊的是：我的视频；领英喊的是：我做了哪些工作；Pinterest喊的是：我有什么爱好；Foursquare喊的是，我的空闲时间做什么……少数的几个大平台正在瓜分整个宇宙：谷歌掌控事实，Facebook掌控人，亚马逊掌控物品。在中国，百度掌控事实，腾讯掌控人，阿里巴巴掌控物品。

未来会有两种进步。第一种是社交媒体分享内容的质变：用3D的图片和VR视频彻底颠覆目前智能手机上的“老式”平面照片和视频。

说到目前社交媒体分享的内容，就不得不提到直播，如今的直播变得如此便捷和便宜，任何人都可以把自己的生活变成一个24小时的电视节目。

毕竟，社交媒体主要是一场“虚荣秀”，而直播则是终极的、无节制的虚荣秀。4G手机网络让如Periscope和Meerkat之类的流媒体直播服务应用使这场“虚荣秀”成为可能。我不太确定当5G网络到来后我们还能有哪些新的社交应用。

与此同时，自拍时代迅速演变成了短视频时代，现在每个人都可以成为电影人。Facebook现在每天的视频浏览量已超过了80亿次。Snapchat（一款由斯坦福大学两位学生开发的一款“阅后即焚”的照片分享应用）在2015年已有了超过60亿的每日视频浏览量，而它推出视频业务才不过短短三年。谷歌的YouTube每分钟都有超过十亿的用户添加300小时左右的视频。

这股势不可当的“视频热”创造出了视频编辑工具的巨大市场：2014年，Shutterstock首次发布了一个浏览器内的视频编辑工具Sequence；2015年，谷歌收购了Fly Labs，一个在iPhone里非常流行的视频编辑应用；Cinematiqu提供了可以制作在线互动视频的平台，Flipagram提供了提供了一个能让用户使用照片、视频、文本和音乐快速制作短视频的应用；2016年，GoPro收购了Stupeflix和Vemory来优化其视频编辑工具。

与此同时，也有一些应用正在推动社交媒体去做一些比全景拍照和沉浸式3D拍摄更多的事情。比如由Fyusion公司开发的Fyuse。其他人则冒险进入虚拟现实领域，比如新西兰的8i，它可以让用户拍摄出能从不同角度体验虚拟现实的3D视频（8i还在洛杉矶成立了一个工作室，内容创作者可以在这里创建自己的3D影片）。

第二种是我们跟社交媒体互动的方式。简单来说，以后我们的社交生活会被一个虚拟助理全权打理。理论上来说，社交是我们在跟他人互动，但事实上，现在大多数线上互动的背后是算法。我总开玩笑说，我们应该对社交媒体的算法更感兴趣，而不是它推荐的人。

我们每天已经被大量的算法包围，它们隐身在一个个APP后面告诉我们应该到哪里吃饭，到哪里看电影，买什么衣服以及做多少锻炼等。通常情况下，我们都会采纳这些建议。比如，有几个美国人会拒绝Yelp（美国最大点评网站）推荐的排名前三的餐厅？

问题是，诸多 APP 和诸多算法需要在智能手机上安装大量应用程序，让我们不胜其扰，有一到两个“智能”的应用程序替我们打理一切就尤为必要。在“后 APP 时代”，我们的社交生活将难以想象，因为它将很大程度上会被手机上运行的虚拟助理所控制。也许届时我们将能够让虚拟助理为我们设置想要的社交程度（根据占用时间、金钱、想要达到的效果等来量化），而虚拟助理会根据我们的设置建议我们应该参加哪些聚会,应该邀请哪些朋友来聚餐等。这并不是遥远的未来：它已经在发生了，我们也乐见于此，因为它让我们的生活更简单。

高德纳咨询公司预测，到 2018 年，大约 20% 的人类的生意内容将会由机器创造，届时将会有 60 亿连接在一起的物体，到 2020 年，虚拟助理在移动交互中将占 40%，人类的角色将被减少到对虚拟助理提出的某项请求点击“是”或“否”即可。

就好像今天我们会相信和采纳这些算法，未来我们自然会同样信任虚拟助理这个“管家”。而我们的虚拟助理同时还会跟我们的家、办公室乃至城市中的智能物体互动。因此，我常开玩笑说，未来机器的社交生活将会比人的社会生活有意思多了！高德纳还没有算上越来越多的机器人将通过云端进行“社交”这一事实。

毫无疑问，最终几乎每个人都将使用社交媒体。在数字化时代拒绝社交媒体的少数几个人将会像那些躲到山洞里与世隔绝的僧人一样。谷歌和 Facebook 还计划将互联网带到那些贫瘠的、经济极为落后的地区，这些地区的人数大约有 50 亿。虽然它们都声称这是一个人道主义的任务，但是，这背后的逻辑也很简单：谷歌和 Facebook 都在各自领域占据了市场老大的位置，继续扩张的唯一路径就是增加接入互联网的人数。Facebook 和三星、诺基亚等在 2013 年发布了 Internet.org 项目，该项目的目标是将互联网推向全世界——尤其是目前占据全球 2/3 比重的、无法连接到互联网的地方。同样在2013年，谷歌发布了Project Loon（Google X实验室的计划之一，原计划用热气球为没有网络的地区提供Wi-Fi连接，2014年它宣布想要建立一个有180颗卫星的系统，环绕整个地球提供网络连接）。

触摸实体的渴望

有趣的是，在视频游戏、YouTube和各种线上影院的时代，线下的电影院仍然是满的，甚至比其他任何时候都人满为患，似乎人们就是喜欢扎堆，喜欢到人多的地方去。此外，博物馆的参观人数世界各地都在增加，艺术品展览销售量也直线上升。

就我自己而言，我最近每年都会被中国的各大会议组织方付机票请我去演讲，从来没有人邀请我通过微信或Skype远程演讲。在20世纪90年代的互联网泡沫中，硅谷的每个人都相信很快办公大楼就会被遗弃，员工们都可以直接在家上班了。结果呢，20年后的今天，有几家公司的员工能被老板允许在家工作呢?

因此，整个社会其实正在悄无声息地兴起一股反数字化的浪潮，尽管信件、图书、杂志、报纸和实体店一个接一个地倒下去，从城市的角落里消失，人们仍然渴望看到、触摸到实体的东西。

我尤其对实体艺术的复兴抱有很大希望。越来越多的人到博物馆参观，越来越多的人参加画展都是重要的信号。视觉艺术尤其有价值，因为它超越了语言障碍，是一种“通用语言”，每个人都可以理解。你不需要为了欣赏中国传统书法或画作而学汉语，也不需要为了欣赏法国艺术学法语，艺术永远都是全球化的。

硅谷声音

米奇·奥特曼：创客运动通向更好未来

米奇·奥特曼（Mitch Altman）是虚拟现实技术的先驱，1986 年就在硅谷虚拟现实界重量级人物杰伦·拉尼尔创办的 VPL 公司从事相关研究。1997 年，作为联合创始人创立了硅谷创业公司 3ware。2004 年发明了一键关掉公共场所电视的万能遥控器。作为黑客和发明家的米奇如今更广为人知的身份是“创客教父”，从 2008 年在旧金山创建第一个黑客空间“嗓音桥”开始，米奇一直在全球各地为创客空间的建立和创客精神的传播“布道”。

米奇在采访中不断重复的是，创客们要不断尝试和寻找让自己真正快乐的事情，具体做什么科技不重要，重要的是为自己的产品负责，将能力发挥到极致，努力带来更好的世界和未来。

把人生浪费在喜欢的事上

我认为真正的创客精神应该是不断尝试新事物并享受其中，最好纯粹出于“好玩”去做事情，直到发现真正能让自己快乐的事情。因为人们只有对喜欢的事情才会充满激情，才会觉得特别有意义，即便有时候失败了也不要沮丧，因为我们从失败中学到的东西和成功一样多。只有这样才能产生真正独特、创新的想法，即使最后不能以了不起的方式改变世界，至少也将大把的时间花在自己喜欢的事情上了，仅此就可以使我们和周围每个人的生活更加美好。

不断尝试并寻找让自己快乐的工作，这种精神在过去几年里受到越来越多人的支持。创客运动首先在美国兴起，现在已经遍布全世界，包括中国。我在世界各地看到了这种精神是如何变得越来越强大，越来越多的人加入创客空间，因为人们觉得这很酷，也因为尝试不同的陌生事物的基因一直在我们人类的基因里，是我们自身的一部分，我们一直渴望这种精神和实践，当人们发现可以在创客空间找到它时自然就蜂拥而至，这就是创客空间的神奇魅力所在。人们聚在创客空间里一起发明、创造和分享，彼此鼓励和支持，给人以集体感和归属感。2008 年我在旧金山创立第一个创客空间“噪音桥”后来到了英国，当时这里根本没有创客空间，2014 年，这里已经有 42 个了！

中国创客的挑战

2015 年 1 月，李克强总理考察了深圳柴火创客空间，“创客”一下子在中国火了。我觉得中国和世界其他地方最大的不同是，创客空间在中国是自上而下发展起来的，而不是自下而上。背后的主要原因是中国政府正在寻找不断推进其经济发展的方法，因为中国经济依靠制造廉价商品增长的方式不能再持续了。

然而，我看到不少中国年轻人的创业出发点是赚钱，然后就会去想该怎么赚钱，比如，大家都去开发 APP 了，那就也去搞个 APP……这样做出来的东西通常都是没有多少价值的。如今这个世界想要的是创意型经济，要成功必须要有独特、有趣、创新的想法，如果有人开公司仅仅为了赚钱，是不可能成功的。创客空间特别棒的一点就是，人们在这里被鼓励去做一些有趣、好玩的事情，当人们找到自己喜欢的事情，也找到更多志同道合的人之后，真正高质量的创意就会产生，成功的可能性也就越大。

中国的创客在创新中的主要阻碍因素来自文化，中国现在已经有很好的基础设施、资源和人才等，但中国有非常悠久的历史，很多观念和传统不可能很快改变。如果有一部分人对生活做出了不同寻常的改变，哪怕是很小的改变，可能也要顶着周围亲朋好友“你疯了吗”的压力去冒险，而且，当他们的尝试失败后，通常会觉得很“丢脸”，整个社会对人们按照一个“预设的正常路线”走的期待还是很大。创客空间在中国尤其重要，因为它可以给创客一种集体的支持，不管是帮助处理冒险的压力、失败后的负面情绪，还是鼓励和帮助人们不断尝试并走向成功。它可以用一种微妙又积极的方式去影响人们的观念和文化，同时又绝对不会破坏中国文化中珍贵的部分。

在硅谷，人们不断地创造出新东西，很少有什么条条框框，人们就是不断地发明和创造，然后原本零碎的东西汇集在一起，就会发生一系列令人惊叹的事情，中国必然也会发生这样的事情。中国也一直希望“再造一个硅谷”，但硅谷为什么有这么多创新，没人知道这个问题的真正答案。从旧金山湾区的历史来看，这里一直是人们寻找新事物的冒险乐园，也许从“淘金热”开始，来自不同国家的人们就头也不回地来到这里探险和寻找新生活，“二战”之后，又有很多人决定再也不回原来的家，永远地留在了旧金山。不管他们是谁，同性恋也好，天才或疯子也好，这座城市统统接纳了他们。旧金山湾区本来就是由一群不同背景的冒险家创建的，不断尝试和冒险的精神孕育了很多新型音乐和电影等艺术，因为这里接受人们本真的样子，不管到底是什么样子。

中国如果能从硅谷的奇迹中借鉴什么的话，那就应该也是不断尝试和冒险。中国有各种各样的优势，如果鼓励人们去探索他们真正热爱的东西，伟大的创新是一定是发生的，这会帮助人们改变整个社会，甚至是中国和中国的未来。

从虚拟现实到科技未来

当今的科技正变得越来越强大，但真正让我激动的不是具体的某个科技本身，而是有越来越多的人聚在一起，互相帮助，一起发掘寻找人们觉得有意义的事情，我希望未来能看到更多这样的现象，这也是创客空间和创客运动的价值。

以虚拟现实来说，我在30年前就在研究了，当时我们公司名字VPL是可视化编程语言（Visual Programming Language）的缩写，也是我们试图创造的东西，我们当时研发出的虚拟现实系统已经能做非常有趣的事情，比如，戴上数据手套坐在电脑前，就可以“飞”到绿色植被覆盖的山上等。但虚拟现实技术不会让我特别兴奋的一个原因是，自1986年我进入这个领域，我所看到的虚拟现实一个可能的用处就是去操控大众，就好像这么多年来电视一直在做的一样。制作商一直在说服人们购买虚拟现实设备，其实人们并不真的需要，就像人们并不需要电视一样。虚拟现实到目前为止的应用基本上都是电子游戏，而且它模拟出来的东西就像人在梦境中一样，沉溺其中的人们会很容易忘记了现实的真实情况，我希望虚拟现实能够运用到更积极的事情上去。

虽然现在新技术很多，但我们的着眼点应该是，要对我们在这个世上创造出来的东西负责，把我们的能力发挥到极致，努力使我们和周围人的生活更美好。

可以肯定的是，未来各种新的科技会越来越多，新的科技会不断从旧的科技中诞生，并呈指数方式递增。世界在以越来越快的频率改变，作为单独的个体也好，作为人类整体也好，必须要能够应对这种频率的改变，这并不是件容易的事情，也许我们很快会有一种新科技来帮我们应对越来越多的科技对世界和生活带来的迅速改变。不管喜欢与否，我们所有人其实都在一起创建未来，我希望我们每个人都能强烈地意识到自己在做什么，能否让周围的一切变得更好。

3D打印篇

我应该学习，

如何不成为自己，

又仍然是自己。

——皮埃罗

3D 打印简史与现状：艰难“史前期”

3D 打印技术最早出现在 20 世纪 80 年代中期，被人称为是“上上个世纪的思想，上个世纪的技术，这个世纪的市场”，为什么这项技术用了这么长的时间才进入大众视野？ 3D 打印的日益普及又意味着什么？它到底都能做什么？

3D 打印溯源

3D 打印在过去 3~5 年里一直很热，但人们对它的未来发展颇有争议，有些人并不看好，觉得这个产业会“未开花就死亡”，也有人认为前途无限。一如既往，要判断一项技术会向哪里去，你需要先知道它到底从哪里来。我们先简单地了解下 3D 打印是如何发展起来的，目前有哪些主要的打印技术。

3D 打印技术从发明到进入市场花了很长时间，它最开始被称为“快速成型”技术，后来又被叫作“增量制造”（Additive Manufacturing，AM），因为 3D 打印机是通过一次叠加一层的方法来制作一个实体对象的。

1984 年，洛杉矶的查尔斯·赫尔（Charles Hull）发明了“立体光固”或“光固化”（Stereo Lithography Apparatus，SLA）技术，这是一种基于液体树脂的激光加工工艺，当赫尔还在为洛杉矶一家名为 UVP 的公司工作时，就申请了他的专利。1988 年，赫尔创办了 3D Systems 公司，并将其生产的第一台商用 SLA 3D 打印机称为 SLA-1。如今，赫尔被誉为发明世界上第一台 3D 打印机的人。

紧随 3D Systems 之后，另一家如今全球知名的 3D 打印公司 Stratasys 也在同一时期诞生了。1989 年，斯科特·克伦普（Scott Crump）在明尼苏达州发明了熔融沉积成型（Fused Deposition Modeling，FDM）技术，采用成卷的塑料丝或金属丝作为材料进行制造。克伦普当年就创立了 Stratasys,并于 1991 年推出了第一台名为“3D Modeler”的 3D 打印机，FDM 也成为如今非常流行的 3D 打印技术。

和 SLA 和 FDM 一样，选择性激光烧结技术（Selective Laser Sintering，SLS）也是如今 3D 打印的关键技术。它于 1986 年由得克萨斯大学的卡尔·德卡德（Carl Deckard）发明。烧结是人们几千年来一直在用的技术，人们一直用烧结法来制作日常物品，比如烧制砖和瓷器等。不同的是，现在我们可以使用激光了，SLS 技术就是用激光把粉末状材料变成实体物品的方法，理论上可以打印塑料、陶瓷、金属等各种材料。

1989 年，戴克创建了 Nova Automation 公司，后改名为 DTM（桌面制造），并于 1990 年制造了第一台 SLS 打印机 Mod A，1992 年推出了 Sinterstation 2 000 打印机 。DTM 的重要性在于，它创造了 3D 打印的大众市场，因为 SLS 是一种低成本和高分辨率的 3D 打印技术，它几乎可以打印你能想到的任何形状。2001 年，DTM 被 3D Systems 收购。因此，如今 3D Systems 同时拥有 SLA 和 SLS 两项技术。不过，直到 2006 年，在德国的金属 3D 打印公司 Electro Optical Systems（EOS）推出了两款 SLS 型号 3D 打印机 Formiga P100 和 Eosint P730 之后，SLS 技术才真正被广泛应用。

大约同一时期还诞生了分层实体制造技术（Laminated Object Manufacturing，LOM）技术，也被称为“纸 3D 打印”，因为它使用纸作为原料。该技术由美国 Helisys 公司（现改名为 Cubic Technologies）的迈克尔·费金（Michael Feygin）于 1987 年发明，1991 年，Helisys 公司开始销售 LOM 打印机。

1988 年，匹兹堡的弗兰克·阿尔切拉（Frank Arcella）发明了一种使用高功率激光和钛粉打印金属零件的技术，被称为激光立体成型技术

（Laser Additive Manufacturing，LAM），阿尔切拉（Arcella）在1997年成立了AeroMet公司，致力于将LAM打印机商业化（该公司实际上是美国MTS公司的子公司），这也是3D打印金属零件的开始。

然后就是喷墨打印技术3DP（Three-Dimensional Printing）（也被称为“粉末和喷墨”或“Z打印”），由麻省理工学院的伊曼纽尔·萨克斯（Emanuel Sachs）和迈克尔·西马（Michael Cima）等人研发，于1989年申请了专利。3DP与SLS类似，都采用粉末材料成型，如陶瓷和金属粉末。所不同的是，3DP的材料粉末不是通过烧结连接起来的，而是通过喷头用黏结剂（如硅胶）将零件的截面“印刷”在材料粉末上面的。

1996年，南卡罗来纳州的ZCorporation公司推出了基于3DP技术的第一台3D打印机Z402，2000年推出了第一款彩色3D打印机Z402C。1997年，新罕布什尔州的Sanders Prototype（即后来的Solidscape）推出了基于麻省理工学院喷墨技术的ModelMaker蜡打印机，是2002年推出的价位更便宜的T66打印机的前身。

1997年，洛杉矶的Soligen公司将麻省理工的喷墨技术应用到了铸造金属零件上，并将这种技术重新名为壳体直接铸造法（Direct Shell Production Casting，DSPC）。1999年，同样基于麻省理工学院的3DP喷墨技术，匹兹堡的Extrude Hone也推出了另一套铸造金属零件的系统PRoMetal（后来改名为Ex one）。

由于世界上的大部分东西都是用金属零件制造的，可以制造金属零件的3D打印机就显得尤为重要。1995年，德国弗劳恩霍费尔（Fraunhofer）研究所发明了一项在金属零件打印上非常关键的技术，被称为选择性激光熔化技术（Selective Laser Melting，SLM）。因为它使用激光束熔化粉末，使其成为固体金属。

德国EOS公司将SLM技术与自己的SLS技术相结合，同时结合芬兰的一项使用金属粉末的技术（Electrolux Rapid Development，ERD），最终将这项技术重新命名为直接金属激光烧结（Direct Metal Laser Sintering，DMLS）。1995年，他们推出了第一台基于DMLS技术的商用金属零件打印机EOSINT M250。

值得一提的是，EOS公司1997年和3D Systems的合作以及2002年和Trumpf公司的合作促成了2004年的EOSINT M270金属3D打印机的诞生。2013年，埃隆·马斯克在Twitter上发布了用3D打印机制作的SpaceX的火箭引擎图，使用的就是EOS打印机。

在金属零件打印上，麻省理工学院发明的直接金属沉积（Direct Metal Deposition，DMD）技术也很重要，该技术用高功率激光束“焊接”如钛、镍和钴之类的金属粉末。现在一般称为激光沉积技术（LDT），也同时可被称为激光金属沉积技术（LMD）或直接激光沉积技术（DLD）等。

美国桑迪亚国立实验室（Sandia National Laboratories）从DMD技术衍生发明了激光工程化净成型技术（Laser Engineered Net Shaping，LENS），是一种金属件快速成型技术，该方法可成功制造不锈钢、钛合金等。幸运的是，1994年，桑迪亚国立实验室推出了一项鼓励自己的科学家开公司将科技成果商业化的项目，用LENS技术可以制造非常大的物体，可谓潜力无穷。

这个时候的3D打印机仍然是刚刚起步，而且非常昂贵，导致很多创业者因为赚不到钱关门大吉。不过，1990年，3D打印技术从美国国防部高级研究计划署（DARPA）获得了一些帮助。DARPA推出了一个实现“无工具”生产的“固态自由成型项目”（The Solid Freeform Fabrication Program），即不用工厂的传统工具来制造。尽管如此，美国在将3D打印技术商业化这一方面并不领先于世界其他国家，日本、以色列和德国等都有出色表现。

比如，1989年，日本索尼和日本合成橡胶（JSR）合作了一个项目“Design-Model and Engineering Center”（D-MEC），他们销售的3D打印

机用的是索尼自家版本的立体激光制造技术 Solid Creation System（SCS）。1993 年日本的 Denken 公司推出了使用激光成型的 3D 打印机，几乎只有桌面大小，而且相对价格便宜。

1991 年，以色列公司 Cubital 开始销售 Solider System 打印机，采用的是当今被称为 Solid Ground Curing（SGC）的技术。同年，德国的 EOS 公司引进了第一台商业立体光刻成型机 STEREOS 400，它现在仍然是欧洲 3D 打印机的顶级供应商，1994 年，EOS 推出了 SLS 系列机型，目前是世界上第二商业化的 SLS 打印系统。

3D 打印的开源运动

既然 3D 打印技术 30 年前就有了，为什么一直到最近几年才被大众所知

简单来说，3D 打印诞生后在商业化上面临着以下几个主要问题：第一，价格过于昂贵；第二，能打印的东西太少；第三，技术专利的限制。

3D 打印机到现在也还是很昂贵，有的价格超过了百万美元，虽然我们已经有了 3D Systems 、Stratasys 和 Z Corp 这几家产销世界的 3D 打印机领先厂商，到 2000 年，全球可能也只卖出了不到 1 000 台打印机，3D 打印机的销售总收入也只有在 2009 年超过了十亿美元。不过，2000~2009 年这十年期间，3D 打印出现了几项重大的革新，让 3D 打印能打印出的东西变得更吸引人，价格也变得比之前更低。

首先，3D 打印金属变得更普遍了。正如我之前强调的，世界上的大部分东西都是用金属零件制造的，金属的 3D 打印尤为重要。2002 年，Arcam 公司推出了电子光束溶解法（Electron Beam Melting ,EBM）技术，是利用高速电子动能作为热源来熔炼金属的冶金过程，是目前被普遍应

用于3D打印机技术中的一种快速制造工艺［普通的电子束成型技术跟选择性激光烧结技术（SLS）类似，只是用高能电子束代替了激光来烧结铺在工作台的金属粉末］。

同年，密歇根州的精密光学制造公司（POM）开始销售基于直接金属沉积技术（DMD）的机器。2007年，加拿大的Accufusion公司在推出了自己版本的LENS技术，称为激光整合（LC）。

2009年，美国Sciaky公司推出了电子束直接制造（Electron Beam Direct Manufacturing，EBDM）技术，并在2014开始销售打印钛部件的巨型金属打印机。

这项发明跟Sciaky公司1996年发明的电子束增材制造（Electron Beam Additive Manufacturing，EBAM）技术密切相关，它类似于SLS技术，不同的是，它是在真空环境下用极高的温度（1 000摄氏度）处理金属粉末的。EBDM技术的特别之处还在于，它将打印材料直接送进打印头，用电子束直接在机头熔融并打印，可以说是一滴一滴地打印金属物品，既节省原材料，又降低了打印成本。

其次，多种材料的同时打印以及电子电路的打印成为可能。

2008年，以色列的Objet Geometries公司推出了“聚合物喷射”（PolyJet）技术，这种技术可以将不同的材料打印在同一零件上。因为PolyJet技术喷射的不是黏合剂而是聚合成型材料，支持多种型号（多种颜色）材料同时喷射。

对3D打印机来说，电子电路是另一个比较难的应用。1999年，美国国防部高级研究计划署（DARPA）推出了“中等尺度集成电子成型制造”（Mesoscale Integrated Conformal Electronics ，MICE）项目，最终创造了一个通常被称为“直接写入”（directwrite）的技术，彻底改变了电子元件的打印。

2004年，新墨西哥州的Optomec公司用“直接写入”技术开发了气溶胶喷射（AerosolJet）技术，能够将导电元件打印在已经制造出的物件上。2009 年，富士公司也携基于墨盒的材料印刷机（Dimatix Materials Printer，DMP）进入电子元件打印市场，它跟气溶胶喷射技术非常相似。

当然，3D 打印机肯定还无法与英特尔和富士康高端、复杂的大工厂相提并论，但有时你只想将电子传感器嵌入到某个物体中，把它变得“智能”起来，这时 3D 打印就非常有用了。这在 2004 年还很罕见，但未来几年内，3D 打印“智能物体”就会变得更可行也更吸引人。

最后，“云 3D 打印”以及 RepRap 开源项目让 3D 打印变得更便宜了。

2002 年，德国的 EnvisionTec 公司开始销售其使用了新技术的 perfactory3D 打印机。EnvisionTec 使用的技术原理与立体光刻类似，只不过它是用 DLP 投影机对树脂进行紫外线照射，这大大降低了打印成本。DLP 和 SLA 打印机有时也被称为“树脂 3D 打印机”[1987 年，得州仪器公司的拉里·霍恩贝克（Larry Hornbeck）发明了数字光处理（Digital Light Processing，DLP）技术，一种高分辨率的视频投影系统。1997 年，一家名为数字投影 Digital Projection 的公司推出了第一台基于 DLP 技术的视频投影机]。

2007 年，爱尔兰的 Mcor 公司基于选择性沉积层压（Selective Deposition Lamination，SDL）技术推出了 Matrix 打印机，也是以纸张为基础的打印技术的一种，但它是用普通纸作为打印材料，也让打印成本下降很多。

在业内尝试开发降低打印成本的廉价打印机的同时，“云 3D 打印”出现了。

比利时的 Materialise 公司是为 3D 打印机提供软件支持的公司之一，它在 2000 年就开始为任何使用它们的软件建立 3D 模型的用户提供打印服务，也就是说，你不需要自己购买打印机，只要把模型发给他们，他们就会为你打印。Materialise 公司的印刷中心现在有 100 多台打印机

（SLS、SLA、FDM 等各种类型），每年为全欧洲客户打印一百万件产品，是世界上最大的 3D 打印场所之一。

所有这些都推动了 3D 打印技术的发展，虽然 3D 打印仍然被大公司和大的研究实验室所掌握，但制造价格更便宜的打印机的可能性越来越大了。这一时期，中小型企业的动机仍然很低：为什么要投入这么大的人力物力，还要与市场上这么多专利（专有）机竞争？在这里，“专有”这个词是很重要的：每个公司都有自己的技术，并没有与他人分享。

在 3D 打印技术的发明史上，除了麻省理工学院的 3D 喷墨技术，其他大学的身影非常少见。这种情况在 2005 年有了改变，巴斯大学（University of Bath）的阿德里安·鲍耶（Adrian Bowyer）推出了一个开源的 3D 打印机项目，名为 RepRap，用来研发一台可以自我复制的 3D 打印机。

2008 年，阿德里安·鲍耶创造了历史，他的达尔文机（Darwin machine）复制了自己本身（能够打印出大部分其自身组件，RepRap 自我复制的！），RepRap 是（replicating rapid prototyper）的缩写，这原型机从软件到硬件各种资料都是免费和开源的。更重要的一点是，2008 年的这台机器是基于 FDM 技术的，是第一台低成本的 3D 打印机。

如果说苹果公司 1984 年推出的麦金塔电脑（Macintosh）创造了台式电脑，那么 RepRap 就创造了台式 3D 打印。又因为一切在 RepRap 都是开源的，Bowyer 实际上引领了 3D 打印的开源运动。

在软件分享方面，2008 年，MakerBot 公司在纽约推出了网站 Thingiverse，爱好者可以用它免费下载和分享 3D 模型。另外，飞利浦的子公司 Shapeways（在荷兰）推出了一个 3D 模型的线上市场。Shapeways 公司的用户可以设计一款产品，并将能对它进行 3D 打印的数字文件上传到网上，Shapeways 负责让它变成实体产品并邮寄给用户。

2009 年，BitsFromBytes（2010 年被 3D Systems 收购）在英国推出

了 RapMan，它是在 RepRap 基础上，让爱好者们在家“DIY”3D 打印机的一套自行组装工具包。几个月后，MakerBot 公司推出了更受欢迎的组装工具包 CupCake，这是第一台在市场上销售的以 RepRap 为基础的 3D 打印机，虽然还并不是成品，还需要用户在家里进行组装。

RepRap 推广了 3D 打印技术，也让更多人能负担得起，这样的项目带来了一场革命。可以说，RepRap 带来了 3D 打印的“民主化”进程，如今，RepRap 仍然是世界各地的“创客”们使用最广泛的 3D 打印机。

BitsFromBytes 也在 2010 年推出了一个组合型的 3D 打印机，即 BFB 3000；MakerBot 也从 2012 年开始推出了 Replicator 等一系列消费者可负担得起的打印机。至今，RepRap 项目仍然是 3D 打印界灵感的主要来源。比如,2011 年纽约的 Solidoodle 公司推出了 700 美元的消费级 3D 打印机，也是基于 RepRap 的打印机，不过是预组装好的。

2012 年，一个来自捷克的 21 岁的学生约瑟夫（Josef Prusa）制造了另一台基于 RepRap 技术，但可以自我克隆的预组装版打印机 Prusa I3。和众筹网站 Kickstarter 等联手，RepRap 带来了 3D 打印机的迅猛发展。

当然，也有对 RepRap 表示不甚满意的科学家们开始另辟蹊径，2011 年，一些荷兰科学家就开发了一项和 RepRap 竞争的开源项目 Ultimaker，很快成了另一家提供全套 3D 打印机自组装工具包的创业公司（2012 年，它开发出了一台完全组装好的打印机）。

“快速创新”时代来临

如前所述，专利的限制其实是 3D 打印市场化上的一个障碍。知识产权并不总是有利于创新。2009 年之前，除了几个发明了 3D 打印机的原创公司，其他任何人制造 3D 打印机都是很困难的。RepRap 开源计划开始后，几个创业公司推出了自组装工具包，让普通人也能在车库里打造出他们自己的 RepRap 3D 打印机。这样做是违法的，因为只有 Stratasys 公司拥有 FDM 的版权，但这样做的主要是业余爱好者和研究者，所以 Stratasys 公司也从未起诉他们。

当 Stratasys 拥有的跟 FDM 技术相关的系列专利在 2009 年过期后，3D 打印迎来了第一个繁荣期。只要专利已过期，所有技术都变成开源的了，大量的 FDM 3D 打印机就涌现到了市场上。FDM 机器的价格从 2009 年的 14 000 美元下降到 2014 年的 300 美元。

SLA 的专利在 2014 年过期，然后我们就有了像 Formlabs 和 Carbon3D 这样的创业公司。3D Systems 公司持有的一项 SLS 专利在 2014 年也过期了，所以大家看到，现在 SLS 打印机也非常流行。

由德国弗劳恩霍夫研究所（Fraunhofer Institute，由 Fockele & Schwarze 公司代表）持有的 SLM 专利在 2016 年底到期，它可能引发一轮金属 3D 打印技术的繁荣。

我认为，开源的 3D 打印运动其实只持续了很短一段时间，该运动接下来还有很大潜力，将发挥更大的影响力。我们已经进入了一个这样的时代：3D 打印的系列工具会通过开源运动迅速流行，这会带来该领域的分布式创新，即创新将不再局限于实验室和大学，而是延伸到业余爱好者甚至高中孩子的手中。 过去 3D 打印被称为“快速原型”，但现在它也能“快速创新”了：它可以很快完善和提升自身的技术。

首个繁荣期的创新

2009 年迎来 3D 打印技术的第一个繁荣期后，该领域出现了很多让人印象深刻的创新。

2010年往后，3D打印领域出现了一些频繁的合并重组：Stratasys在2010年收购了Bespoke，2011年收购了Solidscape，2012年收购了Objet，2013年收购了MakerBot以及3D模型领域的几个供应商（The3dstudio，Freedom of Creation，MyRobotNation）。3D Systems在2010年收购了Bits FromBytes ,2012年收购了Z Corp。这是典型的达尔文选择——适者生存，带来的结果是，这个领域的玩家数量减少了。

2009年的第一个繁荣期当然带来了不少创新，加速了这一领域的发展步伐。值得一提的是，2012年，Shapeways公司提出了“未来工厂”的概念，并开始在纽约建立一个这样的工厂，即拥有很多3D打印机的工厂，它接受消费者从网上预定的3D设计方案，在数天内完成打印，并将产品寄给客户。

德国的Arburg公司在2013年推出了Freeformer，这种3D打印机与传统塑料制造兼容，但它使用的是传统的廉价塑料颗粒而不是昂贵的丝形耗材或粉末，也可以搭配不同的材料，主要用于需要快速制造备件或功能样件的场合，将3D打印在制造业领域的应用继续往前推进。

还是在2013年，德国Nanoscribe公司发布了一款纳米级别的微型3D打印机——Photonic Professional GT。顾名思义，这款3D打印机能制作纳米级别的微型结构，比如打印出不超过人类头发直径的三维物体。Photonic Professional GT 3D打印机在生物医学以及纳米科技等领域都颇有潜力。

2015年,硅谷初创公司Carbon3D推出了另一种新的3D打印技术——“连续液面生长”（Continuous Liquid Interface Production，CLIP），一种基于液体的SLA技术，它进一步提高了3D打印的速度（该技术利用光和氧气在液体介质里融化物体，创造了第一个使用可调谐的光化学打印而非层层打印的3D打印过程，使得物体可以产生于液态介质，打印速度比任何其他方法都要快25~100倍）。

金属零件的打印也在过去几年里有很大进步。2000年，福特的前科学家怀特（Dawn White）发明了一种基于“超声波焊接技术”的方法，一种无须熔化金属的焊接技术，它利用超声波的振动能量使两个需焊接的表面摩擦，形成分子间融合的一种焊接方式，这种方法被应用到3D打印机上后，也就诞生了“超声波增材制造”这项新的3D打印工艺。2011年，俄亥俄州的一家创业公司Fabrisonic将这项技术应用到了复杂的金属零件3D打印中。

2015年，XJet［由Objet的创始人哈南（Hanan Gothait）创建］推出了一个新的“喷墨金属”纳米技术，可以像墨水打印一样打印液态金属，Xjet的液态金属中的金属粉末本身还是固态形式存在的，但它们将超细的纳米级金属粉末均匀分布在“油墨”中使其“悬浮”成“液态”，然后再通过高速的3D打印技术将其在高温环境下打印出来。

在让3D打印机变得便宜上，New Matter公司是洛杉矶加州理工学院的科学家史蒂夫·谢尔（Steve Schell）创立的。2014年，New Matter在Indiegogo上推出了一款价格超低的3D打印机MOD-t另一款FDM打印机这款机器的众筹价还不到300美元！

2015年，波兰Skriware公司推出了一款3D打印机的众筹项目，目标是打造让用户易于操作且价格实惠的家用3D打印机，这款打印机可连接Wi-Fi，用户能通过触摸屏操作，还设计有USB端口，其易于操作体现在，用户可通过这款机器连接Skrimarket在线平台，然后点击打印图标，就能直接打印平台上的模型。

更有趣的打印方式也在不断出现。麻省理工学院媒体实验室的彼得·迪尔沃思和马克斯维尔·博格（Peter Dilworth & Maxwell Bogue）于2010年在加州圣何塞创立了WobbleWorks公司。2013年，WobbleWorks推出了世界上第一支3D打印笔3Doodler，用户可以用这支笔实时画出三维模型，在空中涂鸦出你想象中的物体（神笔马良的神话成真？）。

还有，意大利的 Solido3D 在 2015 年推出了一项低价装置 OLO，它可以将任何智能手机变成 3D 打印机，具体来说，将 OLO 装置罩在智能手机上，再在装置里倒入光敏树脂液体，最后运行 OLO 的 APP 程序，该装置就会利用手机屏幕发出的可见光实现光固化打印了！

继电子元件的打印成为可能之后，2015 年，珍妮弗·刘易斯（Jennifer A. Lewis）在波士顿成立了 Voxel8，它能够直接打印嵌入式电子产品，他们的宣传视频显示，其打印机用塑料和电路打印了一架无人机。

打印电路板可不是件简单的事，因为它们包含分布在多层内，由铜导线连接着的数以百计的电子元件。不过，新一代 3D 打印机已可以让业余爱好者为家庭和课堂实验方便快捷地做出电子电路。2013 年，佐治亚理工学院的格雷戈里·阿波德（Gregory Abowd）和东京大学的川原圭博（Yoshihiro Kawahara）以及英国微软的史提夫·霍奇斯（Steve Hodges）合作，证明了一种用普通喷墨打印机可打印任何形状的电子电路的技术。

2014 年，澳大利亚的 Cartesian 众筹了一个以台式喷墨机为基础的项目 EX（后改名为 Argentum），它可以打印电路板。2015 年，Voltera 在加拿大众筹了一台类似的机器，叫作 V-One。2016 年，以色列的 Nano Dimension 公司推出了以喷墨为基础的 DragonFly 2020 打印机，可以 3D 打印多层电路板，这个产品是由莱娜（Lena Kotlar）设计的。

还是在 2014 年，田纳西大学的胡安明（Anming Hu）用一台喷墨打印机打印了电子传感器和一个“电子皮肤”（可以用来装在机器人表层让机器人来“感知”周围环境）。

2016 年也不断有新的想法出现。比如，英国的 Photocentric 和圣地亚哥的 Uniz 3D 推出了以树脂为基础的台式 3D 打印机，这种机器用 LCD（液晶显示器）代替了激光或 DLP 数字光处理技术。这样做是因为 LCD 技术能让 3D 打印速度更快，而且能生产出任何尺寸的打印机。

我不知道哪一种会大获成功，但无疑每一种都有扩大 3D 打印机市场的潜力。有时候最好的想法并不是那些上头条新闻的。比如，我最近听到来自宾夕法尼亚大学的学生的一个很有创意的想法是“BAM!3D”，即设计一台悬挂在气球上进行空中打印的3D打印机，设计者想以此突破目前3D打印机的尺寸限制，即不再让3D打印机的大小限定打印对象的大小。

但是，目前我们还没有出现一个众所周知的成功案例。比如，谷歌是搜索引擎的成功案例，Facebook是社交媒体的成功案例，3D打印领域我们还想不到一个类似这样的案例。

“史前时期”的3D打印

目前的3D打印产业现状如何，面临的主要问题是什么

虽然有着诸多的创新和进步，但3D打印目前仍是一门难做的生意，而且它的市场依然非常小。2014年的市场约是40亿美元，与智能手机约1 000亿美元相比，顿时相形见绌。沃勒斯公布的年度统计也并不乐观：3D打印机一年共出售15万台，其中约14万台是台式3D打印机，但这些桌面台式机只占到总收入的15%，这个市场中真正的收入仍然是价格在十万乃至百万美元的工业3D打印机。

目前大部分3D打印机仍然使用的是FDM技术，包括2012年在西雅图由约翰·罗霍尔（Johann Rocholl）发明，由SeeMeCNC商业推广的Rostock Delta打印机，WASP的DeltaWASP打印机，DreamMaker的Overlord、Skriware、New Matter等所有基于RepRap的打印机。DLP打印机流行起来得益于2012年B9 Creator推出的South Dakora和2013年Michigan的Muve打印机。Autodesk的Ember、Uncia3D（中国）、Morpheus（韩国）和Kudo3D（旧金山）都是DLP打印机。

其他比较多的是 SLA 和 SLS 打印机。Formlabs 的 Form 1 和 Form 12（波士顿）、XYZ 的 Nobel（中国台湾）、Carbon3D 的 M1（硅谷），当然还有 3D Systems 的 ProJet，都是 SLA 打印机。SLS 打印机因为需要用高功率激光器，因此一直较贵，但最近价格已经下降，多亏了 Sintratec（瑞士）、Norge（英国）和 Prodways（法国）3D 打印机。

目前出现对这个产业的悲观看法并不意外，不少原来做 3D 打印的公司已经放弃了，这确实是一门难做的生意。我觉得主要是没有人发明一部像 iPhone 一样风靡的 3D 打印机。当苹果宣布推出智能手表时，我非常失望：智能手表有什么特别？苹果浪费了他们的天才工程师去制造了世界上任何一家公司都可以制造的东西，我真正期待的是苹果 3D 打印机！

总的来说，我们仍旧处于 3D 打印领域的史前时期。目前的 3D 打印技术还远远达不到传统制造工艺的质量水平，也就是通常是所谓的“注塑”技术。2016 年，有两个 3D 打印产品声称可以与传统“注塑”技术相媲美：Carbon3D 公司的 M1 打印机和惠普公司的 Multi Jet Fusion 打印机，但价格都非常昂贵。

色彩仍然是 3D 打印的一个问题。大多数 3D 打印的东西是黑白的。当人们看到一个黑白物体时，就会觉得“它肯定是用 3D 打印机制造的”，这一点必须改进。目前仍只有少数 3D 打印机可以进行 3D 彩色打印，价格也是居高不下。其中，惠普的 Multi Jet Fusion 采用的是英国拉夫堡大学的高速烧结（HSS）技术，应该比别的打印机快很多，而且是全彩色的。2014 年，中国上海的 DreamMaker 开始销售以 RepRap 开源设计为基础的 Overlord，也是一款 3D 彩色打印机。几乎同一时期，3D Systems 公司也推出了 CubePro Trio，这是以他们以从 BitsFromBytes 购得的 BFB3000 为基础研发的彩色打印机。2015 年，三星公司申请了一项彩色 3D 打印技术的专利，在该领域可能有新发明推出。

其次，复杂产品的 3D 打印还是很大的挑战。能够打印多种颜色和多种材料物品的打印机依然很少，而且仍然很贵，但现实中我们大多数物品都是多颜色，多材料的，这也是为什么现在硅谷会对惠普的彩色3D打印机感到兴奋。

在如何使复杂产品的3D打印变得更可行上，业内有很多新的创意。比如，“4D打印”是麻省理工学院、Stratasys和Autodesk的一个联合项目。建筑师和计算机科学家斯凯拉·蒂比茨（Skylar Tibbits）于2013年在麻省理工学院创建了自组装实验室（Self-Assembly Lab），他把4D打印定义为，能执行一项额外功能的3D打印。比如，打印出的3D物体可以学习并适应周围的环境，例如，在温度、压力或水分的改变的情况下进行改变，从打印机出来时是一个样子，随着时间的推移和环境的改变，自动变成另一个样子。或者，打印机打出零件后它们可以进行自我组装。这些创意背后的关键是研发出可定制和可“编程”的打印材料（塑料，纺织品，木材、橡胶、碳纤维）。

最后，你已经发现，我反复提到的，3D打印机的价格问题。虽然已经有不少让其变得廉价的尝试，但家用3D打印机的市场显然还未到来。从3D打印技术的发展历史可以看到，这是在一撮天才的独立发明者的推动下迅猛发展的科技，而不是靠大公司或资金雄厚的实验室。但是，这项技术如此昂贵，这些天才发明者们跟硅谷的车库创业者也不一样：他们往往来自中小型企业，创始人多是在自动化大工厂里历练成长起来的。

3D 打印未来：一场真正的制造革命

3D 打印将实体物品变成了数字文件，或者说，将数字文件变成实体物品，这才是真正的革命。一切都在变化：参与者、投资者、生产过程、销售过程……“用户友好”的时代正在转变为“产品友好”时代。你可以 3D 扫描、修改和打印家具、衣服和珠宝等很多物体，人类将回到很多个世纪之前的“工匠社会”。

新制造与新经济

我对 3D 打印的未来很乐观。因为 3D 打印领域已经有很大的进步，而且每年我们都在不断研发出新的“墨水”（打印材料）和新的打印方式。

这会让 3D 打印在未来几年内成为一个主流行业。麦肯锡预测，2025 年，3D 打印产品的市场会达到 5 500 亿元（不是 3D 打印机，而是 3D 打印的产品）。

3D 打印技术的颠覆性是毋庸置疑的，3D Systems 公司和 Stratasys 公司掀起了一场观念革命：我们可以将一个数字文件转换成一个三维物体！数据世界和物体世界之间曾经有非常清晰的界限。你可以触摸到物体，但不能触摸到数据，而 3D 打印模糊了这个界限，它将比特转换为原子，也将一切实体转化为计算机数据，数据世界和实体世界由此连接了起来。这不是一条直线距离能达成的，我认为，数据库、网络和社交媒体的发展一步步将更多的计算能力赋予了个人，而不是原来的大公司和大实验室，3D 打印才得以在此基础上进一步将计算能力转向了个人。

如果没有 3D 打印，工业 4.0 就算不上是一场真正的革命。工业机器人已经存在了很长一段时间，把更多的机器人投放在工厂或仓库并不能带来根本性的变革，它只是现有生产过程的简化而已；数据分析不停地变换名称，不管现在你们称为“大数据”还是“云计算”，核心的数据分析工作从第一台主机连接进入数据中心后就已存在，也算不上什么新鲜事物；可以互联互通的智能工厂自20世纪80年代以来就存在了（它曾经被称为“分布式数控”，即DNC）。

但是，3D打印将实体物品变成了数字文件，或者说，将数字文件变成实体物品，这才是真正的革命。3D打印改变了我们生产制造的方式，进而必然会影响和改变我们的经济和社会。工业革命创造了工厂，人们购买和使用的物品都来自工厂，而3D打印技术引领开创了一个新时代，一个普通人也能体验将一个数字文件转换成三维实体对象的魔力。可以预见，3D打印技术将促使大公司和大工厂经济更多向家庭经济转变。

曾经，甘地痛恨机器和工厂，尤其是英国的跨国公司，他鼓励印度家庭在家里经营棉花店。可惜，世界却朝着另一个方向狂奔，几十年来，大公司几乎完全摧毁了小型家庭作坊的发展。如今，如果甘地再生，他可能会为以3D打印为开端的第三次工业革命深感欣慰。

现在，3D打印多种形状和多种颜色的物体已经成为可能，用多种材料进行3D打印的可行性也在不断增加，技术的进步会让我们快速进入这样一个3D打印时代：能够混合打印的材料种类将比以往任何传统生产流水线上的还要多。

3D打印将在不久的将来使制造业“民主化”：人们在家用一台打印机就可以“制造”实体产品。世界上曾经有很多个体工匠，后来工厂出现了，工匠消失了。现在我们要重新回到工匠的世界，只不过我们现在改称他们为“创客”。

可以预见，3D打印将促使目前整个工业体系的产业链发生改变。原来一款新产品推向市场经常需要数年时间，现在从有一个产品创意到做出原型，再到众筹生产，最后直接销售，整个产品诞生周期会大大加速。

工厂的概念和意义正在改变。生产制造上技术的门槛正在降低,今天,拥有一家超级大的、昂贵的工厂对一家公司来说是优势,明天可能就会变成劣势。

制造产品所需的资金比以往大大降低,而且制造者可以通过多种渠道和方式来集资,比如在Kickstarter、Indiegogo和GoFundMe众筹。

传统生产流水线用每一站增加一个零件的方法来制造一个完整的产品,但3D打印可以直接将完整的产品打印出来。这种方式更节省时间,而且每一件产品也都是可定制的,每件产品都可以用CAD设计软件带来些许不同。

物流业也会悄然改变。虽然机器人和无人机正在重塑目前的物流业,但储存和运送产品仍然很昂贵。3D打印技术的影响在于,这种生产制造方式不再需要仓库了,也许将来某一天,也不再需要产品的运输了,因为遍地都是3D打印店,不论你在哪里,都可以享受到下载文件和打印3D物品的服务。

市场营销中,"买家评论"等直接的用户反馈将变得更重要。相比传统的杂志、电视广告,现在的用户更相信亚马逊、Yelp等网站和APP上的"买家评论",这也是最强有力的市场营销方式。应用3D打印技术后,制造商一开始就是根据用户的需求设计产品的,制造周期比以往更短,也意味着能更快从用户那里得到新产品的即时反馈,然后再迅速改进产品。

总之,一切都在变化:参与者、投资者、生产过程、销售过程……"用户友好"的时代正在转变为"产品友好"的时代。

互联互通的3D社区

3D打印的具体发展趋势是什么

首先，很快会出现的是，3D打印厂商会在网络社区上互联互通，重塑以家庭为基础的3D打印时代的新供应链。这个3D网络社区应该是这样运行的：每个创客都可以在上面发布3D产品的数字模型，其他创客（或这些创客的软件）则可以决定哪些正好是自己需要的。或者，如果有人3D打印出一款零件，而这款零件正好是另一个商家组装产品所需要的，这种需求的匹配也将在网络上几乎是自动完成的。这个网络社区（很可能是个APP）可以很容易地帮创客们计算出从中国或德国订购一款3D打印零件的成本，然后再帮创客做出采购决定，一键下订单并自动支付，最终组装成品的人可能根本弄不清楚每个零件都是从哪里来的。

针对这种经济新趋势，我很赞同兰加斯瓦米（JP Rangaswami）的观点，未来的企业必须“为失控设计”，需要把原来的内部组织变成一个“社会组织”，用网络结构代替层次结构，用开放代替封闭，并时刻准备为开源经济做贡献，而不是只守着自己的专利。

创新加速期即至

由此看来，“创客运动”与3D打印的结合会在未来几年引爆新一轮创新，3D打印应用的范围将极大扩展，从现在打印塑料玩具到接下来打印汽车、房子等。

创客运动很有意思，它起源于硅谷，或说旧金山湾区。湾区有着悠久的“DIY”（自己动手）的文化传统，这也一直是硅谷成功的秘诀之一。硅谷素来以“车库”知名，而不是以大工厂。创客运动始于2005年，Tim O’ Reilly出版社（专门出版计算机图书）的戴尔·多尔蒂（Dale Dougherty）创办了“Make”杂志，很快于2006年在圣马特奥举办了第一届创客节（the Maker Faire）。

如今，创客节已经遍布全世界。2006年在门洛公园成立的Tech Shop，是一个既共享课程，又提供工具的工作室。创客们还可以在诸如Etsy［2005年由罗伯特·卡琳（Robert Kalin）创立于纽约］这样的网站上分享自己的成果，在诸如Instructables（一个为DIY项目而生的门户网站）这样的网站上分享自己的经验和知识。

2009年，大卫·维克利（David Weekly）和其他几个人一起创办了Hacker Dojo，一个为创客们服务的孵化器（或说创客空间），类似的地方还有旧金山的“嗓音桥”等。在这些地方，年轻的创客们可以大胆实验和动手制造，甚至可以重新发现自己的童心。“嗓音桥”的创始人米奇·奥特曼跟我说，一个为创客打造的地方应该有点像一个有很多互动玩具的科学博物馆，但同时也应该给创客们一些自我探索的感觉。2011年，Autodesk收购了Instructables网站，并推出了一个“艺术家驻留计划”（artists-in-residence program）项目，名字是Pier 9。正是在这个时间点上，创客运动遇到了3D打印文化，也正是在这一时期，这些创客空间能买得起3D打印机了。

于是你会发现，当创客们纷纷玩起了3D打印机，事情很快开始变得疯狂了。比如，2011年，安迪·基恩（Andy Keane）和吉姆·斯坎兰（Jim Scanlan）在英国南安普顿大学3D打印了一架小飞机。2014年，纽约的路易斯·德罗莎（Louis DeRosa）用他的3D涂鸦笔（3Doodler）做出了六旋翼无人机。威斯康星州的一名学生布莱恩·塞拉（Bryan Cera）3D打印了一个手机，就像手套一样是可穿戴的。

已经有人开始尝试打印汽车了。2013年，加拿大的吉姆·侯尔（Jim

Kor）展示了他发明的Urbee，一辆具有3D打印车身的汽车，现在吉姆还正在众筹他的第二辆能够从旧金山开到纽约，穿越美国的3D汽车。2014年，亚利桑那州的Local Motors公司在44小时内3D打印了一辆电动汽车，使用的是橡树岭国家实验室（ORNL）开发的一种特殊机器，使用的模型是由塑料和碳纤维做成的，世界第一台3D打印车Strati就这样诞生了。Local Motors公司还计划在2016年开始销售一种名为LM3D Swim的3D打印车，相比丰田和通用汽车通常要花5~6年才能设计制造出一辆新的车型，Local Motors觉得可以从零开始，一年之内就造出一台新车。2016年，德国公司AP Works推出了一台3D打印的电动摩托车，称为“光明骑士”（Light Rider）。

确实，3D打印一辆车现在比你买一辆真的还贵，而且很可能也没有你买的好开。但是，至少这些实验者们已经证明了它的可行性和潜力！

房子也能3D打印了。2014年，上海一家3D厂商用一台巨大的3D打印机在不到24小时内就打印出了10幢房屋。2015年，意大利的世界先进节能工程（WASP）3D打印出了一幢五层楼的房子，并用一台更大的3D打印机打印出了一幢豪华别墅。想象一下这些实验变得更普及后会发生什么吧！

3D打印还能帮助再现古建筑。当伊拉克和叙利亚的ISIS组织即将入侵叙利亚巴尔米拉的古城时，英国数字化考古学研究所（Institute of Digital Archaeology）就请求志愿者们用3D相机拍下当地历史古迹的照片。2016年，这些研究者通过3D照片和打印机制造出了巴尔米拉古城遗迹中拥有两千年历史的凯旋门副本，将其放置在了伦敦特拉法加广场。我真希望之前有人能对毁于塔利班炸药的巴米扬大佛（毁于2001年阿富汗战争）做同样的事情。

陶瓷艺术品也能3D打印了，2014年，荷兰的VormVrij开始3D打印和销售陶瓷物品，2015年，佛罗里达州的DeltaBots推出了专为陶瓷设计的 3D 打印机。总之，这个领域疯狂、有趣的尝试层出不穷：对喜欢吃巧克力的我来说，我很乐意听到，2012 年，从英国埃克塞特大学里走出来的 Choc Edge 公司发明了 3D 巧克力打印机，名为“巧克力创造者”。

鉴于目前创客运动和文化在全球方兴未艾，创客空间和孵化器遍地开花，每一家都很可能会购买 3D 打印机这种创客必备装置，接下来 3D 打印领域的创新会更值得期待，3D 打印能做的事情会越来越多。

制造趋于极简

如前所说，工具和过程的简化和便捷已经成为 3D 打印技术发展的重要趋势。3D 打印正在推进产品生产的“民主化”进程，但我们首先需要产品设计的“民主化”。大部分产品设计者都会从已有的一款产品着手，修改功能或外观后，将其变成另一款新产品。在 3D 打印的时代，要做同样的事情，我们首先需要一台 3D 扫描仪。问题是，虽然现在我们已经有 3D 打印机了，但它们都还不是 3D 扫描仪。3D 扫描仪还是一个单独的机器，而且也不便宜。

3D 扫描不是一项新技术，20 世纪 60 年代就已经有 3D 扫描仪了。过去我们早就使用激光雷达（LIDAR）来获知一个物体的三维信息了。1971 年的时候激光雷达就被用于探测月球表面了。如今激光雷达则成了谷歌无人驾驶汽车的“眼睛”。

第一款商业化的产品是一部头部扫描仪，1987 年由大卫（David）和劳埃德·阿德尔曼（Lloyd Addleman）在蒙特利的控件实验室研发出来的。紧随其后的是 1990 年日本 NKK 公司发明的 3D 扫描仪以及法国的 Vision 3D，英国的 3D 扫描仪（1994 年的 Replica 和 1996 年的 ModelMaker），得克萨斯的 Digibotics，洛杉矶 Ben Kacyra 的 Cyra

Technologies（1998 年的 Cyrax，2001 年被瑞士的 Leica 收购）以及 Cyberware 自己。2010 年，微软为 xbox 360 游戏机推出的 Kinect 动作感应设备，实际上 2005 年就被发明了，是 3D 扫描技术的一个副产品。

如今我们已经有了手持 3D 扫描仪，比利时 4DDynamics 公司的 IIIDScan PrimeSense 扫描仪，中国先临三维（Shining 3D）的 EinScan-S 扫描仪以及英国 Fuel3D 的 Scanify 扫描仪，价格都在 2 000 美元左右。当然也有一些价格上万的扫描仪，比如 Artec 公司的 Eva from Luxembour、尼康的 ModelMaker MMDx 以及加拿大 Creaform 的 HandyScan。

我们也已经有了能够连接到智能手机或平板电脑的 3D 扫描仪，比如 3D Systems 的 Cubify iSense，EORA，这也是一个众筹项目。Occipital 推出了一个名叫 Structure Sensor 的便携式 3D 传感器，可以搭载在 iPad 的背部，同样是众筹的项目，价格只要几百美元。

同时，我们也有桌面的扫描仪，比如多伦多 Matter & Form 的 MFS1V1，也是众筹项目，它用一个转盘来扫描物体。洛杉矶 NextEngine 的 Ultra HD 扫描仪，MakerBot 公司的 2016 Digitizer。这些 3D 扫描仪都可以创建一个在电脑上操作的数字文件。2014 年，两款产品改变了 3D 打印的历史，洛杉矶 AIO Robotics 的 Zeus 以及中国台湾 XYZPrinting 的 Da Vinci AiO：这两款产品终于将 3D 扫描和 3D 打印结合了起来。

一款叫作 Peachy Printer（桃色打印机）的 3D 打印机也有望解决这个问题，Peachy Printer 是在 Kickstarter 上众筹的一款激光 3D 打印机，当与摄像头结合后，Peachy Printer 又可以变身为 3D 扫描仪。Peachy Printer 会不断产生一束直线激光，当 360 度旋转物件时，摄像头会拍下物体图片，据此勾画出 3D 模型。

还有一种创新解决方案是，将每个人的智能手机变成 3D 扫描仪。加州理工学院阿里·哈吉米瑞（Ali Hajimiri）的研究小组正在研发一种一毫米级芯片（one-millimiter chip），该芯片可以直接安装到智能手机里，将你的智能手机变成一台 3D 扫描仪。微软首席研究员沙赫拉姆 – 伊扎迪（Shahram Izadi）和他的同事也在 2015 年研究出了让普通手机变成 3D 扫描仪的方法，智能手机加载他们研发的系统后，只需手机自带的摄像头和处理器就可以扫描 3D 物品。同年，麻省理工学院媒体实验室拉斯卡尔（Ramesh Raskar）的团队发明了一种“偏光式 3D 技术”（Polarized 3D），该技术极大地提高了 3D 扫描的质量，未来有一天也许我们的智能手机就能安装上高质量的 3D 相机。

接下来有一天，我们将可能实现的是，用手机给某样物体拍个照，用一些 3D 设计软件修改，然后再 3D 打印出来一个复制品。

这里还有一个问题是，很少有人有耐心学习 CAD 设计软件到底怎么使用，尤其是 3D 版的。现在大部分“创客”使用的都是开源平台已有的模型，比如从 3D 模型库 Thingiverse 上下载一个设计好的模型，直接打印出来。

3D 设计和建模方面当然也有不少进步。目前最具影响力的一些工具是：法国达索的 CATIA（1981），波士顿 Parametric Technology 公司的 Pro / E（后来更名为 Creo）（1987），旧金山 Gary Yost 公司的 3D Studio（1990 年成立，1992 年被 Autodesk 收购后更名为 3DS Max），得克萨斯州 NewTek 公司 LightWave3D（1990），波士顿 Jon Hirschtick 公司的 SolidWorks（1995 年成立，1997 年被 Dassault 收购），亚拉巴马州 Intergraph 公司的 SolidEdge（成立于 1996 年，2007 年被 Siemens 收购），洛杉矶 Pixologic 公司的 ZBrush（成立于 1999 年），Autodesk 的 Inventor（1999）以及科罗拉多州 Last Software 的 SketchUp（成立于 2000 年，2006 年被谷歌收购）。

这些工具的问题是，他们用起来实在过于复杂了！虽然它们的功能也越来越强悍，但价格和复杂指数也一直在飙升。但是，过去 20 年里也出现了很多便宜的甚至是免费的工具，比如开源项目 Blender（荷兰，

1995）以及 FreeCAD（德国，2002），Autodesk 123D（2009），Pixologic 的 Sculptris（2009）以及 Kai Backman 公司的 TinkerCAD（2011，2013 年被 Autodesk 收购）。

如何更便捷地进行设计这个问题当然有人尝试解决了。比如，视频游戏 Minecraft 自从 2011 年被瑞典设计师马库斯·泊松（Markus Persson）发明出来之后引起了很大的反响。因为连儿童都可以使用 Minecraft 类似堆积木的概念来设计出复杂的 3D 模型。

2014 年，法国的西尔万·于埃（Sylvain Huet）用相同的理念研发了 3DSlash 设计软件，零基础的 3D 建模爱好者也可以简单快速地学习如何设计。此外，将 3D 建模应用到 iPad 等平板电脑，使用云储存分享并促进设计者之间的互相沟通等方面也已经有了大量的尝试。比如，Autodesk 的两名前员工埃维·迈耶（Evi Meyer）和埃里克·萨丕尔（Erik Sapir）2014 年在旧金山创立了 3D 设计软件 uMake，提供 Autodesk 的 3D 设计工具的手机版。再比如，2015 年，Autodesk 为创客们设计 3D 物体增加了一个基于云端的服务 Forge，与一个风险基金 Spark 一起来投资这个领域最大胆的想法。2015 年，旧金山的王喆柳怡（Rita Wong）发布了 Valsfer，一款连接设计者和制造商的社交平台。

一个 3D 模型通常都会被编码成 STL 格式，然后设计师可以用 STL 编辑工具对它进行修改，比如意大利的开源软件 MeshLab（2005 年在比萨大学研发的），或加拿大的编辑工具 Meshmixer（多伦多大学的瑞安·施密特开发的，后来被 Autodesk 收购）。当 STL 文件准备被发送到一个 3D 打印机时，我们还需要一个工具将 STL 转化为 3D 打印机的系列打印指令。这就意味着要将 3D 模型“切片”，这个过程中使用的软件也因此有时被称为“切片机”。比如，RepRap 社区的标准 3D 打印软件，开源的 Slic3r，Ultimaker 公司的 Cura，俄亥俄州的 Simplify3D。

听起来很复杂对吧？但趋势是简化这个过程，几年内这个行业就会面目全非。比如，微软在3D打印上就有一个全面的商业策略。2013年，微软为Windows 10操作系统推出了3D扫描和建模，微软的用户可以扫描、下载、编辑和打印3D模型。如果你还没有3D打印机，微软还跟Materialise合作提供一种基于云端的服务，可以将你的3D打印物品送货上门。

当3D打印的工具和过程越来越简单和便捷，直到价格变成消费级后，你就可以3D打印出自己的家具了！步骤很简单：扫描你的茶杯，修改茶杯的3D模型，然后将你自己版本的茶杯打印出来。

更酷的是，接下来，你可以直接打印出家人和朋友的3D缩微模型了！而不是像现在这样打印出来平面的照片！2015年，洛杉矶的CoKreeate已经开始了这种尝试，他们提供一种3D打印人的复制品的服务，他们用Artec扫描仪做成一个人体3D模型，然后再用一台Z Corp 3D打印机制造一个你的副本。

最终的目标应该是“双向制造”：从数据库中选择一个物体的三维模型—将它的数字文件3D打印下来—手动修改它—3D扫描它—上传该物品新的数字文件—3D打印新的数字文件，也就是一个崭新的你的设计作品。在这个过程中，手工修改的自由感和3D打印的精确度就被结合到了一起。这方面不乏尝试者，比如，2015年，英国兰开斯特大学杰森·亚历山大（Jason Alexander）的团队发明的混合设计技术ReForm，它专为黏土设计（使用黏土的优势是，直到你把它放进烤箱之前，它都是柔软的，你可以按自己的喜好多次重塑它），将3D建模、打印与手工雕塑融合在一起，创作者可以同时使用3D打印技术和手工雕刻技术制作黏土对象。

生物打印人体器官

3D 打印在医学发展方面的应用前景如何

3D 打印已经在尝试打印人体组织了，这确实不是在开玩笑。最先认真应用 3D 打印技术的就是医疗保健行业，因为每个人的身体都是不同的，定制一些医疗辅助产品就很有必要，比如人造牙冠、助听器以及人工髋关节置换材料等。

如果 3D 打印可以进一步打印我们身体内部的器官，这就会在医学上带来更大的革命。根据美国卫生和人类服务部提供的数据，现在有超过 100 000 人正在等待器官移植，每十分钟这个名单上就会多一个名字。人体组织和器官的生物打印已经有不少实验了，几乎每年都有新进展。想象一下吧，3D 打印加上再生医学可以在多大程度上改变未来的手术行业。

1997 年，亚利桑那大学生物医学工程项目创始人斯图尔特·威廉姆斯（Stuart Williams），使用 nScrypt 上的工具制造了被称为生物组装工具（Bio Assembly Tool）的第一版 3D 生物打印机，2001 年，威廉姆斯 3D 打印出来了一个活的组织。2004 年，克莱姆森大学（Clemson University）的托马斯·博兰（Thomas Boland）用喷墨打印技术制造出来了心脏组织。2006 年，美国政府通过博兰的专利“活细胞喷墨打印”之时，也是 3D 生物打印“官方”的诞生时间。同年，牙科市场诞生了专门的 3D 扫描仪和 3D 打印机。随后，美国 3D 打印公司 Solidscape 推出的 D66 型 3D 蜡型打印机也是专门应用于牙科的。

2007 年，3D 打印机公司 Arcam 的打印机被用来打印一个髋关节。2008 年，3D 打印公司 Stratasys 发明了一种“生物相容性”的材料，也就是说，人体将不会排斥这种材料。同年，成立于密苏里州立大学的生物打印技术公司 Organovo 使用 nScrypt 的 3D 打印机打印了一个血管。

2010 年，生产定制假肢护套的 Bespoke Innovations 公司［由斯科特·萨米特（Scott Summit）和肯尼思·特劳纳（Kenneth Trauner）创立于旧金山］开始打印不仅定制化而且外形精致的假肢。斯坦福大学乔尔·萨德勒（Joel Sadler）的团队3D打印的“JaipurKnee”，是普通人也能负担的起的廉价的膝关节，“JaipurKnee”在印度成了大新闻。

还是在2010年，Organovo公司研发了一台可以打印人体组织的生物打印机，MMX生物打印机。Organovo还开始跟Autodesk合作研发一款3D设计软件，可用于Organovo的NovoGen MMX生物打印机。

2011年，华盛顿州立大学的萨斯米塔·博斯（Susmita Bose）3D打印出来了一种像骨头一样的材料。2012年，朱尔斯（Jules Poukens）医生开创先河，做了全球首例这样的手术：将3D打印的钛金属下颌骨植入一个83岁的女病人下巴里。

2013年，科罗拉多一个17岁的高中生3D打印出来了一只机械手臂。华盛顿州的伊万·欧文（Ivan Owen）3D打印了一只机器人的手。同年，普林斯顿大学迈克尔·麦卡尔平（Michael McAlpine）的团队和康奈尔大学的杰森·斯佩克特（Jason Spector）的团队合作打印出了两只耳朵。

2014年，肯塔基州的创业公司Advanced Solutions推出了一个名为Bio AssemblyBot（BAB）的机器人，以及TSIM（Tissue Structure Information Modeling）软件，这是一款用于生物领域的CAD软件，用户用该软件构建生物模型，然后用BioAssemblyBot制造。TSIM和BAB可以让人们简单地设计和制造生物结构。

2015年，多伦多大学马特·拉托（Matt Ratto）的团队为一个年轻的乌干达女人3D打印了人工腿的一个关键部件。同年，Organovo3D打印了肾脏组织（但并不像一些媒体报道的那样是整个肾脏）。还在同年，佛罗里达的nScrypt公司研发了TE（组织工程）生物打印机。

现在很多国家都有3D生物打印机了：瑞士的RegenHu，俄罗斯的Bioprinting Solutions，日本的Cyfuse Biomedical以及中国的捷诺飞

（Regenovo），新加坡的 Bio 3D。同时，我们也有了第一批“低成本”生物打印机，比如英国的 3Dynamic 以及费城的 Biobots。

这个领域最著名的科学家是威克森林再生医学研究所主任安东尼·阿搭拉（Anthony Atala）。虽然关于他的新闻并不完全准确。比如，1999 年他将一个 3D 打印的器官移植到人体上的故事（他们其实只是 3D 打印了膀胱的一些支撑部件）以及 2011 年他的团队 3D 打印了一个肾脏（其实是一个微型肾），但每一年，这位科学家都在向 3D 打印人工器官方面更进了一步。

还有一位在 3D 打印领域工作数年的科学家珍妮弗·刘易斯，她从 2013 年开始首先在伊利诺伊大学和哈佛大学研发出了一种特殊的油墨，也是我们的身体不会排斥的材料。值得一提的还有威克森林研究所的詹姆斯·优（James Yoo），詹姆斯正在研究 3D 打印皮肤层，可以用来直接喷在皮肤被烧伤的地方做美容。

对我来说，最令人兴奋的实验是 2014 年由威廉·鲁特（William Root）完成的，他当时还是纽约的一个工业设计系的学生，他用一种三维扫描技术（FitSocket technology）在麻省理工学院的一个实验室拍到了病人腿部的细节，设计出了目前适应性最好的假肢。然后，他 3D 打印出了一种他称为 Exo-Prosthetic 的假肢，一种可以准确复制被切除下来的四肢的钛金属外骨骼。

当然，因为现在我们仍旧处于 3D 打印领域的史前时期，所有这些 3D 打印的四肢和器官都没法跟人体真实的部分相比。更重要的是，我们虽同为人类，但每个人的四肢和器官都是不同的，这些 3D 打印出来的四肢必须实现定制化和个性化，相比现在我们有的假肢，那才是真正能代表 3D 打印之进步性和优越性之处。

“想不到”处更惊喜

未来，3D扫描和打印普及后，带来的影响将不仅是制造业、医学等领域，我们社会和生活的很多方面可能都会被改变。

拿我喜欢的艺术来说，现在已经有很多艺术家使用3D打印进行创作了。当更多人使用这种技术后，可以想象，原来需要大量练习才能胜任的雕塑、陶艺等制作艺术首先会被重塑，艺术的“门槛”会大大降低，那些对艺术和时尚拥有良好“感觉”的人们都可以在设计软件和3D打印机的帮助下迅速成设计师了，包括设计珠宝、衣服等。艺术和科技的深度融合还会给我们的未来带来更有趣的改变。

比如，未来有一天，3D打印会变成一种家庭爱好，人们就是纯粹拿它来玩。就像现在这一代的孩子都在玩乐高积木，未来一代的孩子会直接3D扫描某个喜欢的东西，然后按自己的意愿修改，再直接3D打印出来玩。以前孩子们在学校里都会比赛画画，画得最好的作品会在教室的墙上展出。而未来一代的孩子们在学校里会被老师要求制造一个有创意的物体，而那些做得最出色的会在学校展览厅里展示。

再比如，人们会将3D打印技术用于社交软件中，我将自己设计的一款玩具的3D模型用手机发给你，你接收后直接下载打印出来，现在流行“表情包”，以后可能会流行“三维模型包”（意大利的Solido3D推出的OLO Message已经在尝试了）。

3D打印普及更多普通家庭后，人们就会3D打印需要的家具或者就是打印着玩。你一定有很多次希望自己最喜欢的椅子可以再高一点，或者电视柜再低一点等，这在以后都不是问题，你可以3D扫描、修改和打印很多实体物品。人类将回到很多个世纪之前的“工匠社会”。不同的是，在这个全新的工匠社会里，我可以将某个物品的3D数字文件传给你，比如我家的复古花瓶，几分钟内，你就可以下载并将这个花瓶3D打印出来，就像现在你打印一封邮件一样便捷，同样，你可以打印出任意数量的一模一样的花瓶。

当然，3D 打印并不能打印一切东西，很多东西依然要求非常复杂的设计和制造工艺，也依然需要大工厂来制造，但 3D 打印会成为我们生活中的一部分。

这些还都是我们能够想到的，但我不太确定人们只会用 3D 打印来打印我们已有的东西。3D 打印和其他科技一样，它更大的魅力在于，人们很有可能会将它用在我们今天完全想不到的用途上，从而给我们的生活带来全新的冲击和震动，因为今天还没有人能想到的东西，明天往往才会变成真正的革命！

太空探索篇

我们知道存在新的边界，

只是我们还没有找到。

我们一次次穿过小径，

直到我们确认，

它真的是一条通道，

一个方向，

而不仅是一个光的反射。

——皮埃罗

星际穿越：人类永恒梦想谁能实现

公众对太空探索的理解显然与它带来的实际价值不成正比。GPS、天气预报、卫星电视乃至有些地区的互联网等都依赖于太空技术。2009年发明的开普勒望远镜以及NASA火星探测器“好奇号”2012年登陆火星都是21世纪最顶尖的技术成果。未来太空技术能带来的价值更无须赘言，就好像你问哥伦布发现美洲到底有什么意义一样，在太空探索的上，限制我们的确实只有想象力。

太空探索的重重障碍

埃隆·马斯克和杰夫·贝索斯的太空探索计划每一步都“举世瞩目”，不过，当埃隆·马斯克大张旗鼓地宣传他的SpaceX时，杰夫·贝索斯显得低调得多，但蓝色起源在2002年就成立了，比SpaceX还要早两年。这两个人都证明了“固执”又极具创造性的个体更能在该领域有所成就。不过这可不是一般的开发软件什么的，要玩太空探索，你首先要特别有钱才行，别指望在车库里就捣鼓出来点东西。

2015年11月，蓝色起源成为第一家成功发射火箭进入太空，安全着陆后又安全返回地球的公司。紧接着，SpaceX也成功实现了火箭垂直着陆回收。短短几个月内，这两家公司都证实已掌握火箭回收地球再利用技术。这将会大大降低太空探索成本，甚至有望带来一个“廉价太空”时代。

谷歌也在进行太空探索项目。从2001年开始，谷歌已经在超过160家公司上花了超过280亿美元，它进入太空探索领域也没什么好意外的。谷歌已经收购了Skybox Imaging，这家公司计划将一个微型卫星组成的阵列发射到太空去，好让未来有一天我们可以清楚看到地球上任何一个地方。

诸多进展听起来振奋人心，不过，探索者其实都没有解决根本问题：地心引力。我们已经发明了抵消电磁的方法，但我们从来都没有打败过地心引力（试想有一天你穿上的某样东西能抵消重力，这会带来多么大的改变？）。就因为地心引力，千百万年来我们人类才被困在地球表面。

太空探索目前面临的挑战有很多。如今我们发射火箭进入太空的方法跟汽油动力车的原理是有些相似的。这里面有多个问题，第一，该系统不够安全，可能引起宇航员在起飞过程中死亡，这种危险性使我们的发射加速度不能太高；第二，目前的飞行速度对人类来说又实在是太慢了，我们甚至不可能在人类生命周期内探索完太阳系；第三，即便我们解决了以上两个问题，找到了能让宇航员在光速的 1/10 速度下保证安全的方法，我们乘坐太空飞船前往最近的恒星半人马座阿尔法星（Alpha Centauri）需要的能源量也大概跟一个太阳那么大，听起来似乎是天方夜谭。2004 年，由英国亿万富翁理查德·布兰森（Richard Branson）在帕萨迪纳成立的维珍银河（Virgin Galactic）首先提出了“商业航天器和太空旅游计划”，吸引了大量媒体追捧。可惜，2014 年 12 月太空船二号（Space Ship Two）的坠机事件让该公司黯淡很多，安全问题在太空领域依然是头号大事。

再解释下速度问题，美国宇航局的旅行者 1 号（Voyager 1）飞船需要 36 年的时间才能飞出太阳系，来回一次经过的距离大约是 0.0005 光年。而现在距离我们最近的恒星半人马座阿尔法星（Alpha Centauri），这个“最近的距离”确切来说是 4.4 光年。也就是说，凭借现有的技术，人类文明是永远不可能抵达距离我们最近的恒星的。而半人马座阿尔法星仅是浩瀚的银河系中无量无边的星体之一，银河系又仅是宇宙中无量无边的星系之一。

这迫使我们寻找航天器推进的替代性解决方案。1996 年，NASA

推出了一个“突破性物理推进项目”（Breakthrough Physics Propulsion Program，BPP，NASA 在 1996~2002 年资助的一个研究项目，用以寻找和研究航天器推进技术的各种革命性方案和建议，这些建议在实现之前将需要物理学上的突破，项目由此得名，在 6 年内，该项目得到了共 120 万美元投资），虽然项目以失败告终，但该项目的经理马克·米利斯（Marc Millis）在 2006 年成立的“Tau Zero”基金会却依然存在，它向公众募集资金来继续太空探索，也许有一天它会有所作为。

太空旅行还有多遥远

究竟如何才能战胜重力

要是我知道答案的话，我还写什么书呢，我早就在宇宙里飞来飞去了！不过，有一种“排斥力”可以在不用爆炸推动力的情况下将两个物体分开。比如，“反物质引力”。

1998 年，科学家们发现，宇宙在加速扩张，虽然目前对这种扩张接受度最高的解释是一种不明暗能量的存在，但原因也有可能是“反物质引力”。1928 年，英国理论物理学家保罗·狄拉克（Paul Dirac）做出了正电子存在的预言，1932 年，美国物理学家卡尔·安德森（Carl Anderson）通过实验发现了它们。反物质的研究就此开始，反物质在我们星球上非常少见，当它跟物质接触后，往往会立即湮灭。欧洲核子研究组织（CERN）的德拉甘（Dragan Hajdukovic）正计划用实验证明，如果保持物质和反物质分开（即如果他们不瓦解对方），两者就会互相排斥。

如果“反物质引力”就是我们需要的排斥力，虽然工程量巨大，理论上我们仍可以制造出由反物质推进的火箭。首先要解决的问题是，我们如何将反物质存储在火箭内？已有的尝试是，2011 年，瑞典科学家列夫（Leif Holmlid）在哥德堡大学发现了超高密度状态的氘，它可以用于产生一个磁场，将反物质限制其中避免其接触物质。

另一种可能性是使用由物质和反物质大爆炸释放的能量。当物质和反物质相撞爆炸后，它们的质量会转换为能量，发射出高能量光子。1953年，欧根·桑格（Eugen Sanger）曾设想物质和反物质反应后产生的能量可以驱动一个飞船。桑格可不是异想天开，他早在1940年（早于世界第一颗卫星发射时间）就和妻子艾琳·布雷特（Irene Bredt）发明了一种称为“Silbervogel”的航天器，这种航天器的运作原理跟（NASA）1977年设计的航天飞机极为相似。桑格在他写的《航天工程手册》（*Handbook of Astronautical Engineering*，1961）里对光子推进飞船做了大量的计算，这本手册着实让人着迷。

1995年，波尔·安德森（Poul Anderson）的科幻小说《收获火种》（*Harvest the Fire*，1995）里就出现了一个“物质—反物质”火箭。2011年，物理学家温特伯格（Friedwardt Winterberg）尝试将桑格的想法付诸实践，但说它到底能否工作还言之尚早。

科幻小说里出现的新发明往往都是现实里已有科研基础，或能为科研提供灵感的。比如，1958年，阿瑟·克拉克（Arthur Clarke）的《遥远地球之歌》（*Songs of Distant Earth*），描述了一个使用真空能量的太空飞船，真空能量是量子力学预测的遍布整个宇宙的能量，因此，它的能量级几乎是无限的。

安德烈·萨哈罗夫（Andrei Sakharov）和哈罗德·帕特霍夫（Harold Puthoff）这样伟大的物理学家都分别在1968年和1989年对真空和重力之间的可能联系进行了著述。

太空电梯在阿瑟·克拉克的小说《天堂的喷泉》（*The Fountains of Paradise*，1979）里也出现过。1895年，俄国科学家康斯坦丁·齐奥尔科夫斯基（Konstantin Tsiolkovsky）就曾计划发明一台能将太空飞船带到地球大气层以外的太空电梯。

1959 年，另一位苏联科学家尤里·阿特苏塔诺夫（Yuri Artsutanov）让这一想法再次流行起来。那时候面临的主要问题是航天器的重量，但如今的纳米技术正在研发的碳纳米管新材料可以解决这个问题，让航天器集坚固和轻巧于一身，太空电梯很可能会变得可行。

美国航空航天局的布拉德利·爱德华兹（Bradley Edwards）一直在研究太空电梯，甚至出版了一本叫作《太空电梯》（2003）的书。2014 年，谷歌旗下的 Google X 开始了太空电梯的设计和研发。

加州大学圣巴巴拉分校的天体物理学家菲利普·鲁宾（Philip Lubin）有更实际的想法：造一个非常轻的飞船，然后用激光推动它。据他计算，这种方式可以让人们在三天之内抵达火星。

俄罗斯亿万富翁尤里·米尔纳（Yuri Milner）对鲁宾的另类想法青睐有加。2016 年，尤里·米尔纳启动了“突破摄星”计划（Breakthrough Starshot），想要研发一台“纳米飞行器”——质量仅在 20 克的太空探测器，由它来探索半人马座阿尔法星，他将“突破摄星”组织建在了门罗公园的沙丘路（Sand Hill Road，这条街素以推动硅谷泡沫的大量风投而著称）上。该计划想用分布在特定区域的成千上万的激光装置来推动大量极小的太空飞船。

如果尤里·米尔纳用激光推动纳米飞行器的计划成功，这次旅行将“仅仅”需要 20 年就可以到达半人马座阿尔法星，并发送回来在那个星系中发现的行星的图片。

“突破摄星”计划目前由前美国航空航天局埃姆斯研究中心的高管皮特·沃登（Pete Worden）牵头进行，著名宇宙学家史蒂芬·霍金（现在是中国网红，还在微博上发布了该项目）和 Facebook 创始人马克·扎克伯格均为董事会成员，华丽的顾问团则包括加州大学伯克利分校的天体物理学家索尔·珀尔马特（Saul Perlmutter），哈佛大学的天文学家阿维·勒布（Avi Loeb），普林斯顿高等研究院的数学家弗里曼·戴森（Freeman Dyson），当然还少不了菲利普·鲁宾。哈佛科学家扎卡里·曼彻斯特（Zachary Manchester）曾在2011年众筹过一个类似的项目，但因为没有米尔纳雄厚的财力支持，他的实验没有成功。让我们期待接下来的20年吧。

我也曾开玩笑说，也许有一天我们能够发明一个你的数字克隆体。然后我们可以仅将一台电脑和一台3D打印机通过飞船送到恒星上。当飞船到达后，电脑会按照设定的程序自动运行，3D打印机将直接打印出来你的克隆体，你的克隆体听到的第一个声音会是“您已到达目的地”，就好像现在我们开车时Waze会告诉我们的一样。

太空探索领域值得一提的还有毕格罗宇航公司（Bigelow Aerospace），它由亿万富翁罗伯特·毕格罗（Robert Bigelow）创立于拉斯维加斯，主要瞄准“太空游客”的市场，服务于那些想在一个绕地球飞行的太空旅馆里过周末的有钱人。虽然该公司一直努力生存，但太空旅行还是太昂贵了，现在这家公司却逐渐有了新的生机，这要感谢NASA的一项发明（NASA之后并未再继续投资该发明）：2000年发明的可充气式太空舱，该太空舱能像气球一样膨胀：它对发射来说非常轻便，也非常小巧紧凑，但到达目的地充气后能膨胀10倍，毕格罗宇航公司将该发明命名为BEAM（毕格罗扩展活动模块）。

2016年，SpaceX将BEAM送入了国际空间站，在那里BEAM的“气球”扩展成了一个额外的房间。当然，国际空间站的宇航员需要花上7个小时才能将BEAM充好气，但未来可能就只需要几分钟。毕格罗宇航公司计划到2020年，将一个用于太空旅行的商业化空间站放到轨道上去，但我们首先需要的是SpaceX的Dragon V2（载人太空船，据称可带7个人到太空），它计划在2017年运行。

“张拉整体”结构在这些空间探险中将扮演着重要的角色，这个结构的创意最先来自1948年的艺术家肯尼思·斯内尔森（Kenneth Snelson），但这个词是由美国著名建筑师富勒（Buckminster Fuller）发明的，他用这个词来形容一种完美平衡又非常适应各种变化的建筑结构。最简单的张拉整体的例子就是你自己。我们人类是进化的作品，被设计为在环境中生存并适应变化的最佳结构。一个张拉整体结构看起来似乎违反物理法则，因为它只受自身内部力量的驱动，根本不需要外部的能量来适应变化。比如，一个张拉整体结构可以在从重力状态到零重力状态的转换中自动改变形状。科学家们喜欢的表述是，它在自身周围产生自己的引力，与此同时，又对世界其他地方产生一股反引力，因此，它可以完美地将自己跟外力隔离开来。

张拉整体可以用来在太空中设计便宜便捷的建筑结构，还可以用来设计在这些地方工作的机器人。BEST（伯克利紧急空间张拉整体结构的缩写）实验室是加州大学伯克利分校的艾丽丝·阿戈吉诺（Alice Agogino）和美国航空航天局的埃姆斯研究中心的维塔斯（Vytas Sunspiral）之间的合作项目，就是为了研发星际探索所需的张拉整体结构的机器人。

众多私人公司进入该领域，这是一件耐人寻味的事。

我们必须承认，全世界还生活在一个“不平等”的时代：总有一些人特别有钱，而很多人连支付其每月的账单都很困难。现在很多重要的基础研究项目基本上都是来自那一小撮特别有钱的人的赞助，比如比尔·盖茨、杰夫·贝索斯和埃隆·马斯克。政府很难在明知道很难成功或永远不会成功的前提下花大钱做研究，但这对那些满是情怀和好奇心的亿万富翁来说根本不是问题，他们乐于把钱花在尝试上。

美国航空航天局NASA成立于1958年，是现在最资深也最有名的空间研究机构。它是怎么建起来的呢？答案是，在1957年10月苏联成功发射了第一颗人造卫星“伴侣号”（Sputnik）后成立的。这件事对整个西方世界的刺激太大了：苏联的航空技术怎么可能，怎么可以比西方更先进？苏联一直保持世界领先地位到 1961 年，当年尤里・加加林（Yuri Gagarin）成为第一个宇航员。与此同时，美国找到了一个简单的动机启动了“太空竞赛”：击败苏联。

美国的总统约翰・肯尼迪制定了一个把人类送上月球的计划，并确保 NASA 有充足的资金支持，该计划在 1969 年成功完成，宣告着美国战胜了苏联。“太空竞赛”之所以对西方人这么重要，是因为西方人一向坚定地认为自己的民主制度优于苏联，要证明这一点就不能允许在任何一方面比苏联差，这是非常重要的心理防线。不过，现实中美国和苏联的科学家们总是更像朋友而不是敌人。事实上，每一年美国的科学家都会庆祝 4 月 12 日（即第一个苏维埃宇航员加加林离开地球的日子），但美国并不总是庆祝 7 月 20 日（这一天是美国登陆月球的日子）。

窃以为，美国航空航天局和苏联的科研对手们是喜欢对方的：因为只要也只有对方的存在，另外一方才有理由从自己国家和政府那里得到最多的关注和支持。“我们不能让苏联在太空中击败我们”就是美国航空航天局用来拿钱的一个绝佳的理由。

毕竟，太空探索在那个时代还没有军事价值，即使在今天，除了通信卫星外，它带来的价值也还非常有限。换句话说，我们要为美国在 20 世纪 60 年代、70 年代和 80 年代的一切进步深深感谢“冷战”和苏联。1991 年苏联解体后，美国从上至下就突然对“太空竞赛”丧失了兴趣，尽管 NASA 也尝试过给自己的科研项目找各种动听的理由，比如太空探索在科技、商业乃至人类生存等各方面的巨大价值，但美国人已不再关心，NASA 也不像它以前那么有钱了。

当然，NASA 在执行科学研究任务上还是有用的，有时候其他国家的研究机构也会付钱请它帮忙做研究，但我们如今面临的一个事实是：我们并不需要再把人类送往太空。无人机任务比载人飞行任务便宜得多，而且也不必冒着宇航员丧命的危险。虽然没有多少人会公开承认这一点，但大多数政治家们都心照不宣：让机器人执行太空科研任务就好了。很多科学家也都有这样的感觉，甚至还有一个传奇的天文学家詹姆斯·范·艾伦（James Van Allen），专门在2004年写了一篇文章认为载人航天是不合理的。

不可或缺的太空使者：卫星

卫星到底在太空探索中发挥着什么样的作用？在城市中几乎任何地方都能连接互联网的今天，卫星的故事似乎已经被人们淡忘了。我们已经习惯光纤网络以光速传递信息，习惯了虽然慢但很便宜的无线Wi-Fi，习惯了无处不在的广播电视等。然而，在这一切的背后，通信卫星的发明却是真正塑造现代世界的技术。阿瑟·克拉克1945年就发表文章预言了通信卫星时代的来临，世界首个通信卫星是1958年NASA发射的“斯科尔”（Score），首个卫星直播的信息是美国总统德怀特·艾森豪威尔（Dwight Eisenhower）发出的关于圣诞节的消息。

真正的革命性力量来自1962年的第一个商业通信卫星：由AT&T的贝尔实验室跟法国和英国合作开发的Telstar。几天后，美国、法国和英国享受到了第一次现场直播，内容是自由女神像和埃菲尔铁塔的现场照片。之后，“卫星现场直播”这个短语才横空出世。几个星期后，世界首次体验到了即时通信的强大效果：美国总统约翰·肯尼迪否认了美元即将贬值的消息，欧洲市场对此立即做出了反应（Telstar是1962年的大新闻，如今的年轻人总觉得Telstar看起来像一个足球，真相是：现在的足球是模仿Telstar重新设计的！）。

如今已经如此习惯直播生活的我们大概很难想象，1962年以前，没有直播的世界到底什么模样。也大概很难想象在电视上远程看直播是如何深刻改变我们对世界的看法的。

不过，Telstar 由于诞生在“冷战”时期，自然被设计为只为美国和西欧国家服务，由于它每两个半小时环绕地球一周，每天能够停留在发挥功能的特定位置的时间只有大约 20 分钟，这意味着美国和西欧每天只有 20 分钟直播机会。1963 年夏天，美国推出了首个“地球同步”通信卫星 Syncom 2，由传奇工程师哈罗德·罗森（Harold Rosen）在洛杉矶设计：“地球同步”是指运行在地球同步轨道上的人造卫星，每天在相同时间飞经相同地方上空。也就是说，它可以每天播出 24 小时。现在我们习以为常的横跨大西洋多个国家的电视节目频道以及全球长途电话都因此成为可能。

电视新闻随即诞生。讽刺的是，第一个电视新闻直播节目是刺杀肯尼迪总统以及随后的葬礼。1964 年 8 月，东京奥运会被直播到美国。一个国际组织（最初称为 IGO，如今称为 Itelsat）被创建出来服务于西方世界和日本，它的第一个卫星，绰号“早期的鸟”，在 1965 年发射成功。

还有一个重要的里程碑是 1972 年，当时美国开始部署 GPS。这原本是一个军事项目，但现在世界上所有的智能手机都在使用，你还能想象手机上没有导航应用的人生吗？

直播通信的需求每年都在增加，但成本居高不下。建造一颗 GPS Ⅲ卫星的成本需要 5 亿美元，目前发射一颗卫星的成本在 3 亿美元，所以要升级 GPS Ⅲ的总成本约为 10 亿美元。我们理所当然地认为，飞机上也能连接互联网在接下来几年是自然发生的，但是，必须要有人能发明一种方法让卫星更便宜，还能增加卫星可以处理的通信量。

怎么降低成本？那就是制造微型化的卫星，制造越来越小，也自然越来越便宜的卫星。然而，问题是，不管卫星造得有多小，要把它发送到轨道上去，我们还是需要使用昔日昂贵的火箭技术。即便这种“老技术”，现在也只有为数不多的几家公司能提供，他们的做法是将好几颗卫星一起用一颗大火箭发送到轨道上，这样，想发射卫星的客户们可以各自分担发射成本。就好像卫星们乘坐同一辆“公共汽车”到太空去，但这个“公共汽车”只能在你大概想要去的地方把你放下来，不能保证把你放到准确的位置上去。如此一来，发射卫星的成本就跟卫星的重量成正比。一颗卫星越重，“公共汽车”要收的钱就越高。加州州立理工大学的乔迪（Jordi Puig-Suari）以及斯坦福大学的罗伯特·特威格斯（Robert Twiggs）接纳了这个事实，1999 年，他们开发出了“立方体卫星”（CubeSat）技术规格，用于制造新一代的非常小的卫星。

方体卫星是用简单的电子元件做成的小型卫星，最初的想法是将这些“纳米卫星”建的只有一立方米那么大。2013 年，弗吉尼亚州的轨道科学公司（Orbital Sciences）发射了 29 颗卫星，俄罗斯的 Kosmotras 公司发射了 32 颗卫星。2014 年，Orbital Sciences 又额外发送了 33 颗卫星到国际空间站。这些都是方体卫星，由一批 NASA 前科学家们在旧金山成立的行星实验室（Planet Labs）制造出来的。

另一个来自旧金山的创业公司 Nanosatisfi（现更名为 Spire）由几个法国国际空间大学毕业生创立，这些毕业生也都在 NASA 实习过，他们在开源平台上研发价格便宜的卫星（绰号“ArduSats”）。

由彼得·贝克（Peter Beck）成立于洛杉矶的火箭实验室（Rocket Lab），已经设计出了电子火箭来将小卫星送入绕地球轨道，这家公司还正在新西兰建立自己的发射台。

又该如何增强卫星能处理的信息量？我们目前的卫星仍在使用无线电频率，但我们现在已能使用激光通信（光纤）来连接城市和大洲，激光比无线电传输数据的速度快 100 倍。1994 年，日本实验了激光卫星通信，2001 年，欧洲的欧空局 ESA 也做了相同的实验，美国航空航天局位于硅谷的埃姆斯研究中心则在 2013 年进行了实验，即月球激光通信演示（LLCD）项目。

短期来看，激光卫星通信可以给轮船、飞机以及偏远的村庄提供互联网连接，从长远来看，如果我们将来想要从其他星球传送视频流回地球，激光卫星通信也是至关重要的。

新型地面交通工具

太空探索的这些新奇的想法，太空电梯，真空能量等能否用到改善提升我们目前的交通运输速度上来

没错，这些创意确实有助于发明新的交通工具。比如，2013年埃隆·马斯克提出了高速磁悬浮系统的概念，也就是超回路列车（Hyperloop）的设想。超回路列车可以让从旧金山到洛杉矶的路程缩短为35分钟。2014年，以“Hyperloop”命名的创业公司由SpaceX公司的前科学家布罗甘·巴姆布罗甘（Brogan BamBrogan）和一名风险投资家施欧文·彼西弗（Shervin Pishevar）在洛杉矶创立。2016年，该公司在内华达沙漠测试了他们的超回路列车。此外，由克里斯托弗·梅里安（Christopher Merian）领导的另一个超回路列车项目正在麻省理工学院进行。

创业公司Boom正在建一辆超音速客机，飞行速度将是音速的两倍。这将是协和号退役后的第一架超音速飞机，如果实验成功，从纽约到伦敦将只需要3.5小时，从旧金山到北京将只需要5个小时多一点。

最梦幻的解决方案应该就是能飞的汽车了，这一设想在很多科幻电影里都出现过，但现实中还没有人能实现，当然不乏尝试者。2013年，美国特拉弗吉亚（Terrafugia）公司声称要造飞行车，其推出的飞行式概念车估计在2018年可以起航。2016年，中国的亿航（Ehang）推出的“亿航184”无人机，技术上是一个独立的四轴飞行器，它已可以用100公里/小时的最高速度携带一个乘客飞23分钟。

我的感觉是，我们还是需要想办法消除地心引力。任何使用“燃料”来飞的车或飞行器都很危险，目前都又慢又笨又重，我可不想整天担心房顶或花园里随时有这些东西飞来飞去。

无人机都能做什么

不过，虽然我们现在还没有会飞的汽车，但我们已经有很多无人机了。

无人机，或更好的表述——无人飞行器（UAV）其实就是遥控飞行的机器人。和往常一样，无人机技术最先也是为军队而生的。无人飞行器之前曾经是无人战斗机（UCAVs），比如由沃尔特·赖特（Walter Righter）设计用于第二次世界大战的 OQ-2“无线电飞机”，70 年代被美国用于越战的 Firebee 无人机，80 年代以色列对抗巴勒斯坦的 Amber 机［该机型是 1985 年由一位以色列前工程师亚伯拉罕（Abraham Karem）在他位于洛杉矶的车库里设计的］，再后来就是通用原子能公司（General Atomics）1994 年开发出来的 Amber 机的进化版，被美国中央情报局（CIA）改良后用于 90 年代的巴尔干战争。其中，最出名的应该是 Predator 机，1995 年由通用原子能公司在南斯拉夫上空推出的，它跟卫星通信结合了起来。不过，这些都不是武装（配置武器的）无人机，他们多用于支援空中轰炸活动。

无人机的“智能”很大程度上依赖于自动驾驶仪。自动驾驶仪（按技术要求自动控制飞行器轨迹的调节设备，其作用主要是保持飞机姿态和辅助驾驶员操纵飞机）最早于 1914 年由埃尔默（Elmer）和祖拉·斯佩里（Zula Sperry）在巴黎的一次会议演示上出现。第二次世界大战中已使用了自动驾驶仪，同样的系统在战后用于民用飞机，可以让飞行员稍微休息下。1947 年，一架军事飞机完成了完全由自动驾驶仪控制的跨大西洋的飞行，包括起飞和着陆。现在的自动驾驶已经变得更复杂：它可以操纵完整的飞行路线，并保持最佳的海拔高度。从这个意义上说，任何一架飞机都已变成了一个机器人。

2002年，美国中央情报局用“捕食者”无人机杀了一个人，这是第一次人类使用机器人（飞行机器人）来杀死某个人。阿富汗战争期间，无人机的目标是本・拉登（结果他们杀了一个像本・拉登的无辜的高个子男人），从那时候开始，用无人机杀人是对是错在美国引发了大量争论，包括无人机杀人的成功率（换句话说，我们会杀多少无辜者）。

康拉德・洛伦兹（Konrad Lorenz）在他的著作《侵略》（*On Aggression*）里指出，当可以用技术远程操作时，人类杀人的倾向会更高，因为反正我们看不到眼前杀死的人。同样的表述在戴维・格罗斯曼（Dave Grossman）的《杀人》（*On Killing*，1995）中记录士兵行为时也有出现。

无人机是被某个战士操控的，而操控者又往往是必须服从指挥者命令的，指挥者的命令又是根据其他人用电脑和各种情报装置收集的信息下出的，如果无人机误杀一个人，到底谁是凶手？还好，无人机现在仍然主要被用于侦查，很少用于杀戮。

相比军用无人机，如今的消费级无人机则是一种完全不同的状况，这是爱好者社区“劫持”一个军事发明的又一案例，也是爱好者们强过政府，大企业们“错过好时机”的又一案例。

现代无人机的起源可追溯到麻省理工学院媒体实验室的西摩尔・派普特（Seymour Papert）的研究，帕尔特想用电脑来教孩子数学和创造力，他写了一本名为《头脑风暴——儿童，计算机和强大的创意》（*Mindstorms-Children, Computers, and Powerful Ideas*，1980）的书。1998年，他的一个学生，弗雷德・马丁（Fred Martin）研发了“麻省理工学院可编程砖块”（MIT Programmable Brick）：一套组装机器人的硬件和软件套件包。

乐高公司立刻意识到这个工具包的潜力，它很快将该工具包以“乐高头脑风暴”的名称推向市场，让孩子自己动手制造可编程机器人。2007年,《连线》(*WIRED*)杂志的首席编辑克里斯·安德森（Chris Anderson）在家里用乐高提供的这些配件组装了一架自己的无人机。安德森马上意识到这背后的巨大潜力，迅速创立了一个自己动手做机器人的网站“DIYDrones.com”，现在已经成了无人机爱好者最大的开源社区。安德森后来遇到了一个来自墨西哥的19岁孩子霍尔迪·穆尼奥斯（Jordi Munoz），霍尔迪用电子游戏遥控器的部件做了一个自动驾驶仪，2009年，两人决定创立3D机器人（3D Robotics）公司专门制造无人机。

3D机器人和瑞士苏黎世联邦理工学院（ETH）一起推出了Pixhawk，一个开源的自动驾驶仪平台。这不是第一个开源的自动驾驶系统：Paparazzi早在2003年就在法国国民航空学校出现了。另一个开源平台是PX4，由瑞士苏黎世联邦理工学院在2009年启动。2014年，Linux基金会建立了一个更通用的开源项目Dronecode，创始成员包括3D机器人和百度。此外，AeroQuad和ArduCopter分别是基于Arduino的制造四轴飞行器的开源硬件和软件项目。到目前为止最具影响力的结果是，这些开源项目可能成为“万能自动驾驶仪”。

这些开源项目的能量总是惊人的：2016年，一个水平一般的业余爱好者都可以使用DIYDrones的资源建成一个价格低于1 000美元的无人机，但功能却可以跟美军用1.4亿美元制造成的用于阿富汗战争的“全球鹰”无人机不相上下。

便宜小巧的无人机目前的主要用途是供个人和家庭拿来玩的，但也有不少有用的地方，比如好莱坞使用它们作为摄像机平台，有些国家公园也利用它们来监视野生动物。

2015年，瑞士的邮政系统开始与加利福尼亚州的公司Matternet（一家起源于奇点大学的硅谷创业公司，致力于无人机快递包裹）展开合作，采用无人机进行邮件投递。Facebook正在测试一种名为“阿奎拉”

（Aquila）的太阳能动力无人机，它由前美国航空航天局的工程师设计，致力于将高速互联网传送到世界的贫困地区。2016年，创业公司 Flirtey 制造了一台无人机，它在内华达州寄送了一个包裹，这是美国第一次用这种方式寄包裹。

现在有几十家公司都在为“爱好者”的市场制造无人机，其中包括 Hoverfly、DJI Innovations、MikroKopter 和 3D 机器人等。有摄像头的无人机，比如中国制造 DJI 幻影（DJI Phantom）和法国制造的鹦鹉 AR 无人机（Parrot AR Drone），都很快成为常见的玩具。再比如，Nixie 是一个小的配备摄像头的无人机，甚至可以作为腕带佩戴。瑞士洛桑联邦理工学院创新发明了一种新的无人机：Gimball，这是一种很小，又超级轻的，像昆虫一样的球状体，它并没有装传感器，然而，它可以弹开墙壁和障碍物。而该学院孵化出来的一个创业公司 Flyability 专门为工业勘探制造无人机，让它们探索对人类来说过于困难或危险的地方。

我们倾向于认为一个无人机是一个单独的实体，跟其他无人机都没有多少关系。但在2008年，瑞士苏黎世联邦理工学院的拉法埃洛·安德烈亚（Raffaello D' Andrea）却想要发明一种需要跟其他无人机合作才能完成目标的无人机。这里的“合作”指的是“合作发明一种更高水平的无人机”，目标就是飞行。也就是说，单一的一个无人机不能飞，但如果跟其他无人机组合成特定的结构，他们就变成会飞的了。这种自我组装的飞行机器人也被称为“分布式飞行阵列”。

如果无人机想要成为一个“严肃”的大市场，而不是仅仅局限于周末玩具，它们就需要扩大潜在的应用范围。例如，乔纳森·唐尼（Jonathan Downey）在旧金山的 Airware 公司正在为无人机制造一个操作系统，该软件将能使应用于企业的无人机可被编程。

最后，为什么无人机会在今天突然流行？ 而不是十年前或五年前？很简单，因为今天的智能手机已经无处不在，而制造智能手机跟制造一架无人机其实相差无几。制造两者所需部件其实是相同的：嵌入式处理器、传感器（陀螺仪、磁强计、加速度计）、全球定位系统芯片、无线通信装置、存储芯片、相机和电池。最近几年来，苹果和三星这样的大公司又正在推动这些部件性能不断提升，而且这些部件的价格在不断下降。也就是说，一个业余爱好者完全可以便捷地买到便宜的部件，自己组装一架无人机。

总之，无人机今天的流行要感谢智能手机行业。正如我一开始所说的，无人机本质上是一个飞行机器人，但如果你看它的部件组成的话，它更像是一台飞行的智能手机。

硅谷声音

克里斯·麦凯：寻找“第二个创世记”

克里斯·麦凯是NASA埃姆斯研究中心的行星科学家，也是NASA的天体生物学家，他侧重于研究太阳系的进化和生命的起源，也是人类探索火星任务的重要参与者，他曾多次在地球上类似火星环境的地方进行研究，如南极干谷、西伯利亚、阿塔卡马沙漠等，曾是美国“凤凰号”火星探测器项目的联合研究员，参与了2008年“凤凰号”的火星登陆任务和2011年美国“好奇号”火星探测器项目。克里斯也是人类未来探索月球和火星的NASA项目的科学家。

2016年4月初，我们在NASA埃姆斯研究中心采访了克里斯，除了墙上那张人类登陆月球的照片之外，克里斯的办公室和其他办公室几乎毫无差别。他是那种将所有热情都投入工作的科学家，只为满足一个简单的好奇心——“宇宙中到底有没有别的生命？”在浩瀚的太空背景下，人类显得如此无知和渺小，人类的生命也显得如此短暂，在克里斯的讲述里，我们更能体会到那种强烈的求知欲和深深的无奈。

太空探索“很慢”

太空探索是一个进展非常缓慢的领域，我从事火星探索35年了，这期间我们共完成了5项任务，一次着陆，四次探测。35年，其他人可能已经做了成千上万件事情，然而们天文学界只完成了5项任务。这对其他科技领域的人来说，是很难理解的，尤其在新技术更新速度快到不可思议的硅谷，这个领域更显得完全不同。以我正在做的土星探测为例，就算任务现在开始，也要20年后才有可能传回一些数据。按照物理定律，我们不可能在十年内到达土星，建一艘宇宙飞船就需要十年，而且，地球到土星太远了，把太阳到地球的距离视为一个太空单位的话，地球到土星的距离就是十个太空单位，去土星的难度系数估计是去火星的20倍。

太空领域实质性的探索不是每一年都有的，而是每二十年。这种情况暂时也不会因为科技的进步而改变，因为我们还受限于去太空的运输工具。强调这个是因为，和其他科技领域相比，我希望公众对太空领域的期望能降低一些。

“第二个创世记”

我对太空探索有两个兴趣点，都是关于生命的。我的第一个兴趣是想知道，在其他星球上，过去或现在是否存在生命。这需要寻找生命存在的证据，最有趣的结果是，我们发现了一种和我们不一样的生命体。一个星期前，我在圣塔克拉利塔一个会议上发表演讲，一个学生举手问道，难道树不就是一种和我们不一样的生命体吗？确实，在很多人眼里，树和人是截然不同的，但实际上，你能从树、人体乃至细菌里找到一样的DNA，三者的相似程度非常之高。在地球上，所有的生命本质都是一样的。这种情况有点像一个英文图书馆里的书，不管是什么书，它们都是用英文字母写成的，如果你去找里面的单词，往往能找到一样的，比如这本书里有“that”，另一本书中里也有“that”，你还能找到一样的词组，乃至一样的句子、段落。地球上的生命也是如此，有机体间也存在共享一大段DNA的情况，所有的生命都只是因为“单词的排序不同”而有差别。

当我想在宇宙中寻找不一样的生命时，我想寻找的是“一本语言不是英文的书”，比如，“一本中文书”。这其实是一个很好的比喻，因为中文书和英文书都是用纸张和油墨做成的，很可能它们的内容都是关于旅行的，不同的是它们的信息组织方式。我在另一个星球上发现的生命可能也是如此，我们不是要去找多么奇异或怪诞的东西，生命依然是基于碳和水的，而不是基于硅或等离子体的，它们依然有一样的“纸张”和“油墨”，一样需要阳光和水，但它们没有和我们一样的氨基酸，也没有和我们一样的DNA，它们会使用一套完全不同的分子与信息储存库。或许会有点像苹果的第一台个人电脑Mac（麦金塔电脑）跟当时的桌面电脑的区别一样，它们都是用金属和硅为材料做成的，都运行程序，但里面信息的呈现方式是不同的。我将这种不一样的生命称为“第二个创世记”（A second Genesis），“创世记”是基督教《圣经》中第一卷书的名字，这个词能给很多美国人带来强烈的情感冲击，我就是故意要用这个词让人们震惊。

我的第二个兴趣是希望未来能将生命带出地球，散播到别的星球，散播到整个宇宙。这两个兴趣之间有着微妙的矛盾，因为，如果火星上发现了生命，发现了“第二个创世记”，我们很可能不想把地球生命再带到那里。某种意义上，这两个想法或无法两全其美。但没有关系，我们可以“边走边看”，到时候再决定。

探索太空的意义

为什么寻找和我们不一样的生命这么重要？这个问题我对政府和公众都回答过很多次。一个是哲学意义上的答案，另一个是实用意义上的答案。我们先来说哲学，计算机科学领域有一个被称为“0—1—无穷”的规则，因为编码中需要的数字只有0、1和无穷，其他数字统统毫无意义，该定理在宇宙论中同样适用。这一说法第一次是由艾萨克·阿西莫夫（Isaac Asimov）在一本名为《上帝他们自己》（*Gods Themselves*，关于不同宇宙间交流）的科幻小说中阐述的，他说，神或者没有，或者有一个，或者有无数个，不可能有三个或十六个神。适用到宇宙论上，目前地球上只有一种生命形态，如果我们能找到两种，那么我们就可以推断出宇宙中必定存在无穷尽的生命形态。

如果答案是“1”，意味着我们是宇宙中唯一的生命，这一点也非常重要；如果答案是“无穷”，意味着我们还有很多“邻居”，我们必须学着跟他们和睦相处。这就是寻找“第二个创世记”的哲学意义，是我们认识宇宙的一个基本问题，这个问题会决定我们对人类自身乃至宇宙的认知，以及未来很多的选择。

在实用意义上，如果我们能够找到另一种生命形态，我们将有能力去研究比较生物化学（comparative biochemistry）。目前地球上的所有生命都有一种生物化学属性，有一张“生命之树”的图表可以揭示地球上所有生命之间的关系，从动物、植物再到细菌、古生菌等。这张图表是基于DNA序列做出来的，你能从表上发现，地球上所有生命的DNA之间的关系都是密切的，即所有地球生命在生物化学和基因层次上都是互相联系的，这是过去50年间的一个重要科学发现。

比较生物化学很有用是因为，目前的地球“生命之树”图表上有很多我们无法理解的地方，比如，有些细菌和古生菌在某些动物身上会治病，在另一些动物身上则不会，如果我们能找到另一棵“生命之树”，一张能跟现在这张进行比较的树状图，我们就能更容易从比较中理解，很多未解之谜将会解开。就算人们不关心哲学问题，不关心宇宙是否普遍存在着生命，人们也应该关心比较生物化学潜在的巨大实用价值，今后的一百年到两百年里，生物学、生物科技才是提升我们生活品质最重要的科学。我一直致力于太空探测，但最后从中获得的知识很有可能被用来解决疾病问题，这就是科学的规律，你永远无法预知获益的会是谁。

谁将成为探索主力

在太空探索的早期时代，NASA一直在推进计算机、虚拟现实、机器人等科技发展，然而，如今引领和推进这些科技的已经是苹果和谷歌等大企业，NASA 已经无法再跟这些公司的科技实力抗衡，但我认为这是一件好事。我个人的观点是，政府应该放手让私有企业去探索太空，NASA 之类的政府机构只要直接利用这些公司的科技成果就可以了。过去 NASA 建造火箭是无可替代的，现在我们可以直接从 SpaceX 或蓝色起源购买就可以了。这并不等于 NASA 就会没有作为，它应该专注于其独一无二的贡献，比如研发大公司们都不去研发的太空服，比如理解与地球上的事物规律截然不同的新事物。从长远看，这会节省很多时间和成本，探索太空的科学家们将开着特斯拉、谷歌的车，用着苹果的电脑，使用 3D 打印等技术。

私企在商业化太空探索上是十分强大和有益的，未来我们去月球，可能只要买一张星际旅行的票就够了，私企会建设好火箭，搭建好月球旅馆，做好整个行程规划。这就好像过去几十年发生在南极洲的事情一样，之前南极只有各国的研究基地，直到有人开发了商业旅行后，现在南极的游客比科学家还多。如果有人卖前往月球的宇宙飞船的船票，我愿意卖了地球上的房子去买票，哪怕回来后余生就住在帐篷里。

“走进”太空的故事

太空探索是一条漫长的道路，我知道不少早在孩童时期就对太空感兴趣的人，但我不是，我一直都是对物理学感兴趣，还很喜欢修摩托车。大学的主修专业是物理学，如果你在我读大学一年级时问我，我的梦想是什么，我或许会告诉你，我想成为物理学家或一名摩托车技师。然而，一次偶然的事件改变了我一生的轨迹。

有一次，我在物理实验室发现了一台陈旧的大型望远镜，因为喜欢修东西，我就把它拿出来修好了，然后，我通过这台望远镜看到了土星，眼前出现的景象深深把我迷住了，我马上决定从物理学转到天文学，成为一名天文学家。接着，我又看到了大星云和猎户星座，同样惊奇万分。发现这台望远镜后的很长一段时间，几乎每晚我都会在户外享受用望远镜看星星的过程。之后，我就开始学习天文，进行恒星天文学、天体物理学、银河系等研究。这是一次自我蜕变的经历，这一切全是因为从那台望远镜里看了一眼。

在我大学的第一年，“海盗号”（Viking）登陆了火星，从此激发了我对火星的兴趣。后来，在南极一个最接近火星环境的地方进行研究时，我站在那里，四下望去没有生命，没有树木，没有鸟，没有昆虫，就好像身处另一个星球，这又激发了我对生命研究的热情，生命问题像黑洞一样吞噬了我，自从那时起，35 年里我便一直做着同一件事情，不管在南极做实验还是研究火星，我一直在努力理解生命并乐于其中，从不厌倦。这些千丝万缕的联系神奇地闯进我的生命中，让我一直走到了今天。我的很多学生困惑于不知道自己想做什么，我告诉他们，别担心，人生的机会会自动为你打开大门，关注、观察并体验为你打开大门的领域，专注其中即可，并不需要什么宏伟蓝图。

太空探索的未来

这个领域的未来很难预测，我只能看到接下来的两步，首先是去月球，接着是去火星，我们将分别在那里搭建基地。在火星上搭建的基地将会和在南极搭建的实验基地规模相近，性质也相近，即能够容纳 20~30 人的一个科研基地，人们到那里住上几年进行研究，然后再回到地球，这就是未来 100 年我们将在火星上搭建的场所。

火星之后并没有下一个清晰的目的地，我们也无从知晓。这就像在一条路上，我们只能看到最开始的两站，只有到达这两站之后，才能决定下一站去哪里。目前我们人类的能力只能达到月球和火星，我也就专注于此。100 年后，后继者会评估出我们的位置，再计划出太空旅行的下一步。这也将取决于我们是否在火星上发现了生命，有可能我们在火星上发现了“第二个创世记”，并对此产生浓厚兴趣，开始研究“另一棵生命之树”，以致我们的计划都被改变，不再前行，研究火星成了一个千年课题；也有可能火星上没有发现生命，于是我们继续朝着更远的地方探索。

目前，中国政府也在探索太空，但更多致力于天文学和物理学，中国科学家对于火星的探测没有包含对火星生命的研究，或许是我的个人之见——但我认为真正有趣的空间问题不会存在于物理学，而是存在于生物学。我会一直建议探索者更深入研究太空生物学。比如，中国政府曾向月球发射了探测器，我觉得可以尝试在月球种植植物，我有一张探测器到达月球后带着一束玫瑰的照片，这只是一张概念图，但设想我们开启一项登月计划时，带上一个撒满种子的小盒子和水，带上相机，用相机拍下月球上植物生长的照片并传回地球，简直棒极了！如果用一句口号来表达，我会对所有探索者喊：“带上一个生命吧！”

当然，如果我们发现了另一种生命形式，要不要将它带回地球是很棘手的问题。因为我们不能冒险用另一种生命“污染”地球，它有可能是一种“不兼容”的细菌，但我们也不想用自己的生命“污染”它们。也许在实际接触它们之前，我们会先对其进行长时间的虚拟调研。因为我们必须要避免破坏星球，同时又要了解和学习它的运作规律，做有益于它们的事情。

设想一下，假如外星人最终和其他文明有了智能的接触，他们问我们，你们人类都做了什么？难道你想告诉他们，“我们探索了另一个星球，发现了不一样的生命形态，然后把它们给消灭了”？这听起来放到人类的“简历”里可不怎么光彩呀。“我们探索附近的星球，发现了生命，并且帮助了它们的成长和发展”，这是不是才听起来更棒一些。人类到底希望自己的“简历”上都写些什么，这才是我们必须小心谨慎的原因。

区块链篇

我们可以在风景中漫游，

却永远无法完全地看风景。

我等待，一个问题，

而不是答案，

直到落日的手绘消失在升腾的水下。

——皮埃罗

区块链到底颠覆了什么

技术永远不可能凭空出世，技术永远都是一个更大的生态系统的一部分。某个特别的时空点上，三种运动汇聚到了加州，滋生了比特币和区块链，这三种运动分别是：外熵运动（extropian）、P2P以及密码朋克（cyberpunk）运动。

区块链的潜能远远超过了数字货币，它所运行的智能合约将人类社会的每一个合同都简化成了一个数学问题，而智能合约的未来则是无限的。创业者们摩拳擦掌，纷纷纵身跃入这个有望重塑人类社会乃至文明的“风口”，而这股热潮的涌动才刚刚开始。

区块链之“创新配方”

随比特币诞生的区块链是真正具有革命性的技术。简单来说，区块链让来自全球的计算机网络共同使用和修改一个“总账本”，根本无须一个中央权力机构。在这个全球“总账本”里，由于每个人都会对每笔交易记账，技术保证了每一个比特币都不可能被重复使用（不会有赝品和作弊）。

在你尽情想象区块链的应用潜力之前，我们还是先回到将它带进公众视野的比特币上。就好像许多改变现代科技史的创新一样，比特币的诞生是华尔街等“传统金融”集中的地方根本想不到的。我已在多个国家做了名为“硅谷最大的秘密”的演讲，却很少有人能真正明白。通过再一次用比特币（区块链）的案例解说这个秘密，我想让大家看到，支撑革命性技术的“创新配方”到底是如何炮制的。

简而言之，硅谷最大的奥秘是将“反主流文化”的，希望“改变这个世界”的思维（这种思维一直都反对政府和大公司拥有的技术）与目前最新的技术结合起来。其结果是，硅谷的创业者往往将最新的技术用于完全让人意想不到的新用途，并带有鲜明的理想主义色彩。

如果不研究湾区的创造力来源，你就无法解释为什么硅谷是世界上最具创新力的地方（而不是纽约、波士顿或者伦敦等资本和技术集中的地方），这是一种非常奇怪的创造力。比特币可以溯源到三种另类的运动，某个特别的时空点上，这三种运动汇聚到了加州，滋生了比特币这种“奇葩”的创意。这三种运动分别是：外熵运动、P2P 以及密码朋克运动。

之所以要详细解释这些运动，我想强调的是：技术永远不可能凭空出世，技术永远都是一个更大的生态系统的一部分。

这几个运动要从硅谷的“反主流文化”传统说起。20 世纪 50 年代，海湾地区主要以“垮掉派诗人”（Beat Poets，第二次世界大战后在美国出现的一个文学流派）闻名；20 世纪 60 年代，湾区则主要以“嬉皮士”知名。彼时，类似的各种“反主流文化”的运动非常兴盛，这些运动中的知识分子们有时也被冠以“人类潜能运动”者，因为他们的目标是重新发掘人类的潜力，而不是机器的潜能，他们认为计算机技术对个人是有害的，很多人也不喜欢资本主义制度的贪婪和无情。20 世纪 70 年代，另一个著名的运动也诞生于加州，即新时代运动。它同样更看重人类灵性和精神层面的拓展，而不是科技。我还记得，1987 年 8 月，迷幻画家乔斯 · 阿圭列斯（Jose Arguelles）依据玛雅预言和占星术在塞多纳（亚利桑那州）组织了和谐聚会（Harmonic Convergence）运动，他和成千上万的“新时代人”相信古代玛雅人的日历里蕴藏着真理，相信某些神奇的力量将会在特定时间从行星发出，届时，大量“新时代人”在世界各地的灵性地点（中心）聚会，祈愿和平降临、生命合一等。当时，就有数百人露宿在旧金山北部的夏斯塔山。

这段时期，当整个世界都变得越来越“科学”和“技术”，加州却遗世独立，变得越来越“灵性”。另一个最有名的例子就是“火人节”（Burning Man），它在旧金山曾一度被称为自杀俱乐部，基本上就是一群疯孩子在一起做一些疯疯癫癫的事情，比如爬金门大桥之类的。他们其中的一位，玛丽·柯昂博格（Mary Grauberger），每一年夏至期间都会广邀好友在旧金山举行海滩派对。1986年，玛丽的两个朋友，拉里·哈维（Larry Harvey）和杰里·詹姆斯（Jerry James）在她的海滩派对上放火烧了一个男人的木制塑像，这很快变成了这个海滩派对的传统。与此同时，自杀俱乐部逐渐演化成了“不和谐社会”，成了一个为年轻人组织一些奇怪运动的半合法的组织。1990年，“不和谐社会”中成员凯文·埃文斯（Kevin Evans）和约翰·罗（John Law）邀请拉里·哈维将海滩派对中燃烧男人雕像的仪式移植到了内华达州北部的黑岩沙漠内。以该仪式命名的沙漠狂欢节“火人节”由此诞生。

有趣的是，大约同一时期，圣克拉拉县开始被称为“硅谷”，苹果公司也于1976年创立……一个高科技产业开始形成。也就是说，硅谷这种反技术的，灵性的“革命”与高科技产业的蓬勃兴起是平行进行的。这就是硅谷的奇特魅力，它是多种元素的混搭物：主要是大学（斯坦福、伯克利等）、军工机构（尤其是军火商洛克希德公司的项目以及由政府筹建的互联网等项目）、“人类潜能运动”以及计算机技术。到了20世纪80年代末期，在万维网被发明之前，硅谷的“反主流文化”以各种方向扩散开来。

回到“外熵运动”和区块链的关系。这是另一个“反主流文化者”将技术用于自己的特有用途的例子。科学上有个“熵”的概念（信息学、物理学等）很流行，一些研究者们认为，正是熵在破坏秩序、信息、组织等，最终，熵就是一切事物都要死亡的原因。因此，外熵运动的领袖之一汤姆·贝尔（Tom Bell）就发明了“外熵”（extropy）作为“熵”（entropy）的对立面。

“外熵运动”的支持者认为，科学和技术的力量能让人类永生，这些组织的一些成员曾尝试过死后低温保存他们的大脑。外熵运动的蔓延得益于线上论坛，这些支持外熵的人通常还都是无政府主义者，他们想要创建一个基于技术的社会，技术强大到将使人们无须政客和警察就可以让社会良好运行，而权利将分散给所有广大人民（区块链的设计理念已隐隐显现）。

1994 年，知名科技杂志《连线》发表了《会见外熵支持者》（*Meet the Extropians*）的文章。被该运动吸引的人们包括汉斯·莫拉维克（Hans Moravec，卡内基·梅隆大学移动机器人实验室主任，作品有《智力后裔：机器人和人类智能的未来》等）、拉尔夫·默克尔（Ralph Merkle，加州大学伯克利分校的一个密码学专家）、佩里·梅茨格（Perry Metzger，互联网加密邮件列表创始人）以及尼克·绍博（Nick Szabo）和哈尔·芬尼（Hal Finney）。我们稍后说到比特币的设计和诞生时会再提到这两位。

然后就是 P2P 和区块链，P2P 的历史不是从湾区开始的，它来自波士顿。1999 年 6 月，还在读大学的肖恩·范宁（Shawn Fanning）创立了全球第一个走红的 P2P 文件共享平台 Napster，用户只要获得 Napster 的交换软件就可以查询到拥有自己喜欢的音乐 MP3 的人，并从对方计算机免费下载该乐曲，也可以将自己的音乐提供给他人，实现音乐的共享与互换。虽然 Napster 因为触犯了传统音乐产业的利益在诉讼缠身中元气大伤，但它发明的新技术 P2P 潜力无穷，而且也激发了新一代 P2P 创业者的热情。最初这些软件都是用来非法的分享音乐，这些 P2P 软件的研发者如发明大名鼎鼎的 BitTorrent 布拉姆·科恩（Bram Cohen）都成了对抗传统音乐产业巨头公司的“英雄们”。

我们正在接近比特币。我先来解释布拉姆·科恩到底是从哪里来的，为什么他能发明 P2P 软件 BitTorrent。2000 年，雅虎前科学家吉姆·麦考伊（Jim McCoy）创建了“EGBT”（“邪恶的天才们共创美好明天”的英文缩写）在“巫术国”（MojoNation）上一起工作，“巫术国”是一个不同种类的P2P平台，是将经济学上的理念用到最优化计算能力上的一个应用程序，其中的“巫术”（Mojo）是该平台上的一种虚拟货币，但并不用来买卖交易，其用来为网络提供平衡和安全的计算能力。吉姆·麦考伊被电子游戏激发出了灵感，决意用它的模式解决计算机科学中提升大规模计算能力的一个研究课题。结果一不小心，他让虚拟货币和P2P的概念结合了起来。

2011年，布拉姆·科恩正好跟吉姆·麦考伊一起工作，他从后者那里学到了他用来创建BitTorrent的技术，而后者成了最流行的P2P平台之一。

密码朋克是区块链诞生故事里最绕不过去的，关于比特币的所有一切都是首先发生在这个论坛上的。密码朋克是1993年在埃里克·休斯（Eric Hughe）的《一个密码朋克的宣言》（*A Cypherpunk's Manifesto*）中出现的一个术语，它的成员提倡使用强加密算法保护网络空间下的个人隐私，简单来说，它是个密码天才们的松散联盟。在比特币的创新中，活跃着不少密码朋克成员的身影。

2009年，一直很神秘的中本聪在P2P模式上引入了数字货币：比特币［2008年经济危机后不久，一个自称中本聪的人发表了《比特币：一种点对点式的电子现金系统》（*Bitcoin：A Peer-to-Peer Electronic Cash System*）的论文］，也是第一个不能由政府印制的货币，它也像“暗网”那样运行。外熵运动支持者，同样也是密码朋克运动的重要成员哈尔·芬尼是接受比特币转账的第一人。

和之前的P2P系统一样，比特币基于非常复杂的技术和算法创立，从一名工程师的角度来说，我认为它的主要成就是能够创造无法被复制的比特币。这就离不开另一个密码朋克成员戴伟。“数字货币”的第一个数学模型1998年由这位神秘的中国数学家，也是密码学专家首先在密码朋克论坛上提出。戴伟的想法很简单：让每个人都能对每笔交易记账，因此就没有人能够作弊欺骗。这个想法创造了一个匿名的分发系统，这个系统里由社区体系来保证“信任”，而不是一个中心式的政府。这也是比特币想做的：将政府的中心权力转移到 P2P 网络中。而戴伟是从英特尔早期员工蒂姆·梅（Tim May）于 1992 年写的一篇《地下无政府主义宣言》中得到了灵感。

与此同时，另一位支持外熵运动的成员尼克·萨博发行了一种叫比特金（bit gold）的虚拟数字货币，他想出了一种非常精巧的方式来避免人们第二次使用同一个虚拟货币，也就是防止人们复制货币的方法。这种方法很容易让人想到电子游戏和好莱坞大片，它是这样运作的：先是有大师分配“艰巨的任务”，然后世界各地的新手老手们都可以一起“攻关”（需要使用大量计算能力），如果某新手成功用足够算力破解该任务（他就获得了一次在公共账本上记账的权利，同时也会得到系统奖励的比特币），与此同时，他就可以反客为主，变身“大师们”之一。早在 1997 年时，萨博就已意识到他这一创意的价值：它还可以用来在互联网上实施“智能合约”。因为，大师们每次分配的“艰巨的任务”其实都是一种工作量证明机制（proof of work），这个机制于 1992 年就开始用于解决互联网垃圾信息问题，它有着很悠久的数学传统，基于它还产生了哈希现金（hashcash）机制（这种工作量证明机制的算法是比特币的核心要素之一，它可以保证没有人能做假账）。

“中本聪”的真实身份很长一段时间内都是个谜，但无论他到底是谁，他在发明比特币时都跟以上这几个人有着大量互动和交流。其他出现在比特币早期记录里的神秘人物还有佛罗里达的戴夫·克雷曼（Dave Kleiman），他是一名截瘫患者，也是一位计算机安全专家，2013 年在孤独和贫困中去世。戴夫的一个异地朋友，澳大利亚的克雷格·莱特（Craig Steven Wright）也是一名计算机安全专家。2008 年，两人曾合写了一篇论文《重写硬盘数据》（*Overwriting Hard Drive Data*）。

2016 年，克雷格·莱特主动向媒体承认，他就是传说中的“中本聪”，但并不是每个人都信服，我就无法相信。首先，密码朋克论坛是在硅谷南部的圣克鲁斯诞生，由英特尔一名前员工蒂姆·梅创立的，关于比特币的所有一切都是首先发生在这个论坛上的。其次，克雷格曾跟老友戴夫·克雷曼一起工作过，之前提到他已黯然离世，也有可能戴夫·克雷曼才是真正的中本聪，而克雷格只是又一个冒名者……因为他恰好知道真正的，不愿被世人打扰的中本聪已去世了。另外，比特币和区块链的发明还依赖于一个分布式的共识系统以及一种叫作 SHA-256 的“安全哈希算法”，而这种算法最初是由国家安全局（NSA）发明的。

现在，你已经得到了创建比特币和区块链的一个完整“配方”：需要一些疯狂的“宗教崇拜”（外熵运动），一些互联网上的叛逆者（密码朋克运动），一些从经济学和电子游戏中吸取灵感的数学家，一两个军事软件，以及一批愿意冒着被关进监狱的风险的人。

对我来说，比特币再次证明了独立的研究者和军事机构对革命性新技术的重要性。比特币，关键是其背后的区块链的诞生里可没有大公司以及大的投资人的身影，他们恐怕也从来没有想到过虚拟货币。这种创意只能来自“体制”外的独立个体以及那些正在作战的军队（实体或网络战争）。

在比特币出名之前，P2P 模式的成功就已经在反主流文化的圈子里引发了大量追随者的激情。奥瑞·布莱福曼（Ori Brafman）的《海星与蜘蛛》（*Starfish and the Spider*, 2007 年）以及尤查·本科勒（Yochai Benkler）的《网络财富》（*The Wealth of Networks*，2007 年）让“分权自治组织”（DAO）的概念流传开来。2008 年，米歇尔·博旺（Michel Bauwens）还发表了《P2P 宣言》（*Peer-to-peer Manifesto*）。可以说，比特币和区块链的横空出世让这些人的梦想成真了。

区块链不仅只是一种支撑数字货币的底层技术，它是以自己的方式彻底改造已有的体系，这种方式里不再有一个集中的官僚体系，一切的良好运行靠的就是技术和算法。

区块链颠覆了什么

回到区块链本身，区块链的潜能将从数字货币、智能合约延伸到整个社会乃至文明的变革。这种技术的颠覆性潜能值得大书特书。

它的意义早就远远超过运行一种数字货币。当然，仅数字货币的潜能就可以解决货币和支付手段的去中心化问题，在金融市场引起震荡。再强调一次，区块链是一个无须中间商，也不会被扭曲或劫持的数字账本。它可以用于跟踪溯源各种信息，还能保证没有人可以在区块链上篡改信息。这就让它的应用超越货币，可以用来记录、确认以及执行各种不同类型的资产和合同（包括股票、债券、营业执照、产权证、身份证、护照、结婚证、遗嘱、专利等），智能合约就由此而来。

相比现有的电子合同，即计算机只是将书面合同数据化并存储起来，区块链下的智能合约能做的强大得多：它包括一个需要通过大量算力来执行的算法，以此算法来验证合同的有效性并直接自动执行。也就是说，智能合约是存储于区块链上的一个能够自动执行的程序，它可以完全取代现有合同执行过程中需要介入的所有法律过程。这种去中心化（无须公证处、产权登记公司、律师等）的特点可以让它大大节约每个领域的时间和金钱成本。

从这个意义上来说，区块链的颠覆性在于它将人类社会的每一个合同都简化成了一个数学问题。

目前，国家和社会保证了合同具有法律约束力，但不同国家和社会对法律的解释是灵活的。加利福尼亚州法官和亚利桑那州的一名法官可以用两种不同的方式解读同样一条法律，一场审判很多时候是由辩护律师的口才决定的，而不管被告真的有罪还是无罪。基于区块链的智能合约虽然不具有法律约束力，却具备技术约束力。智能合约一旦签下，软件会无情地自动执行，直接取代律师、法庭、法官和监狱等所有中间环节。

今天我们需要警察、法官以及监狱等不仅是为了防止暴力犯罪，还是为了保证人们之间的合同能合法执行。如果用算法就可以保证秩序，如果由区块链支撑的智能合约大范围变成现实，未来政府的功能到底会演变成什么呢？

以往，权力分散在历史上都意味着混乱，但建立在分权自治上的区块链能用算法建立和强化一套清晰的秩序，第一次通过去中心化的方式保证秩序，避免混乱。而且区块链比政府和大公司的数据库都要安全得多，因为它的每笔交易的安全性是由所有加入网络的计算机来保证的。

另外，智能合约可以导致一种新的组织："分权自治组织"（DAO）的兴起。你可以使用智能合约建立 DAO，一个在公正算法控制下运行的一个无人组织（没有办公室，没有员工）。反过来，这个算法又可以在一个开放源代码的软件中公开"审计"（验证、控制）。也就是说，DAO 是自治的，是自我执行的，它没有中央控制。

DAO 已经存在了。2016 年，德国的一个创业公司 Slock.it 创造了这样一个组织，它可以像风险资本家们那样运营，可以投资创业者（比如 Slock.it 本身）。短短几个月内，它就在以太坊（Ethereum）上筹集到等于 1.5 亿美元的数字货币，也因此成为有史以来最大的众筹项目。这个 DAO 上的投资者可以对每个需要钱的创业者进行投资。

再比如，Bitnation 是由苏珊娜（Susanne Tarkowski Tempelhof）2014 年创建的一个 DAO 平台。苏珊娜的座右铭是"在 140 行代码里创建你自己的国家"。一个 DAO 可以提供传统政府所能提供的相同的服务，但是用一种分权的方式：没有人来控制这些服务。在软件 D.I.Y（Do It Yourself）运动和生物科技 D.I.Y 运动后，现在我们即将迎来政府 D.I.Y。

这个领域的新概念每天都在出现，现在 DAO 的世界已在讨论“分布式协作组织”（Distributed Collaborative Organization）。这个词是由哈佛大学的菲莉皮（Primavera De Filippi）和纽约大学法学院的霍曼·沙德（Houman Shadab）于 2014 年推出的：他们提出了一种将基于区块链的 DAO 与现有法律制度融合起来的方法。

从智能合约到图灵完备

区块链还能做什么？2013 年，俄罗斯人维塔利克（Vitalik Buterin）推出了以太坊，表面看起来像是一个做类似比特币的数字货币平台，但它比其他币种复杂的是，以太坊是一个平台（也是一种编程语言），理论上能够允许用户建立和发布下一代分布式应用，可以编程、担保并执行域名、合同、知识产权等任何事物。以太坊其实是一个“应用程序币”。

区块链的未来是智能合约，而智能合约的未来几乎是……无限的。为什么呢？类似以太坊这样的平台并不在自身的区块链上存储大量数据，它用的是额外的东西：星际文件系统 IPFS（Inter Planetary File System），该系统由胡安·贝尼特（Juan Benet）于 2015 年发明，是一个面向全球的、点对点的分布式版本文件系统。IPFS 为每条信息都添加了一个加密地址，其安全级别非常高，意味着存储于 IPFS 中的信息是不能被随意操纵的。可能听起来跟无聊的数据库管理没什么两样，但在实践中，IPFS 协议可以补充乃至替代目前统治互联网的超文本传输协议 HTTP，承载整个互联网的传输协议！它的潜力也并非到此为止，以太坊是“图灵完备”，意思是：用户可以在全球任何一台计算机上登录，用它实现任何程序，它可以成为“世界计算机”的未来。

现在整个区块链行业对以太坊的兴趣特别大，因为以太坊正在成为更有趣也更有潜力的区块链平台，以太坊开源社区也有足够的时间完善自身的不足。与此同时，ConsenSys 为基于以太坊的区块链生态系统提供了一个构建自定义“分布式应用”的平台，已开发出人们可以使用的“分布式应用”了，比如 Spritzle / HitFin，就是一款基于以太坊的交易的金融衍生产品应用。

不过，以太坊只是众多致力于开发“分布式应用”的“比特币 2.0 技术”中的一个。“以太坊，Counterparty，Maidsafe，Rootstock，Tauchain……这样的平台非常之多。

拿 Counterparty［由克里斯·德罗斯（Chris DeRose）创建于 2014 年］来说，它跟以太坊很相似，但它使用了比特币的区块链技术。该平台包括一个允许 Counterparty 的节点通过比特币区块链彼此互相沟通，同时也能跟一种本地货币互相沟通的协议。2014 年，Joel Dietz 在帕洛阿图成立了一个 Counterparty 项目的孵化器 Swarm。已经有一些应用在 Counterparty 上诞生了，比如，肖恩·威尔金森（Shawn Wilkinson）2014 年在格鲁吉亚成立的 Storj，是一个分布式的 P2P 网络加密云存储器（类似于 Dropbox，但是分布式的，像 Swarm/IPFS，但是在 Counterparty 上运行，而不是在以太坊上）。

分布式世界的一个重要先驱是 MaidSafe，2006 年由英国的大卫·欧文（David Irvine）发明的。它使用志愿计算的概念来分布互联网：它的数据库来自互联网上的志愿者们捐献的空闲硬盘，是用 P2P 的协议连接起来的。没有中央服务器，也没有中央数据库，却能用大量加密来保护存储的数据。其目标就是建立一个“安全的互联网”。

MaidSafe 的名字的意思是，MAID（大规模独立硬盘 Massive Array of Independent Disks），SAFE（每个人都可以安全使用 Secure Access For Everyone）。当你在 MaidSafe 储存数据的时候，这些数据都会被分成无数个细节的组块，全部被重度加密，然后随机分布存储在世界各地。只有数据所有者才能重新组装和解密这些数据组块，MaidSafe 不使用区块链技术，它采用了不同的方式保障安全，但跟区块链的总体概念很相似。不同的是，所有交易不是存储在区块链上：除了交易涉及的双方，根本不会有任何交易痕迹留下来。

MaidSafe 的网络是基于 SafeNet 的：SafeNet 是一个超级安全的平台，能将当前互联网上可用的服务全部分布式（短信、电子邮件、社交网络、数据存储、视频会议等）存储。SafeNet 使得互联网无须任何服务器和数据库就可以运行。它的美妙之处就是，用户可以登录到网络的任何一台计算机上，该计算机就变成了“她”的计算机：她的数据、应用程序、个人资料……一切俱全。而当用户注销之后，该计算机上又不会留下任何她使用过的痕迹。

MaidSafe 的支持者认为这将是解决网络身份盗窃和网络监控的终极解决方案，当然，政府可能会认为这是一场噩梦，因为犯罪者和恐怖分子也可以这么玩。

斯特凡·托马斯（Stefan Thomas）和埃文·施瓦茨（Evan Schwartz）2014 年在旧金山发明的 Codius 是智能合约的另一个通用平台，它的潜力也值得关注。还有 Eris，2014 年由两个律师成立于纽约。它以“通用的区块链平台”投向市场，因为它能克隆以太坊，比特币以及很多其他区块链技术。该平台创始者认为区块链只是一个大的数据库，而每个用户都应该自己有一个。

商业应用初兴

既然区块链技术如此强大，商业领域自然兴趣浓厚。比特币迅速流行之后，“挖矿”本身就成了生意。区块链的运作过程基本上就是不断向一个共享的公共账本添加记录的过程，该方法具有验证容易，却极难执行（修改、添加等）的特点，这样设计的目的就是防止造假。当然，它的实用性和安全性也是有代价的：每次添加记录都要求苛刻的计算机算力。

如果想挖出比特币，基本上需要一台定制的计算机，它需要有能力解决非常复杂的数学问题，还要能够通过高速互联网连入比特币网络。当然，如果挖矿的矿工们成功了，就会得到一定数额的比特币奖励。

随着比特币挖矿成为一门专门的生意，矿工们的挖矿装备也开始不断升级，矿工们开始应用一种被称为专用集成电路（ASICs）的特殊芯片来加快采集比特币的速度，ASICs 也被称为“比特币哈希芯片”。同时不少专门服务于挖矿的创业公司们相继成立，展开了一场高科技装备竞赛。比特币既不是第一个，也不是唯一的数字货币。数字化货币的数量一直在爆炸性增长，其中以山寨币（Altcoins）最为出名。2016 年，最大的“山寨币”交易平台 Cryptsy 列出了十几家山寨币，不少还十分有趣。其中一些像由威利（JR Willett）发明的万事达币（Mastercoin）跟比特币一样，用的都是区块链技术。比特币之外，比较有名的是莱特币（Litecoin），由谷歌前工程师查尔斯·李（Charles Lee）在 2011 年创建，是 2015 年市值第二的虚拟货币。风头紧随其后的质数币（Primecoin）/ 点点币（Peercoin）都是由一位自称“Sunny King”的人在 2012 年匿名发行的，都采用了不同的工作证明机制的算法。比如，质数币的采矿方式对计算机的算力要求相对较少，更加“绿色节能”。

围绕比特币的创业者很快大量涌现。安德鲁·库克（Andrew Cook）2011 年在智利成立了一家投资公司，当时他才 20 岁，如今他的公司是世界上最大的比特币投资基金。2012 年成立于旧金山的 Coinbase 公司主要提供比特币钱包和交易平台，让人们更方便地使用比特币（2015 年，Coinbase 创建了美国第一家持有正规牌照的比特币交易所）。成立于 2013

年的新创公司 Epiphyte 为各种虚拟数字货币提供银行服务。

同样成立于 2013 年的 Circle 公司基于区块链技术提供低成本兑换货币及跨国汇兑，在手机 APP 上就能一键点击向你的亲人和好友发送美元、英镑或比特币。

成立于 2014 年的比特币创业公司 QuickCoin 与 Facebook 合作，推出的 Facebook 集成钱包使得发送和接收比特币和收发短信一样简单。

2015 年成立的 NextBank 公司，它的目标是成为第一个全比特币金融机构，做第一家真正的基于比特币的线上银行。2016 年，CoinCloud 公司提供比特币和现金的兑换，还在门罗公园安装了一个“比特币取款机”。

金融领域之外，围绕区块链的创业公司也有很多。比如，2014 年，由丹尼尔·佩莱德（Daniel Peled）在以色列成立的 Gems 公司，推出了基于比特币区块链技术开发的一个即时社交通信软件，可以使聊天简单、安全，还能推广比特币。

当然了，区块链能做的事情还很多。如 PeerTracks 这样的创业公司用区块链技术颠覆了原来整个音乐产业，它能让艺术家直接向消费者销售作品，消费者可以用一种价值根据供需关系变动的“代币”来购买。如果艺术家还是无名之辈，你可以用非常便宜的代币购买他的音乐；反之，大牌的艺术家就需要很贵的代币。普通人也可以使用区块链，比如，2014 年，第一个使用区块链登记结婚的婚礼就在美国举行了。

技术缺陷和内部分裂

当然，区块链技术也有不少缺点。首先，要使用区块链，你必须相信网络。但现在大型金融机构是否愿意将数十亿美元的交易委托给匿名用户的网络还不一定。

不过，它最大的缺点还是来自技术层面。因为其算法的复杂性，如今的区块链每秒只能执行 7 笔交易，每一笔比特币的交易大约需要十分钟才能确认。相比万事达卡和 Visa 卡（维萨卡）每秒执行的庞大交易量，这个数量显然是不够的。2014 年，谷歌前工程师迈克·赫恩（Mike Hearn）和加文·安德烈森（Gavin Andresen，也是 2012 年比特币基金会的创始人之一）提出了比特币的一个替代平台——比特币 XT，主要用来打破比特币每秒交易次数的局限性，区块承载量扩充至 8MB，交易次数增加到每秒 24 次，且一旦 75% 的开采区块都兼容 XT，XT 将会进行改进，创建一个新的网络和货币。但这种做法遭到了很多攻击，反对者认为这违反了比特币的创建初衷。从 2015 年开始，比特币俨然已陷入内部分裂，一派支持比特币，一派支持比特币 XT。由于这种分裂，比特币的发展和走向已受到很大影响。

然而，P2P 这种技术很容易挑战现有法律。和任何一种技术一样，它一旦被贪婪邪恶的人利用，将会制造更棘手的问题。尤其是当 P2P 跟暗网结合起来，罪犯的身份可以被很好地藏匿起来后。2013 年，P2P 网站滋生的问题变得尤其严重：美国联邦调查局在旧金山逮捕了罗斯·乌布利希（Ross Ulbricht），这个人创造了一条“暗网”上的“丝绸之路”，让全世界约 100 万人在上面用比特币购买枪支和毒品。这对比特币社区来说挺尴尬的，因为该“暗网”上活跃的比特币几乎占到了全世界比特币总量的三分之一，意味着矿工们辛苦挖出来的比特币几乎三分之一都被恐怖分子和犯罪分子利用了！一年以后，17 个国家发起了联合行动，关闭了被犯罪分子利用的超过 100 个暗网，该举动被称为“署名行动”。然而，这次行动中还是有一条“漏网之鱼”，一个叫作“进化”（Evolution）的暗网，它很快成了毒品交易者新的大的网络交易平台。“进化”根本来不及被警察关闭：2016 年，它的创始人拿走了所有该平台用户的比特币，然后消失得无影无踪。

区块链下一步

仅2016年前四个月，关于区块链的会议消息就相继从中国香港、迈阿密、印度、伦敦、哥本哈根、纽约、阿姆斯特丹、华盛顿、南非、比利时、莫斯科、澳大利亚等多地传来，还有一个大型会议是在旧金山。2016年，Linux基金会启动了Hyperledger（超级账本）项目来推进区块链技术。看下已加入该项目的公司名单你就知道区块链有多火：IBM、埃森哲、英特尔、富士通、日立……

因此，区块链的这股变革热潮我认为是刚刚开始。

在讨论这个问题之前，我们必须把比特币和区块链分开来说。比特币是一个没有所有者的虚拟货币，但我们现在对它的态度还很矛盾：我们喜欢它是因为它没有一个"中央银行"，但与此同时，我们还不相信它的未来也是因为它没有一个"中央银行"。政府很明显不喜欢比特币（以及所有虚拟货币），因为这些虚拟货币的每笔交易都没办法征税（而且还很容易被用于犯罪和恐怖活动）。我个人的猜测是，当政府最终找到给虚拟货币征税的方法后，他们一定会给比特币（或比特币的某种变体）找个用处。还有一个普遍的感觉是，比特币尤其在那些当地货币"不稳定"的国家和地区有用，如果这些人都有智能手机，他们自然会更倾向于信任比特币。

目前，一方面比特币在苦苦挣扎，另一方面区块链产业却前所未有的充满活力。这种现象更说明区块链早就不是一种仅与虚拟货币相关的技术，激起人们热情的是它能够变革社会运行方式的革命性潜力。我对区块链自身目前的技术瓶颈终究会被解决很有信心。

事实上，现在也已经有多种解决方案了。我对全球各地的政府们最终会欣赏区块链（或某种区块链技术的变种）的好处也很有信心。最显见的一个好处是，政府可以用区块链记录各种交易和文档，轻易摆脱不必要的各种官僚体系（尤其是官僚体系背后的腐败和贿赂）。

金融科技趋势

比特币和区块链首先是金融科技领域的“大事”。在美国，金额科技是个巨大的市场。每年，美国的投资者都会付银行和其他金融机构 6 000 亿美元的费用，基本上是以色列 GDP 的 2 倍。金融科技在美国能成功的原因之一是 2008~2011 年的“大衰退”，当时小公司难以从传统的金融机构借到钱，这就给那些线上金融服务机构以及 P2P 网站给了不少机会。首先受益的就是那些非银行的贷款机构，比如 OnDeck（纽约，2007 年），Kabbage（亚特兰大，2009 年）和 Funding Circle（伦敦，2010）。P2P 同样是这轮金融科技的主角。两个 2006 年成立于旧金山的公司是 P2P 借贷领域的先驱：Prosper 和 LendingClub。两家公司都为那些有资金借贷需求的企业提供线上机会和空间。他们的模式其实是金融科技、P2P 以及分享经济的联姻。

金融科技不仅在侵蚀传统银行的业务，还危及风险投资家们的利益。通过在线金融平台，人们可以通过众筹的方式从个人那里筹钱资助创业者。这个领域的先驱是 EquityNet（2005 年成立于亚利桑那），它给投资人和创业者、企业家之间提供了一个沟通联系的平台。

对金融科技的未来来说，经济发展无法预测的自然和人为因素太多。试想一下伊朗核协议对石油价格的影响，刚果的和平可以促进这个世界上矿物质最丰富的国家的经济繁荣，而只要一场大地震就可以把加州带入灾区……即便我们当今的科技如此发达，也还发达不到能预测政治和战争，抑或诡谲的天灾人祸。即便能够预测到，也很难预测到它的影响。这就是为什么人们（不论富人还是普通百姓）总是会在金融世界赔钱：经常会有一些突发的新闻会对金融市场造成波动。

因此，哪种新技术未来会大获成功同样也是不可预知的。比如，Billpoint早于PayPal两年创立，提供和PayPal一样的金融服务，而且它背后的支持者是eBay、美国富国银行（WELLS FARGO）和Visa（真想不出来要成功还需要怎样的支持者了，这三家公司中，一家是最大的网上交易市场，一家是世界最大的银行之一，一家是世界最大的信用卡公司之一），结果呢，现在有几个人记得Billpoint？ 再比如，2002年，Pay By Touch就有一种让用户通过在生物传感器上扫一下手指就能支付的技术，结果，这家公司2007年就歇业了。现在iPhone和三星等智能手机上都有指纹扫描支付的功能，富士通和中兴也即将推出视网膜扫描，后来者都成功了，为什么偏偏Pay By Touch会失败？这种金融应用程序牵扯到太多人为因素，确实难以预测和分析。

我认为，金融科技需要继续挖掘“群众”的力量。金融世界过去一直都是只对富人开放的世界，普通人只能借钱或存钱，而这两种业务都能让金融机构受益，普通人却得不到多少好处。“众包”时代这些都在发生改变，三个大的众包平台（Kickstarter、Indiegogo和GoFundMe）已经比所有的风险投资家们加起来资助的创业者还要多。还要感谢P2P技术，普通人第一次在大的金融机构前有了争取利益的机会。可以说，科技的发展会让资本主义的未来不是资本家，而是每一个普通人。

硅谷声音

“火人节”创始人约翰：放荡不羁的旧金山湾区

采访约翰·楼的过程堪称惊心动魄，他的办公室位于旧金山市中心的一座摩天大楼的顶楼上，穿过迷宫一样的楼梯，在一处废弃不用的狭小隔间里，我们找到了这位大隐隐于市的“火人节”联合创始人。他独特的办公室没有门，“门牌号”由一个塑料骷髅头装饰而成，办公室里面只能放下一张书桌，其他空间都被大量的书和艺术品占领了。

约翰见到我们很开心，邀请我们到他的专属“会客厅”去，爬过两个近乎垂直的十几米高的铁梯，再钻出一个天井，我们到了这幢楼的最高处。戴着墨镜，长发已灰白的约翰就这样迎着风坐在阳光下，开始滔滔不绝地讲述“火人节”“生存研究实验室”（Survival Research Laboratory）“杂音社团”（the Cacophony Society）“黑暗通道”（Dark Passage）等湾区历史上知名的反主流文化的传奇故事，从1976年到达湾区后，约翰几乎参与了所有当地有名的艺术组织或另类活动，他见证了湾区在变成一个科技创新高地之前的样子，清楚硅谷到底是什么孕育出来的。

“火人节”是美国如今最为知名的反传统狂欢节，世界各地的人们在每年9月初涌入内华达州的沙漠，包括成千上万的艺术家和有着各种疯狂想法的人们，他们在一周时间内建起一座光怪陆离的城市，然后在结束时一把火全部烧掉。从1986年创立后，“火人节”不仅吸引了大量嬉皮士，也吸引了众多科技人士，这里早已是硅谷冒险家们的乐园，特立独行和荒诞不经是这里的“主流”，它最大限度地展示着在狂野而无拘无束的想象力下，人们到底能够产生什么样的创意。可以说，“火人节”是硅谷反主流文化滋生的一朵最鲜艳的“奇葩”，是能与传统“硅谷精神”

迎面相逢的地方。

虽然“火人节”已经从最初一个仅为好玩而生的大聚会变成如今“一票难求”的非常成功的商业化活动，但约翰依然跟这些喧嚣没有什么关系，他只是偶尔到湾区的几所大学里跟年轻人分享，告诉人们湾区如今的科技和商业是如何被反主流文化深深影响和塑造的。

精神标签：自由

旧金山湾区尤其是硅谷以高科技闻名世界，很多人都在探究它的奥秘。很少有人看到，湾区的反主流文化早在高科技之前就在这里占据着十分重要的地位，至少自“二战”以来就是如此，20 世纪 60 年代的嬉皮士运动、新时代运动等都影响深远，这里历史上的特色一直是各种反主流组织和艺术。后来，大量科技专家、爱好者被吸引至此，原因跟这里最初吸引大量艺术家是一样的——自由。

旧金山湾区给外界的整体印象就是非常自由。在美国，人们一提到纽约，就会想到金钱，一提到华盛顿就会想到权力，一提到旧金山，人们就想到可以自由地做任何事情，不管是好是坏，比如这里曾一度是性和毒品泛滥的地方。自由在美国文化中还是很重要的，即便现在很多美国人不相信自由，他们也愿意看到文化中各种自由的表现形式，比如像西部牛仔那种个体对抗整个机构的电影等。当我只有 12 岁的时候，我就有这样强烈的信念：如果你不想让任何人告诉你该做什么，那就去旧金山。我性格里生来就有这样一部分，我不喜欢别人告诉我该做什么，也不喜欢告诉别人该做什么。我的一生从来都不想当老板，也不想任何人做我的老板，旧金山就是我能找到最契合这种精神的地方。

美国的东部地区以及英国等世界上不少地方都有着强大的社会习俗和规范，周围的环境将人们无声无息地“锁在一个盒子”里，让人们保持循规蹈矩的“正常”生活，而很多人到旧金山后就得到了新生，如果他们不喜欢之前的自己，他们就可以在旧金山成为一个全新的、不同的自己，通常也是一个更真实的、真正的自己。

高度的自由能带来高度理想主义的创造性。当移民们一批批来到美国，他们会发现，东海岸已都是一个个被规则和习俗包围的城市，越是往西海岸走，越是那些人烟稀少的地方，越是自由，而旧金山就是这放荡不羁的西部的最后边界，再往前就是海洋了。可以说，旧金山湾区是美国自由的理想主义创造力的最后堡垒，尽管在纽约和其他地方也有很多有创造力的人，但湾区鲜明的自由精神让这里成了最具创造性的地方。

源自艺术家的合作、共享文化

旧金山湾区吸引了大批艺术家，但对他们而言，大多数人来这里并不是为了追求一份事业，这里并没有那种为职业发展拼搏的野心勃勃的氛围。他们来这里是为了追求生活本身，追求创造本身（或许仅仅为了有趣，好玩，或者仅仅为了做自己喜欢的事情等）。很多知名的作家和艺术家年轻时都是从这里起步的，都受过这种自由氛围的熏陶，当他们想要赚钱或成名时，他们会选择到别的城市，比如纽约或洛杉矶。这种前沿的、理想主义的创造性吸引了绘画、雕塑、音乐等不同艺术领域的人，创造了一种合作的文化，这又深深地影响了湾区其他人。

在这里，人们会一起工作，创造出很多新的组织和艺术活动。比如，自杀俱乐部（the Suicide Club），之后变成杂音社团，它组织了很多疯狂的、有趣的活动；火人节是艺术家们的沙漠狂欢，现在已经演变成美国最热门的活动……但早期这些组织的工作者都不是为了赚钱，也不是为了成名，人们只是自发在一起享受创造新事物的过程，在这种合作的氛围中，人们不会把新想法据为己有，而是将它分享出去，大家一起创造出非常有趣的新事物来。

再比如，生存研究实验室是非常重要的一个机器艺术社团，它曾举办过历史上规模最大的机器艺术展，我也是其中一员。艺术家们用控制器操控着和房间一样大的机器，它们像恐龙一样喷火行走，画面精彩绝伦，令人叹为观止。生存研究实验室的马克·波林（Mark Pauline）能够让很多艺术家，技术专家和科学家一起合作，就是因为有一个很棒的想法，而不是因为钱。想法就是力量，就是一切，它如此引人入胜，大家有足够的动力想要将这个想法变成现实，没有别的原因了。

当然，20世纪60年代乃至70年代，旧金山还是个生活成本很低的地方，这些人们不需要花太多时间担心生活上的问题，一个艺术家可以身无分文地来到这里，不用把所有时间都花在赚钱上，可以用很大一部分时间来做自己想做的创造性事情。这也是我来这里的原因，我只要花一点时间赚够每个月房租，其他时间都可以用来探索，在废弃的建筑里做艺术活动、在街头做表演等。

生存研究实验室的大部分人也是这样，他们用大量的时间和精力做觉得有趣、有创意的作品。所有机器艺术展览的材料都是从废弃的工厂或建筑里收集来的，赋予废弃工业材料全新的用途，创造自己的独特艺术，他们的机器艺术展览令人震撼，是真正的视觉艺术，也因此激励了更多有创造力的人加入。我也是因此被吸引过来，当时，我们就是想要把这种艺术展做得足够轰动，我们也不准备向谁索要一张许可证，我们会把机器开遍整个旧金山；会在大半夜在街道上测试火箭引擎；我们燃起熊熊篝火，直接在街道上做活动……我们对一个地区进行“大规模破坏”，当然最后我们会收拾干净，但至少我们可以这样做。

没有人从中赚到钱，但很多技术和科学领域的人可以从这些作品中受益，因为我们做出来的艺术展览就像是西部牛仔这样的东西，是能体现真正美国精神的艺术。把这一切称作艺术实际上并不准确，“艺术”这个词也不能完全涵盖，我们还没有一个合适的词来形容它。我想所有这些组织和活动最初都是为了好玩而已，比如早期的火人节，发起和组织火人节活动是我做过的最难的事了，有很多工作，所有人分文不取，但都充满乐趣，这和现在商业化的火人节已经完全不是同一个活动了。

反主流文化下的创新

湾区的科技和商业都深深受到了反主流文化的影响，创新不是通过控制实现的，也不是通过禁止实现的，它是由自由和开放实现的。湾区高度自由、开放、合作的文化给人们带来了大量科技和商业创新。这里很多商业领域的重要人物都是反主流文化的一分子，比如史蒂夫·乔布斯、比尔·盖茨。这也是为什么互联网和计算机公司能在这里繁荣发展，因为他们有许多富有创造性的员工，并给予员工许多自由，让他们互相合作和启发，减少竞争，从而打破了陈旧的高度控制的美国商业模式。

还有很多反主流文化组织中的人也做出了影响深远的事情，比如，电子前沿基金会（The Electronic Frontier Foundation）是一个非常强大的民间团体，一个国际非营利性的宣传数字版权的法律组织，目的是促进信息和管理自由。该组织的三位创始人中的两位都曾是自杀俱乐部成员。约翰·吉摩尔（John Gimore）和约翰·佩里·巴洛（John Perry Barlow），约翰·吉摩尔是自杀俱乐部的主要成员很多年了，也曾是不和谐社会和早期火人节的成员，现在依然参与火人节的活动。约翰·佩里·巴洛也和反主流文化有联系，是“感恩而死”（The Grateful Dead）摇滚乐队的创作者。

再比如，互联网档案馆（Internet Archives）是由一个叫布鲁斯特·凯尔（Brewster Cale）的人创立的，他和反主流文化也有千丝万缕的联系，他和妻子是在第一届火人节上结婚的。布鲁斯特的初衷是将人类所有的信息和知识都存储在一个安全的服务器上，让所有人都能免费接触到。这是历史上最难以置信的项目之一。布鲁斯特用自己的钱免费向每一个人分享所有的信息，只是单纯想要为人类的未来做件有益的事情，这也是为什么开源运动从这里兴起。

用我最喜欢的一个作家威廉·巴勒斯（William Burroughs）的话说，控制越少，创新越多；控制越多，创新越少。人类的组织和机构会日益变成一个巨大的控制机制，就像是大的商业集团控制思想的怪物，组织和机构会越变越大，创新会越来越少。而旧金山是其对立面，这里，思想就是一切，控制是开放性的。这就是解释为什么这里有如此多的创新最简单的方法了。

还有一件很重要的事就是批判性思维或理性思维。当人们看到一样事物，通常会认真地分析它，比如为什么它有用，怎么让它有用，我们应该怎样复制它等。但在旧金山，这种理性思维非常少，很少有人去想某人或自己做这件事的意义是什么，有什么用处，对社会、文化或哲学意味着什么。总的来说，我们不会像法国人那样将自己过多卷入对自我的批判性分析中。这里的很多人也无所谓失败，失败更多是人们自由尝试做各种事情的某个阶段性结果而已，人们总是敢于冒险，这并没有多么难堪。所有这些让旧金山湾区在过去的 50 年或 80 年里变得在美国乃至全世界都是独一无二的。

因此，湾区有很多重要的艺术和科技活动相继在浓厚的创造性氛围中诞生了，虽然其中不乏很多蠢事。还有一些东西我很难称为艺术，可能就是人们做的有趣的事情而已，本身就没有多少意义。但是，从整体和长远来看，这些看似“蠢”和“没有意义”的事情却很重要，因为它们是“可以自由地做任何事情”的一部分，是鼓励人们成为真正自我，大胆创造的一部分。

梅兰妮·斯万：区块链最吸引我的是重塑医学

梅兰妮·斯万（Melanie Swan）是《区块链：新经济蓝图及导读》（Block-chain，新星出版社 2016 年 1 月出版）一书的作者，也是区块链科学研究所（Institute for Blockchain Studies）的创立者。梅兰妮的研究兴趣包括大数据哲学、生物公民、未来的个人身份等许多方面。目前在奇点大学（谷歌和美国宇航局联合设立的致力于培养未来科学家的学校）担任量化方式和预测市场指导员。

梅兰妮是一个典型的“用科技让世界变得更美好”的硅谷客，她在硅谷的创业和研究经历从生物技术到区块链，下一个准备创立的公司则是在机器人领域。她将这些跨界总结为“本质都是数字问题”，这也让她对区块链的看法有了融合的视角，引出了区块链基因组学、区块链人工智能的思考。采访中，在区块链强大到足以变革人类生活方方面面的应用中，梅兰妮最为兴奋的还是用它来建立医疗大数据库，量化和预测人类健康。

从区块链 1.0 到区块链 3.0

我认为区块链正在成为继大型机、个人电脑、互联网和移动社交网络后的第五个颠覆性计算机范式，它的应用会经历区块链 1.0 到区块链 2.0，再到区块链 3.0 的过程。货币和支付是区块链第一个也是最显著的应用，区块链货币的核心功能是通过互联网让任何一个交易可以直接在两个单独的个体之间发起和完成，比特币和它的效仿者们可能重新定义货币、贸易和商业。加密数字货币能够成为一个可编程的开放式网络，用以实现所有资源的去中心化贸易，这又远远超越了其货币属性和支付属性。因此，针对货币和支付的区块链 1.0 正在被拓展成区块链 2.0。

如果说区块链 1.0 是为了解决货币和支付手段的去中心化，那么，区块链 2.0 就是更宏观的，针对整个市场的去中心化，利用区块链技术来转换许多不同种类的资产而不仅仅是货币，即区块链技术的去中心化交易账本功能可以被用来注册、确认和转移各种不同类型的资产及合约，也就是智能合约。比如用智能合约裁定物体专利，不仅如此，电话、自行车、房子、汽车……都可以被区块链化。结婚、出生、死亡的公文证明和登记也都可以用区块链解决，注册区块链后，因为它是一个全网公证的大账本，你就不需要专利，不需要注册商标系统，不需要专利和商标局办公室了，你可以在任何时间证实电子文档的内容，同时保持内容的私密性，这对律师职业来说至关重要。注册合同、遗嘱、证据等都可以放在区块链上。

到区块链 3.0 阶段，区块链技术不仅有可能会重塑各类货币市场、支付系统、金融服务以及经济服务的方方面面，而且有可能对其他行业提供形式的改变，更广泛来说，几乎涉及人类每一个领域。这不仅仅因为区块链技术是去中心化的，更是因为它的底层网络与整个网络有足够的流动性将所有人类都连接在一起，这样的规模在过去是不可能的。因此，区块链技术能够极大促进过去由人力完成的各种协调和确认，促进更高阶段的、全新的人机交互方式。某种程度上，也许今后所有人类的活动都能使用区块链技术来协调，或被区块链彻底改变。

区块链健康

区块链技术非常振奋人心，因为我意识到它并不仅仅是关于比特币和数字货币的，也不仅仅是关于法律、公共记录等智能合约的，它实际上能将我们带入地球数字技术的下一个阶段，能够让我们尝试做一些前所未有的新东西。对我而言，它最具有吸引力的是在医学和健康领域的应用潜力。

我曾在华尔街工作过，后来我意识到很多重要的事情都跟科技有关，于是我来到硅谷创立公司，试图以新的方式改变世界，也因此进入了生物学领域，我发现，人类甚至不明白一些基本的问题，比如如何保持健康、如何攻克癌症。直到有一天，我意识到生物学实际上是数学问题，我读MBA（工商管理硕士）时的所有工作都是关于做出风险预测模型量化风险的，健康其实是一样，只要获得足够多的数据，通过大数据量化风险，就可以对健康趋势做出足够准确的预测。比如，基因组学是革命性的，但基因组数据的存储是个难题，我们需要区块链这样安全的技术来建立一个大规模的基因组数据银行，实质性地推进人类疾病和健康问题的研究，基于区块链的基因服务还能够为个人提供低成本的基因测序服务，并且让数据通过私钥来掌握。

再比如，大型的电子健康记录（EMR）系统也将是区块链的一种十分强大的应用，得益于其非实名的优势，用户可以使用数字地址，而非名字，区块链的天然属性就是它只能通过私钥访问，能够保护用户隐私，个人健康记录可以被编码为数字资产，像数字货币那样存放在区块链上。如果有需要的话，个人可以通过他们的私钥让医生、药店等访问其健康数据。区块链能为电子医疗记录提供一个统一的、可以交互的格式和存储库，作为存储健康信息的大规模标准化数据库，拥有让研究人员访问的标准格式。不过，现在这些都处于早期阶段。我们真正希望的是，越来越多的国家能采纳EMR这种科技，乃至为公民设立基因组档案。

在健康保险领域也可以使用区块链，现在如果有人要进行健康保险索赔，保险公司会打电话给涉及的多方进行数据评估和核实，这些都可以用区块链高效解决。预防性医学也十分重要，要研发出预防性的药物，我们也需要比现在更多的大数据，总之，我们需要信息技术帮助我们把涉及健康领域的数据整合起来，这也是为什么我对区块链感到如此激动，因为终于有一个足够强大的科技可以帮我们测量健康问题。区块链健康最主要的优点是，它提供了一种可以在区块链上存储健康数据的架构，这些健康数据可以在被分析的同时还保持其私密性，而且其中嵌入的经济层又能在技术上补偿数据的贡献和使用。可以说，若是没有区块链这样的科技，我们可能永远无法预测医学的发展方向。

区块链未来

区块链的许多应用已经正在发生，比如，伦敦和纽约有二十几家大的投资银行已经在应用区块链技术将你的钱备份，确保私钥在手机上使用的安全性。就好像我们现在人人都需要知道怎么发邮件一样，区块链技术会带来一种新的公民技术素养，即数字加密素养，这会在未来越来越普及。

从本质上来说，区块链是一种信息技术，是一个去中心化的、具有革命性的计算范式。区块链是一种“去中心化信任网络”，通过信用、证据和补偿奖励等模式鼓励各方在不需要信任的情况下参与协作。区块链还可以促进安全、友好的人工智能的到来，因为我们可以用这种分布式网络保证发明的人工智能技术是可信任且透明的。

当然，区块链技术去中心化的特性并不适合所有情况，未来，区块链技术更可能存在于一个同时具有中心化和去中心化模式的大型生态系统中。总之，区块链能够整合并自动化人机交互和机器之间的交互，在全世界提供了一个去中心化的公开账本，用来记录、注册信息、资产、社交行为等，以一种过去人类无法想象的方式促进大规模的人类协调合作。

生物科技篇

我们都在等待（并期盼），

拯救我们的神话。

某种程度上，

我们又不能被救赎，

因为自我只有在被拯救之后才“存在”，

如同无法洞察，

我们自然的本性，

以及大脑中的神经。

“什么是真理？”

我们可能忘记了，

如何聆听。

——皮埃罗

一场轰轰烈烈的“生物革命”

在人类漫长的历史中，人们曾经因为缺乏食物饿死或因没有温暖的房屋冻死，直到我们通过农业革命基本解决了饥饿问题，通过工业革命解决了绝大部分住房问题。然而，2016年，世界卫生组织（WHO）的一份报告显示，患糖尿病的人数自1980年以来几乎翻了两番：世界上现在有超过4亿糖尿病人，每年有370万人死于糖尿病。如果照这种趋势发展下去，很快这个星球上每十个人里就有一个糖尿病人。世界卫生组织还估计，未来的二十年里癌症病人（目前每年800万人死于癌症）将增加约70%。这是一个无论农业革命还是工业革命都无法解决的大问题：疾病。

我们迫切需要的是一场“生物革命”。时下的生物科技正攀爬在战胜癌症等重大疾病、衰老（乃至死亡）的征途上，这是不可思议的旅程，有关21世纪生物学革命的历程将成为人类自身发展史上具有里程碑意义的事件。

生物科技简史

1973年，斯坦福大学的斯坦利·科恩（Stanley Cohen）和加州大学旧金山分校的赫伯特·博耶（Herbert Boyer）发现了如何“重组”DNA（在实验室制造出来的DNA），科学家们普遍认为这是让人兴奋的实验，但很少人预料到它能在日后创造出一个全新的产业。赫伯特·博耶本人也并没有从这个发现中看到多少商机，而罗伯特·斯旺森（Robert Swanson）——一名来自颇具传奇色彩的Kleiner Perkins风投公司（即后来的凯鹏华盈）的29岁的员工却从这项实验里看到了潜在的巨大商机。

1976 年，他说服赫伯特·博耶成立了基因泰克公司，接下来的故事就是广为人知的历史了：1978 年，基因泰克成功克隆了人工胰岛素，其氨基酸序列及生物功能与人类自身合成的胰岛素别无二致，世界上第一个基因工程药物诞生了（1982 年获得批准销售）。1979 年，基因泰克又克隆了人类生长激素（1985 年开始，基因泰克开始销售儿童成长激素）。1980 年，基因泰克的 IPO（首次公开募股）使其成了第一家生物科技领域的上市公司。

生物科技领域随后掀起了一股“科学家创业”的热潮。卡尔京（Calgene）公司在 1980 年由加州大学戴维斯分校的科学家们创立，Chiron 公司在 1981 年由加州大学旧金山分校和加州大学伯克利分校的科学家们创立。在美国东海岸，麻省理工学院也开始滋养一批在波士顿成立的初创公司，比如同样成立于 1981 年的 Integrated Genetics。

1983 年，凯利·穆利斯（Kary Mullis）发明了聚合酶链锁反应（PCR）来复制基因，迅速撬动了整个生物科技领域的发展。这一时期，南加州的企业也扮演着重要的角色。被生物科技公司的巨额回报所吸引，风险投资家威廉·鲍斯（William Bowes）1980 年在洛杉矶创立了安进公司（Amgen）并招募了一大批年轻、聪明的生物工程师。其中，来自台湾的林福坤（Fu-Kuen Lin）克隆了红细胞生长素（Erythropoietin）基因，进而发明了生物科技历史上最成功的产品之一，也是安进公司的第一个基因重组药物 Epogen（促红细胞生成素），1989 年获得 FDA 批准出售。

与此同时，安进公司的拉里·苏扎（Larry Souza）博士克隆出了白细胞生长素 G-CSF 并在 1991 年得到 FDA 批准，这两大基因工程产品使得安进公司在 1992 年成为销售额逾十亿美元的制造业巨头，还为此获得了时任美国总统克林顿颁发的国家技术勋章。

1986 年，莱诺伊·胡德（Leroy Hood）发明了一种 DNA 测序的方法，成为人类基因组计划实现的基础，四年之后，宏大的人类基因组计划启动。

2003 年，人类基因组草图绘制完毕。

克隆基因很快演化为克隆动物，20 世纪 90 年代最为轰动的事件应该是“多莉”羊的诞生，伊恩·威尔穆特（Ian Wilmut）1996 年将它克隆了出来。

进入 21 世纪后，合成生物学的研究和应用如火如荼。2004 年，麻省理工学院举行了第一届合成生物学国际会议。2010 年，克雷格·文特尔（Craig Venter）和汉弥尔顿·史密斯（Hamilton Smith）重新编程了一个细菌的 DNA，“人造生命”的可能性引来一片哗然。同样在这一年，便宜的 DNA 打印技术面世（Cambrian Genomics 公司的 OpenPCR 项目）。

2012 年，斯坦福大学的马库斯·科弗（Markus Cover）在软件上模拟了一个完整的有机组织（生殖支原体，Mycoplasma genitalium），同年，加州大学伯克利分校的珍妮佛·杜德纳（Jennifer Doudna）和瑞典科学家埃马纽埃尔·卡彭蒂耶（Emmanuelle Charpentier）发现了 CRISPR-Cas9 系统可以用作基因编辑工具。随后几年至今，CRISPR 成为最热门的生物学领域的研究工具之一。打印 DNA 和编程、修改基因到底意味着什么，我们正在狂热地实验中。

湾区再成创新中心

从 AngelList（美国著名创投平台）的数据来看，目前，旧金山湾区的生物科技创业者的数量比整个美国其他地区加起来还要多，简单来说，全世界约 30% 的生物科技创业者都集中在湾区。

有趣的是，生物科技的演变史简直跟计算机技术用了同一个脚本。即，一种新的技术最先在世界某个地方被发明出来，然后整个产业很长一段时间都由欧洲和美国东海岸的跨国大公司们主导着，最终的产业创新中心却迁移和集中到了湾区。

具体来说，DNA 的双螺旋结构 1953 年由弗朗西斯·克里克（Francis Crick）和詹姆斯·沃森（James Watson）在英国发现（DNA 双螺旋结构的提出开启了分子生物学时代，揭开生命奥秘的研究从细胞水平进入了分子水平，对生物规律的研究从定性走向了定量，现代生物科技由此蓬勃发展），之后很长一段时间，大型制药企业多来自欧洲：诺华（Novartis）和罗氏（Roche）在瑞士，葛兰素史克（GlaxoSmithKline）和阿斯利康（AstraZeneca）在英国，拜耳（Bayer）在德国和美国东海岸，辉瑞（Pfizer）和百时美施贵宝（Bristol-Myers Squibb）在纽约，默克（Merck）、杨森（Johnson&Johnson）、惠氏（Wyeth）、赛诺菲（Sanofi）与欧加农（Organon）都在新泽西州，只有雅培（Abbott）位于芝加哥和礼来制药（Eli Lilly）位于印第安纳州。此外，人类基因组计划也主要是由美国东海岸的大公司们在推进，麻省理工学院和哈佛大学在化学、工程学和生物领域都拥有世界级的研究机构。彼时，没有人会想到湾区会如此重要。

如今，湾区至少有 9 个为生物科技创业者而办的孵化器。包括 QB3（加州定量生物医药研究院，2000 年由加州大学创立）、伯克利生物实验室［2014 年由安东尼皮莱（Jayaranjan Anthonypillai）成立］、IndieBio（2014 年成立于旧金山，是爱尔兰 SOSVentures 的分支机构）以及拜耳公司和杨森公司的实验室孵化器等。

湾区生物科技创业者集中的几个地区分别是：南旧金山（基因泰克 1976 年诞生的地方）、埃默里维尔（奥克兰和伯克利之间的城市，靠近加州大学伯克利分校）以及旧金山米慎湾地区（加州大学旧金山分校的一个新的医学院 2003 年成立于该地区）。因此，严格来说，生物科技在湾区的蓬勃发展并不是一种“硅谷现象”（硅谷还在南旧金山以南），尽管也有一些用软件技术加速该领域自动化的公司设立在硅谷［比如发明了

“基因芯片”的昂飞公司（Affymetrix）以及首个将个人基因组测序商业化并提供给普通客户的23andMe等]。

欧洲和美国东海岸的大公司及科研机构科学家云集，资金充沛，但如今生物科技领域新的创意、灵感往往来自湾区。一定要寻找原因的话，我只能说，“不同凡响”和敢于冒险的精神比金钱和科学家更重要。另外，风险投资家和大公司们可以在任何地方开出一家创业公司，但他们需要吸引年轻的工程师们加入，而湾区能够吸引来自全世界的人才，尤其是年轻人。

通常来说，大公司非常擅长为新产品开拓市场，但往往不怎么擅长产生新的想法和创意，湾区的创业者们尤其擅长创新，再加上基因泰克公司的成功为湾区树立了一个重要的先例：先有一个新想法，然后再跟大公司合作将这个想法市场化，这个模式在后来的生物科技领域不断重复再现。

基因泰克和安进公司的主要区别是，基因泰克从创立之初就在寻找大买家，并最终于1990年将企业出售给了瑞士药企巨头罗氏制药，而安进公司始终保持着“先锋”的姿态不断探索。

公平地讲，波士顿地区也有很多生物科技的创业者。哈佛的教授乔治·丘奇（George Church）一个人就是Knome、Alacris、AbVitro、Pathogenica、Veritas Genetics、Joule、Gen9、Editas、Egenesis、enEvolv、WarpDrive等多个公司的共同创始人。但湾区在生物科技领域让波士顿相形见绌也不是最近才发生的。塞特斯（Cetus）是有史可查的湾区第一个现代生物科技创业公司，1971年就由唐纳德·格拉泽（Donald Glaser）创立，唐纳德是加州大学伯克利分校一位曾获得诺贝尔奖的核物理学家，后来转向了分子生物学研究。

大多数人不认为吉利德科学公司（Gilead Sciences）是湾区最成功的生物科技企业（事实上确实是）。它于1987年由风险投资公司Menlo

Ventures 的一名 29 岁的员工迈克尔·赖尔登（Michael Riordan）创立，最初旨在基因治疗，后来由于里奥丹意识到抗病毒药物的潜力，于 1991 年将公司转向了抗病毒药物的研发。吉利德科学公司直到 2003 年以前都是赔钱的。1999 年，罗氏制药开始销售抗流感药达菲（磷酸奥司他韦胶囊），该药就是吉利德的发明。2005 年，美国总统乔治·沃克·布什要求调用一批紧急资金应对流感肆虐，而这笔资金的 15% 都被用来了购买达菲。

吉利德的另外一大成功是替诺福韦（tenofovirdisoproxil, Viread）[（一种新型核苷酸类逆转录酶抑制剂。可有效对抗多种病毒，用于治疗病毒感染性疾病，具有潜在的抗 HIV-1 活性（HIV，人类免疫缺陷病毒）]。这是 2001 年 FDA 批准的一种抗艾滋病的药。2009 年，吉利德被福布斯杂志评为成长速度最快的公司之一。2013 年，吉利德在市场上取得了又一次成功，它成功研发出了用于治疗丙型肝炎的 Sovaldi（索非布韦），也是史上最贵的药物之一。2015 年，吉利德以 1 500 亿市值位列生物科技公司榜首，已超过了葛兰素史克、阿斯利康和百时美施贵宝。

这个行业特别在哪儿

生物科技在湾区的演变史和计算机技术发展史很相似，但两者本身完全不同。在湾区，投资生物科技的风投们往往不会投资计算机技术。反之亦然，投资计算机技术的也往往不会投资生物科技。当然，大的风投公司除外（它们什么都投），其他规模小些的风投公司往往专注于一两个领域。这种投资上的界限主要就是因为生物科技这一领域的独特性。

第一，生物科技的创业者需要跟科学界有紧密的联系，初创公司的科研能力和水平很重要，这也是为什么很多创业者都集中在大学周边，或者本身就是这一领域的教授的原因。对计算机来说，目前常见的软件创新是设计一个 APP，看它能否被大量用户接受，对硬件来说，更多是看能否在一个芯片上放更多的晶体管，对科研能力的要求相对没有那么高。

第二，生物科技初创公司通常是由年长的人创办的，而软件创业领域往往活跃着很多青少年创始人，哪怕是在读大学生，也能设计出一款 APP，成立一家公司。这背后的原因是，生物科技是一个非常复杂的行业，需要很多年轻人尚不具备的技能，这一行业的创始人往往需要有化学、生物、工程学、市场营销等多方面的能力，甚至需要具备能跟政府机构（美国食品药品管理局）以及大型制药公司（它们可以将一种新药卖到全球）打交道的能力。

第三，生物科技公司研发一种“新产品”所需的金钱和时间成本跟软件业也不可同日而语。生物科技仅临床研究就可以轻易地耗资千万美元。据 2014 年塔夫茨药物研发中心（Tufts Center for the Study of Drug Development）报告显示，目前研发一种新药（从实验室到临床研究，再到投入市场）的成本已经超过了 25 亿美元。而研发一种新的 APP 的费用还不到一百万美元。

从时间成本来看，在市场上推出一种新药通常需要 5~10 年，其中 6~7 年都用于药物的临床研究，而 FDA 的审批往往又需要 2 年时间。在实验室研发一种新药在世界任何地方都会轻易用掉 2~6 年。虽然药物的实际生产只需要一年时间，但投产之前是一个漫长而昂贵的过程，产出一款药品样本的过程简直就是在跑马拉松，这与快速更迭产品的软件行业更是大为不同。

比如，大名鼎鼎的基因泰克、安进以及吉利德都是由风险资本家创立的，它们开发出一款新药到投放市场销售的时间花费了 8~12 年，这可不是软件行业的几个穷学生在车库里就能捣鼓出来的。

第四，生物科技领域有着各种严格的规章制度，计算机行业根本不存在这些约束。硬件行业顶多会担心下环境污染问题，但生物科技行业需要保证自己的新药不会对成千上万的病人带来对健康乃至生命的威胁。

看一下生物科技和计算机每年的“产出”就会明白：每年有成千上万的新软件和小的硬件装置发布出来，但每年被 FDA 批准的药物数量极少，一般少于 50 个，远远不到 100 个。2014 年和 2015 年生物科技领域的爆发（泡沫）跟FDA多少也有关系，这两年简直是医药行业的“黄金岁月”，FDA 出乎意料地批准了大量新药：2014 年批准了 44 种（1996 年以来的最高纪录），2015 年批准了 51 种（1950 年以来的最高纪录）。排名前三的药企数年来都一样（强生、葛兰素史克和诺华公司），但这两年里超过 50% 的新药不是这些“大公司”研发的，与此同时，“生物制品”的比例也一直在增加：2013 年占到 22%，2014 年占到 35%，2015 年占到 39%。

第五，即便一切顺利，新的药品成功上市，也往往很难跟已有产品竞争，公众对新药的接纳度总是比较谨慎的。你当然可以研发出一款更好的阿司匹林，但你要如何说服大众用你的新药？新药的市场营销比软件应用难多了。新药没办法像一款新的 APP 那样病毒式蔓延，它不在智能手机上运行，没办法被应用商店推荐，也没办法在类似 Facebook 这样的社交媒体上蔓延。

总体来说，生物科技行业的风险比计算机行业要高多了。但是，这个行业的回报也相应地高多了，一旦一种新药大获成功，回报都会是天文数字，它能在很长一段时间里都维持数十亿美元的年营业收入。

“泡沫”始末

以 2015 年的生物科技泡沫来说。2015 年上半年，随着大量风投资金涌入生物科技领域，湾区见证了自20世纪90年代以来该领域最大的泡沫。数据确实让人惊心：仅2015年第二季度湾区的生物科技公司就收到了9.26亿美元的风险投资。但泡沫并不仅在湾区，整个美国当时都处于生物科技泡沫中。

2015年被资本和媒体追逐的该领域明星企业包括：Denali Therapeutics［成立于旧金山，专注于治疗神经组织退化疾病，如阿尔茨海默氏症、肌肉萎缩性侧面硬化病（ALS）和帕金森病，A轮融资中就获得2亿多美元的投资，创下了生物科技公司的最高A轮融资纪录］、Melinta Therapeutics（成立于纽黑文，专注于治疗严重感染的抗生素）、CytomX Therapeutics（成立于圣巴巴拉，专注于肿瘤靶向抗体）、Regenexbio（成立于马里兰州，专注于基因治疗）以及来自波士顿的Dimension Therapeutics和Voyager Therapeutics。

2015年，生物科技领域频繁的企业并购也创下了历史纪录，就像2014年该领域的企业上市量也创下了历史纪录一样（一年里有了74次IPO）。在资本最密集的2015年第二季度，共有14家生物科技企业上市，值得一提的比如Aduro Biotech（位于加利福尼亚州伯克利，一家研发针对胰腺癌免疫疗法的公司）以及ProNAi Therapeutics（成立于加拿大温哥华，一家临床阶段的癌症基因疗法研究公司）。

在“疯狂的2015”之前，生物科技已经历了4年的高速发展。2015年秋天，整个行业终于收到了“叫醒电话”。截至2015年9月底，纳斯达克生物科技指数从7月的最高位狂跌27%。

当然，也有一些金融专家认为这不过是股市普遍下跌的影响，根本不值得过于担心，他们认为，支撑生物科技繁荣的背后是一个简单的统计数据：美国大概有8 000万“婴儿潮一代”即将在未来20年内退休，由此必将带来医疗保健的热潮。而大型制药公司（或它们收购的创业公司）正在研发的系列药物多集中在减少胆固醇、治疗癌症、改善老年痴呆症带来的认知问题等，所有这些药物对需要它们的老年人来说都是“神药”，受到追捧是肯定的。

我本人对投资者这轮狂热的可以用一个例子阐释：1996年，辉瑞公司推出了降胆固醇药立普妥（Lipitor），截至2012年，该药成了史上最畅销的药物：它产生了超过1 250亿美元的销售额［比坦桑尼亚一个国家的GDP（国内生产总值）还要高］。

但我们尤其需要警惕“泡沫”背后的贪婪。在生物科技上升期，一个叫作马丁·什克雷利（Martin Shkreli）的年轻人成立了图灵制药公司（Turing Pharmaceuticals），以5 500万美元的价格从益邦实验室收购了一种叫达拉匹林（Daraprim）的药物，这是一种专门治疗寄生虫感染的药，针对的是患有艾滋病、癌症等免疫系统缺陷的病人。然后，什克雷利一夜之间将这种药物的价格从每片13.5美元提高到750美元。这件事本身来说并不违法，但什克雷利因可能造成了众多HIV病人的死亡而受到严重谴责，他则为自己辩护称这不过是生意（还公开炫富）。2015年12月，什克雷利因涉及金融交易欺诈被捕，虽然他被指控的案件是在他成立图灵制药公司之前发生的，但公众的反应颇有“大快人心”的意味。

类似什克雷利的情况还有很多，任何具备常识的人都会将这种泡沫下的经营行为称为“投机”而不是“医疗保健”。比如2015年规模最大的IPO公司Axovant。Axovant一共只有10名员工（创始人的母亲、弟弟以及其他几个朋友），成立到上市的时间还不到一年，但很快就从股市募集了3.15亿美元；Axovant的创始人维韦克·拉玛斯旺米（Vivek Ramaswamy）是一个29岁的年轻人，之前是一名对冲基金经理（而不是科学家）；最关键的是，和很多其他成立早期就上市的生物科技公司一样，Axovant只有一个产品，一种用于治疗阿尔茨海默症（俗称老年痴呆症）的药，这个产品还是Axovant花500万美元从葛兰素史克公司买来的，而葛兰素史克已经放弃了对它的临床试验（葛兰素史克于2008~2012年在该药上做了5个试验，测试了1 250个病人，没有进入三期试验就被弃置）。如果你认为，也许葛兰素史克公司犯错误了吧，但在类似药物上投入研发的还有瑞辉制药，它也跟葛兰素史克出于同样的原因放弃了：这种药对病人并无好处。

再比如，2015年生物科技领域的又一传奇Theranos。该公司是由一个19岁的年轻女孩伊丽莎白·福尔摩斯（Elizabeth Holmes）在2003年创立的，她从斯坦福大学辍学创业，并无医学背景，却承诺只需要手指上“一滴血”就可检验大量指标的新的验血方案，且价格比传统方式便宜很多。Theranos因此成了硅谷的独角兽,高峰时候估值高到100亿美元，伊丽莎白·福尔摩斯也被媒体称为“下一个乔布斯”。然而，2015年,《华尔街日报》对其的调查报告暴露了该公司的诸多问题，包括并未全部使用专有设备检验以及检验结果不准确等。2016年，美国卫生署发布了一个长达100页的报告，结论是Theranos目前的做法对病人很危险。

指数级进步

从计算机跟生物科技的比较来看，生物科技领域的创业门槛是非常高的，为什么还会有众多创业者源源不断涌现，以致出现泡沫？

这是因为生物科技领域的进步越来越快，导致创业成本正在大幅下降，进步主要来自两方面。第一，摩尔定律的影响。人类基因组计划从1990年到2003年，前后用了13年，花费30亿美元。而现在个人基因组测序的费用已经降到了200美元左右。

第二，实验室自动化。首先要撇清的是，传统的实验室“自动化”往往指的是用高度自动化的工作台取代技术人员的手和眼睛，如今生物科技领域的自动化往往指的是一种新型的实验室，不仅是说实验室使用的机器性能在提升，价格在下降，而是说我们正在将整个实验室都放在一个小小的芯片上。

实验室自动化是这个领域的大事，基因组学离开了它就没办法将价格降下来。湾区现在俨然已是众多专注于“实验室自动化”的生物科技创业者们的“老巢”。

昂飞公司在基因芯片技术和基因组学研究上都是行业“领头羊”，它于1994年利用光刻技术和光化学合成技术发明了第一块“基因芯片”（Gene Chip）。实际上，早在1991年，该公司创始人斯蒂芬·福多尔（Stephen Fodor）就已经在“基因芯片”技术上有了重大突破，当时公司的名字还是Affymax。

1995年，斯坦福大学的帕特·布朗（Pat Brown）和马克·舍纳（Mark Schena）用一种截然不同的方法发明了基因芯片，即“基因微阵列”芯片，由此引入了“DNA微阵列”（DNA microarray）这个行业术语。DNA微阵列技术使得同时测试几千个分子成为可能，大大加快了这一行业的研发速度。微阵列技术的灵感来自哪里呢？细究下去会发现，做DNA检测的微阵列其实是英国帝国癌症研究基金会（Imperial Cancer Research Fund，ICRF）的汉斯·利维奇（Hans Lehrach）在1987年发明的第一个阵列机器人的“后代”。

大约同一个时期，1995年牛津基因技术公司（Oxford Gene Technology）的创始人埃德温·萨瑟思（Edwin Southern）正在尝试一种基于喷墨技术的基因芯片，华盛顿大学的阿兰·布兰查德（Alan Blanchard）也在进行着同样的实验，1996年，阿兰·布兰查德发明的技术被安捷伦公司（Agilent）收购。

之后，Nimblegen Systems公司采用了昂飞公司技术的一个改进版本。亿明达（Illumina）公司采用了塔夫茨大学大卫·瓦特（David Walt）

发明的方法。但这些公司其实都希望能利用最初为硅半导体开发的技术，目的是提升和改善 DNA 检测可执行的速度。

自从人类基因组计划成功之后，我们的目标转换为将整个人类基因组放到一个微阵列上，2002 年，欧洲分子生物学实验室（European Molecular Biology Laboratory）的威廉·安佐格（Wilhelm Ansorge）成功实现了这一设想。

2004 年，首批使用人类基因组草图序列的商品化微阵列从昂飞公司（昂飞公司的基因芯片仍占据微阵列市场的主导地位）、安捷伦（安捷伦仍依赖喷墨打印技术）、应用生物系统公司（Applied Biosystems）和亿明达这几家企业里诞生了。其中，后三个公司全部来自加州，是湾区基因测序行业的前三甲。

从技术上来说，第一个制造出全人类基因组微阵列的公司应该是总部位于威斯康星州的罗式系统（NimbleGen Systems），它在 2003 年就能够做到了。之后，行业内的竞争无非围绕如何提供更低的价格和更好的基因“注释”展开。2009 年，由雷内和托德（Rene Schena & Todd Martinsky）成立于 1993 年的 Arrayi 公司发明了 H25K，另外一种拥有全人类基因组的 DNA 微阵列。

继 DNA 芯片（基因芯片）之后，生物科技自动化的下一步就是“芯片上的实验室”（lab on the chip）。

从 20 世纪 60 年代开始，“微机电系统”（MEMS，基本上是指尺寸在几厘米以下乃至更小的小型装置，是一个独立的智能系统，主要由传感器、执行器和微能源三大部分组成）的发展已经有了很大的进步，不少装置甚至在微处理器被发明之前就已经有了。1964 年，美国西屋电气公司的哈维·内桑森（Harvey Nathanson）发明了第一个 MEMS，而第一个 MEMS 的成功案例则是惠普公司 1979 年发明的“热喷墨”技术，紧随其后的是美国亚德诺半导体公司（Analog Devices）发明的微加速度传感器（今天在许多行业都得到了广泛应用，如安全气囊等）。

1983 年，理查德·费曼发表了著名演讲之一——《无穷小机械》。最初，MEMS 只是利用了半导体行业的制造技术，直至 1999 年，美国朗讯科技推出了全光路由器，直接引发了 21 世纪初的光学 MEMS 的热潮。

不过，真正让 MEMS 成为现实的技术是“微流体”，简单来说就是能够制造成千上万的微通道（这里的“微”指的是微米级大小）并处理分析极小量液体的能力。这种技术其实也是一个美国军用项目的成果：美国国防研究计划署（DARPA）需要一个技术系统快速检测生物和化学武器，因此，他们在 1997 年创建了一个名为“ Microflumes ”的项目 ，主要资助微流体方面的研究。

早在 1978 年，斯坦福大学的詹姆斯·安吉尔（James Angell）就已经在研究“微机械”了，他的一个学生斯蒂芬·特里（Stephen Terry），1979 年推出了第一个被称为“芯片上的实验室”的装置，这种装置主要用来分离、鉴定和分析一种气体里的不同元素（最初，这种技术是由 NASA 委托研究的，主要目的是用来分析火星上的气体。但是，今天 MEMS 和微流体的进步带来了“芯片上的实验室”的诸多产品）。

1999 年，从惠普公司中分离出来的安捷伦公司发布了第一款商业化的“芯片上的实验室”产品，即 2 100 生物分析仪（采用多功能微流控技术实现对 DNA、RNA、蛋白、细胞定性定量分析的仪器）。之后，安捷伦在 2004 年发布的“Agilent 5 100 ”（电感耦合等离子体发射光谱仪）的作用更重要。正是这些开拓性的系统让如今的生物科技初创企业能够每天完成大量的 DNA 和蛋白质样品分析。

接下来，“芯片上的实验室”可能会进步更多，因为整个行业和政府都对此有着浓厚的兴趣。

实验室自动化另一方面的进步来自机器人。对大部分生物科技的研究任务来说，仍然需要处理实验室里的液体，这需要花费大价钱聘请研究员来做，而这个人只需要在特定的几天里工作上特定几个小时。再或者，我们可以用机器人替代人类，也就是说，用机器人将生物学家的双手从烦琐的实验室操作中解放出来（机器人不需要休息，可以一直工作）。

目前已经有了能替代生物学家手工操作部分的机器人，但这种机器人的成本在10万美元以上。目前创业者的目标是降低成本，让一些小型实验室也可以负担得起。

比如，OpenTrons就是一家2014年在中国深圳孵化出来的创业公司，它想要通过机器人和软件来替代生物科学家完成实验室的大量操作工作，从而降低生物研究时间及人工成本，实现自动化。它就想要研发让中小实验室都承受得起的“便宜”的生物实验机器人。OpenTrons还率先在中国推出了HAXLR8R（一家位于深圳的硬件创业孵化器，从世界各地招募硬件创业者），并于2014年在Kickstarter上成功完成众筹，现在公司总部设在纽约。

OpenTrons公司的故事很有趣，它是一名纽约大学的毕业生威尔·卡奈因（Will Canine）创立的，威尔其他的身份还包括：反资本主义的“占据运动”（Occupy movement）积极分子，“DIY”（自己动手）生物科技创客空间Genspace的一个“生物黑客”。OpenTrons公司的其他创始人包括一位中国机器人技术专家赵秋（Chiu Chau）以及一位软件工程师尼克·瓦格纳（Nick Wagner）。

OpenTrons的机器人项目显然受到了硅谷软件黑客们的启发：它的机器人系统是开源的，而且提供一种“快速成型”的模式，只不过它操作的不是软件，而是大量的DNA等生命材料。OpenTrons机器人是围绕一个开放源码的树莓派电脑和开源软件建造的，既然目标是价格“亲民”，OpenTrons希望它比笔记本电脑更便宜，从而使大量的DIY社区都可以使用。

实验室自动化外，云计算的应用也是生物科技领域极有潜力的，可以预见，基于云计算的生物科技实验室未来必将取代传统实验室。比如，2012 年由杜克大学毕业的马克斯·霍达克（Max Hodak）创建于帕罗阿图的 Transcriptic 公司，它就专注于让世界上任何地方的科学家都能通过机器人完成实验室测试，Transcriptic 提供机器人、实验室，还能帮你处理所有的计算，如果你是生物科学家，只需要远程提交实验规范，机器人就可以代表你进行实验操作了。

“生命设计师”，人类准备好了吗

未来某一天，人们将能够在智能手机上设计（编程）一个活的有机体，之后将设计稿上传到云端，再向某一生物实验室定制这款有机体。实验室接到订单后，会用机器人完成大部分有机体的生产，人类将扮演“生命设计师”的角色。

食物 2.0 的模样

生物科技目前备受争议的应用是转基因食品。有人将转基因食品称为“食物 2.0 革命”。我的看法是，在转基因食品出现之前，我们通过“基因工程”得到特定的植物和动物已经有很长的历史了。当你控诉转基因食品“不是来自大自然”的“原罪”时，不要忘了，我们现在吃的几乎所有的水果都是经过基因改造的，它们在几千年前的自然界里根本不存在；世界各地的农民们也一直都在拿庄稼做实验，他们不断用传统嫁接的方式改进农作物；狗是深受人类喜爱的动物，和人类的关系也最亲密，而如今几十个品种的狗都是自然界中原来不存在的。

当然，传统的方式改造植物和动物跟如今在实验室里的方法有很多不同之处，但人们更需要认识到两者的相似性和共同点。因为，当很多人声称自己不想吃一些“不是来自大自然”的食物时，他们真的是在自欺欺人：他们吃的大部分食物都早已是非“自然”的，这些食物都是农民们经过很多个世代的“基因改造”实验得来的。

转基因食品备受非议和指责还有一个主要原因是媒体宣传：人们往往关注的是报道中的“大化学公司”从中赚到了几十亿美元，不理解和怀疑的心理很容易滋生阴谋论。

从实验室里创造一种新食物的明显优势是：整个过程只需要几个月，而不是原来传统改造方式所需的10~20年。而且，实验室里创造的植物从定义上来说也更“科学”，相比农民们随机通过“不断实验和错误”得到的新植物，实验室里的生物科学家们非常清楚为什么自己培养的植物能够生长，会生长成什么样。而基本上靠经验和运气进行试验的农民们只知道某种嫁接方式要么行得通、要么行不通，但并不真的理解到底是为什么。

人们对转基因食品的恐惧依然存在，但恐惧背后大多是偏听偏信和误解（或无知）。在近15年的研究里，目前还没有发现转基因农作物对人类健康有害的数据和证明。目前，美国生产的大部分玉米、大豆和棉花都是在实验室里用来自细菌的基因创造出来的，世界上81%的大豆都是转基因作物，印度96%的棉花也都是转基因作物。从1983年开始，美国和英国的大部分奶酪都是用基因改造后的凝乳酶制作而成的，这种方法比起只能从小牛胃里提取的传统方式不是更人性化吗（凝乳酶能凝固牛奶成奶酪，传统上只能从小牛的胃中提取，这种方法在欧洲大陆不少地方仍在使用）？

不过，也许正是实验室里几个月就造出新植物的“超速度”吓到了人们。人们愿意接纳和尝试通过传统嫁接方式生产出来的新食物，恰是因为创造一种新品种的西红柿或土豆需要很长时间，于是很多人都假设这些食品有足够的时间被逐一测试，也就不会有什么危险。某种程度上这也许有道理，但我们需要加快创造和测试新植物的原因也很简单：人类已经承担不起用10~20年，甚至更久的时间来改进食物了。

全球气候变化发生的速度越来越快，有些需要冷空气才能生长的植物正被迫经受高温的煎熬，一些世代在温暖的阳光下生长的植物则不得不应对突如其来的大量降雨，以及随着潮湿滋生的各种寄生虫和疾病。我们需要尽快帮助这些“手足无措”的庄稼和水果适应无常的气候变化，而基因工程就是我们的利器。

诸多数据显示，灾难性暴风雨等极端天气在全球范围内已经越来越频繁。气候科学家告诉我们，这种天气将会成为一种常态，而不是小概率事件。对农民来说，这就意味着天气变得越来越难以预测。斯坦福大学的戴维·罗贝尔（David Lobell）和哥伦比亚大学的沃尔弗拉姆·施伦克尔（Wolfram Schlenker）一起发表了关于气候变化对粮食生产的研究成果，其中，《气候变化与 1980 年以来的全球农作物产量》（2011）的文章显示，由于气候变化，玉米和小麦的产量一直下降。

设想一下如果同样的趋势发生在水稻身上的后果是什么，世界上 40% 的人口的主食是水稻，如果水稻被气候变化“打败”了，一些贫困的国家不可避免地会再次出现饥荒。

事实上，围绕“改造农作物以应对气候变化”的各种研究早已陆续展开。2009 年，英国谢菲尔德大学科学家保罗·奎克（Paul Quick）被任命为负责运行国际水稻研究所（IRRI）的“C4 水稻项目”，该项目是来自 8 个国家的 12 个实验室的联合项目，还得到了比尔及梅琳达·盖茨基金会（Bill&Melinda Gates Foundation，BMGF）的资助，目标就是用一种被称为“C4 光合作用”的技术来改善水稻质量（研究者普遍预测，如果新品种 C4 水稻研发成功，将能使水稻更能适应干旱等恶劣天气，还能使水稻产量提升 50%）。

与此同时，加州大学戴维斯分校的科学家爱德华多·布拉沃德（Eduardo Blumwald）正在位于加州的中央山区做实验，中央山区是加州农业的主产区，是世界上最多产的农业地区之一，近几年经历了极端的高温和干旱，布拉沃德希望能再造一些水稻等农作物的基因，使它们能够承受这种极端天气，并能在高盐度的土壤中生长。

在我们继续盲目地批评、抗议转基因食品之前，我想再提醒大家，我们的食物一点也“不自然”。不仅大型超市里蔬果区的食品“不自然”，我们日常购买的各种零食、饮料更加“不自然”，恐怕只有化学工程师才能理解现在我们食品包装上的标签，仔细阅读这些标签，你会发现一些神秘的“常客”，比如丁基化羟基甲苯、聚山梨醇酯、苯甲酸钠、亚硫酸盐、山梨酸钾、硝酸盐等。这些化学物质到底是什么？对我们的健康又有多少危险？为什么几乎没有人抗议这些食品“不自然”呢？

事实是，为了让食品看起来更漂亮，味道更鲜美，保存的时间更久，我们习以为常的超市食品早已充满了各种人工色素、人工香料和化学防腐剂。那些食品标签上神秘的化学元素，其中一些长期食用可能会致癌，有些可能会降低免疫系统，有些可能会引起部分人群过敏或不孕不育，有的甚至会造成DNA损伤，只要简单地搜索一下，就可以找到大量研究并反对这些化学物质的网站。相比目前还没有研究数据证明对人体有害的转基因食品，我们对这些“不自然”的人工合成食品是不是太宽容了呢？如果我让你吃这些含有大量化学元素，会危害健康的食品，你肯定不愿意，但全世界成千上万的孩子和成人每天都在吃。

如果你的主食里有肉类，不要忘了，那些被屠宰的动物大部分都是工业化流水线上“生产”的，也都是吃着含有化学物质的工业食物长大的，它们也都“不自然”。总之，当我们的日常饮食俨然早已是一场化学实验的时候，你义正词严抗议转基因食品就显得有些好笑了。

关于到底什么才是绿色食品的探索已久，而加州近年来出现的“绿色”运动，则旨在重新设计食物的供应链，以达到使用更少的土地、水和能源，最大限度保护环境的目的。相关研究者将所有食物占用的资源和环境成本分析后显示，肉类所消耗的土地、水、能源等是最多的，是人类最不该吃的“最差劲”的食物。因此，一些致力于用素食代替畜牧业产品的研究迅速展开了，用另一种说法就是研发“假肉”（素肉）。旧金山一个该领域的创业公司因此受到很大关注，即2011年由乔希·蒂特里克（Josh Tetrick）和活跃在动物权益保护领域的约什·鲍克（Josh

Balk）共同创建的汉普顿溪（Hampton Creek），该公司生产的无肉的“素肉”在很多商店销售，不含鸡蛋的“蛋黄酱”也被用到很多三明治制作中。这种做法当然遭受到很多相关集团和大公司的猛烈攻击，但该公司最终赢得了法律纠纷，它之所以这么“招恨”很大程度上是因为鸡蛋是个巨大的市场，仅在美国每年就有600亿美元的消费额。

风投们如今也开始投资一些跟食品相关的新创公司，汉普顿溪并不是一家生物技术公司，因为它只是简单寻找一种用素食替代肉类的方法，并尽可能提供同样的营养价值和美味。但它的成功给了很多生物技术公司灵感，为什么不在实验室里将这一个理念“发扬光大”呢？

比如，2011年由美国密苏里大学的加博尔（Gabor Forgacs）创建于纽约的“现代草甸”（Modern Meadow）公司，它能在实验室里通过生物技术和3D打印人工制造出牛肉和牛皮，相比之前用基于植物的“素肉”替代肉类的做法，这种做法更进一步，他们直接人工制造出一模一样的肉类。这正是“现代草甸”希望的：既提供肉类，又不杀害动物和破坏环境。

呼之欲出的“生命设计师”

对生命基因的改造常被归为合成生物学，合成生物学的第一次国际会议2004年在麻省理工学院举行，也是在这一年，合成生物学被麻省理工学院的《技术评论》评为“改变世界的十大新技术之一”，但这个领域目前仍处于“史前时代”。

我认为，合成生物学真正的“历史”是从2005年加州大学伯克利分校科斯林（Jay Keasling）的团队设计出能够生产抗疟疾特效药“青蒿素”前体的酵母细胞开始的，青蒿在中国中医疗法中用于治疗各种疾病，其中就包括疟疾。20 世纪 70 年代，中国科学家重新发现并确定了其活性成分青蒿素（2015 年，中国浙江的女科学家屠呦呦因从传统中草药中成功提取青蒿素获得诺贝尔奖）。迄今为止，青蒿素一直是以从天然青蒿中提取作为主要来源。但是，现在不同了，青蒿素既可以从青蒿植物中提取，也可以来自工程酵母，即可以在实验室半合成青蒿素。这也是合成生物学的实验成果第一次在世界范围内产生了影响。

2006 年合成生物领域还有一个成功的故事：加州大学伯克利分校克里斯·沃伊特（Chris Voigt）的研究团队合成了一种细菌，它能够“定位”人体内的癌细胞，这在癌症的靶向治疗上是意义非凡的。2007 年，克雷格·文特尔（Craig Venter）的研究小组在美国马里兰州完成了全基因重塑：他们将一种细菌（丝状支原体）的基因组插入到一种不同的细菌（山羊支原体）的细胞质中。

2010 年，汉密尔顿·史密斯（Hamilton Smith）的研究小组在美国克雷格·文特尔研究所重新编程了细菌的 DNA，也就是说，这种细菌的“父母”是一台电脑。这个实验告诉世人，科学家们现在已经可以在计算机上设计“定制”的细菌，然后再在实验室里把它们造出来。

不过，如果你以计算机科学家的方式来思考，就会发现，到 2010 年，生物科技已经发展到了这样的地步：读取基因数据变得很容易（DNA 测序），写入新的基因数据也不难（DNA 合成），但编辑基因数据仍然很困难。最早的基因组编辑方法（工具）之一是锌指核酸酶（Zinc-finger nucleases，ZFN），为桑加莫生物科技（Sangamo Biosciences）公司独家所有。2011 年，由明尼苏达大学的丹（Dan Voytas）和爱荷华州立大学的亚当（Adam Bogdanove）发明的转录类激活因子效应物核酸酶（Transcription Activator-like Effector Nucleases，TALEN）的方法操作上比 ZFN 要快很多，两种方法都可以对 DNA 进行各种遗传修饰。

然而，仅一年以后，一种更好、更易操作、更便宜和速度更快的技术出现了：加州大学伯克利分校珍妮弗·杜德纳的实验室和卡彭蒂耶在瑞典的实验室发明了 CRISPR 技术［clustered regulatory interspaced short palindromic repeat，即成簇的、规律间隔的短回文重复序列，是基因组中一个含有多个短重复序列的位点，这种位点在细菌和古生菌（archaea）胞内起到了一种获得性免疫（acquired immunity）的作用，CRISPR 系统主要依赖 crRNA 和 tracrRNA 来对外源 DNA 进行序列特异性降解］。随即，利用 CRISPR 的初创公司遍地开花，都声称可以提供“基因组编辑平台”。第一个是蕾切尔·豪尔威茨和马丁·季聂克（Rachel Haurwitz & Martin Jinek）创立的 Caribou Biosciences，一个从珍妮弗·杜德纳的实验室分离出来的公司。短短几年之内，相似的创业公司就从瑞士（如 CRISPR Therapeutics，成立于 2013 年）蔓延到波士顿（如 Editas Medicine，2013 年从博德研究所分离出来）。仅 2015 年，科学期刊上关于 CRISPR 的论文就多达 1 300 多篇。

TALEN 和 CRISPR 被发明之后，目前生物科技更妙的地方是：通过运用强大的基因编辑工具，我们可以按照自己的意愿直接对一种植物的基因进行改造，并不需要增加来自其他生物的基因。也就是说，这些工具提供了一种简单而精确的方式来编辑（修改）植物基因，从而达到让它们具备抗旱或抗病的能力等。理论上讲，这种方式应该能够大大降低“转基因”的风险。

如果你连修改一种植物的基因都要反对，固执地认为原来不具备某种疾病抗体的植物才是“自然”的，那你应该也会反对针对人类进行的基因治疗，因为本质上来讲，两者采用的是同一手段和过程。

用类似 CRISPR 和 TALEN 的基因编辑工具，科学家们已经可以“基因编程”出大量的新蔬菜和农作物等。比如，2014 年，中国科学院高彩霞的课题组选择用 TALEN 技术和 CRISPR 技术创造了一种抗白粉病的新品种小麦，白粉病是影响小麦产量和品质的重要病害之一，高彩霞发现，对小麦的 MLO 基因进行编辑，定向诱导其突变，即可使其对白粉病产生持久抗性。这个实验之后，修改西红柿、大豆、水稻和土豆等农作物基因的实验大量展开。

当然，一定会有很多群体会向美国政府施压，要求将用 TALEN 和 CRISPR 技术创造出来的农作物归类为转基因作物。但目前的事实是，美国农业部对这种农作物到底算不算转基因作物自己还不确定。

除了编辑 DNA，我们还可以选择在实验室直接打印出来新的 DNA。目前，DNA 合成本身正在被小型化，自动化和软件三者的结合不断颠覆。所有想要在聚合酶链反应（PCR）或基因测序上做“快速成型”（Rapid Prototyping）的公司都需要一些称为寡核苷酸的原料，也就是机器可以用来测试实验假设的短的 DNA 分子，传统做法的局限性正是这些寡核苷酸的高昂成本。

如今，一个备受追捧的公司是 Twist Bioscience，2013 年由安捷伦公司前员工艾米莉·勒普罗斯特（Emily Leproust）、基因测序公司 Complete Genomics 的硬件工程师比尔·巴尼亚伊（Bill Banyai）以及在安捷伦和 Complete Genomics 都工作过的比尔·佩克（Bill Peck）共同在旧金山创立。他们解决寡核苷酸成本昂贵这个问题的方法是：开发一套基于硅的设备，大规模、迅速生产合成 DNA。2015 年，Twist 从一家叫作 Gingko Bioscience 的生物体设计公司那里接到了多达一亿个 DNA 碱基对的年度订单，相当于 2015 年整个基因合成市场总额的 10%。

2016 年，Twist 收购了以色列生物科技初创企业 Genome Compile，这家公司研发的工具可以设计基因，即让人通过电脑或移动设备对 DNA 进行混合和匹配，培养新“生物”。也就是说，Twist 现在可以先让人们设计 DNA，然后再根据设计稿按需打印。同时，目前世界上最大的合成基因供应商是中国的南京金斯瑞生物科技有限公司，它也在为科学家们提供定制的合成基因。

目前，合成生物学在创造一个新的“生物”（有机组织）时使用的方法仍是对基因的“剪切和粘贴”，随着合成DNA成本的不断下降，有一天更有效的方式可能是直接设计和打印一个新的DNA，而不是去编辑一个现有的。

我们可以设想的是，不久后的某一天，人们将能够在智能手机上设计（编程）一个活的有机体，之后将设计稿上传到云端，再向某一生物实验室定制这款有机体。实验室接到订单后，会用机器人完成大部分有机体的生产，人类将扮演“生命设计师”的角色。

“基因驱动”会改变什么

目前已有的创业者在“设计生命”上触动我的故事很多。尤其是大热的CRISPR技术提供了从根本上修改基因的方式，它的可能性已经吸引了无数的创业者。不过，我们可以从基因上改变蚊子，让它们不再传播疟疾，或者基因改造蜱虫，让它们不再传播莱姆病等，但我们没有办法将这种基因改变蔓延到全世界每一只蚊子或蜱虫上去。根据孟德尔的经典遗传定律,想要实现这一目标也是不可能的。然而,“基因驱动”（gene drive）技术改变了遗传规则，这一技术可能比“基因改造”技术更重要。按照传统方式，一种植物或动物基因的改变往往需要很多年甚至几千年才能大范围普及，而“基因驱动”能让基因改变在种群中以快得多的速度蔓延。

第一个成功创造“基因驱动”的试验是在南加州进行的。2014年，加州大学圣地亚哥分校的伊桑·比尔（Ethan Bier）和瓦伦蒂诺·甘茨（Valentino Gantz）用CRISPR技术触发了果蝇的基因驱动器。虽然这仅是一个概念性的试验，但几个月后，加州大学欧文分校的安东尼·詹姆斯（Anthony James）在之前试验的基础上对蚊子加入了一种“阻断疟疾”的基因，使拥有这种基因的蚊子能够将这种基因改变迅速传播到几乎所有的后代，这位科学家为了研究出来不再传播疾病的蚊子已经在实验室里花费了20多年的时间。

当然，这听起来似乎很恐怖，大多数人只会因此更害怕基因改造。但别忘了，这个世界上还有很多生活在疟疾频发地区的人们，当很多母亲眼睁睁地看着自己的孩子死于疟疾时，这可比实验室里基因改造的画面更恐怖。

2016年，美国Intrexon的英国子公司Oxitec通过基因改造，培育出具有“自我毁灭基因”的蚊子来防控在美洲肆虐的寨卡病毒（由蚊子叮咬传播）。Intrexon正在巴西建造一座工厂，计划每周培育六千万只雄蚊，而这些雄蚊子唯一的任务就是去交配，把一段会杀死自己后代的基因传递出去。同样，虽然实验处于诸多争议中，但当数百万人的生命受病毒威胁时，到底如何选择并不容易。

下一步，“修改”人类基因

CRISPR技术可以快速对DNA进行改造，而且几乎不受物种的限制，当然也能够对人类的DNA进行遗传学改造。CRISPR技术的首次成功应用应该是在2014年，哈佛大学干细胞研究所的查得·考恩（Chad Cowan）和德里克·罗西（Derrick Rossi）用CRISPR编辑了一些人类的细胞（部分造血干细胞以及免疫细胞），然后将编辑后的细胞植入到艾滋病人体内，将“基因编程”后的细胞变成了对抗艾滋病的武器。

某种程度上，人类若想对抗艾滋病，可以采用跟小麦抗白粉病一样的逻辑。人类细胞里含有“一些东西”，使得人类能够感染艾滋病病毒，如果用基因编辑工具删除这些东西，你就能得到一个抗艾滋病的免疫系统。

大约同一时间，麻省理工学院丹尼尔·安德森（Daniel Anderson）的团队在小鼠动物实验中成功纠正了一种可导致遗传性高酪胺酸血症“tyrosinaemia”的基因突变，也是世界上首次使用CRISPR技术在成年动物实验中纠正了致病的基因突变。2015年，索尔克研究所（Salk Institute）研究人员胡安·卡洛斯·伊斯皮苏亚·贝尔蒙特（Juan Carlos Izpisua Belmonte）的团队用CRISPR技术将艾滋病病毒从已感染的动物细胞内移除了出去，当然是赶在这些细胞复制和蔓延之前。这些都是运用CRISPR技术进行基因治疗的初步尝试。但是，这些技术要在人体上运用还需要很多年的测试和验证，因为目前还没有人能预测会有哪些副作用。

除此之外，还有一些很难想象到的应用，在没有人尝试之前，很难说到底有无实际意义。比如，医学上一个经典的问题是如何在大脑内做手术。我们的大脑先天被设计为将内部感染和外部攻击损伤的风险降至最低，尤其是颅骨以内，因此，大脑与身体的血液循环是隔离的，就是为了防御来自血液中的“攻击者”。但这也同时带来了一个问题，即医生不能通过血液循环将治疗脑部疾病的药物送到脑部。如果一个人患了严重的脑部疾病，医生能唯一做的就是脑部手术。为了改变这种情况，科学家们想到的办法是：

如果医生们有办法“深入”大脑，将特定的一些基因送到大脑细胞的细胞核中从而将它们重新编程，这将是很大的进步。比如，医生们可以将一些能够对特定疾病产生抗体的基因送到大脑内部。2015年，加州理工学院本·德尔曼（Ben Deverman）的研究团队用一个名为AAV9的无害的病毒，创造出了数以百万级的它的遗传变异体。所用的方法是凯利·穆利斯（Kary Mullis）1983年发明至今还广泛应用于实验室的“聚合酶链式反应”，并创造了一种新的技术来测试这些百万级的病毒变种。这实际上是在以闪电一样的速度进行自然选择：他们将迅速选择出到底哪种变体能将基因送入人类的大脑。想象一下如果我们能够对所有的手术都应用这种基因疗法操作会带来多大的改变。

颠覆化工行业

此外，使用基因工程来创造新材料是非常有趣，也是非常有潜力的应用。即便不使用最新的技术，这个领域的一些创业者已经创造出来了前所未有的新材料。比如，Bolt Threads 是位于加州埃默里维尔的初创公司，2009 年由加州大学旧金山分校的三位科学家丹·维德迈尔（Dan Widmaier）、大卫·布雷斯劳尔（David Breslauer）和伊桑·米尔斯基（Ethan Mirsky）创立，他们尝试利用细菌来制造基因工程面料，已经开发出了一种人工合成丝质，宣称这种材质比一般的钢铁还都要牢固，但延展性和柔韧性比橡胶还好，既牢固又轻便舒适。

再比如，2013 年由杰德·迪恩（Jed Dean）和扎克·塞伯尔（Zach Serber）成立于加州埃默里维尔的 Zymergen 主要开发用于工业发酵的基因工程细菌，他们已经发现了一种将 DNA 植入到细菌中的方法，由此生成能创造新材料的微生物。

不过，让生物学家们大声叫好的创业企业是 Ginkgo Bioworks，这家公司 2008 年由麻省理工学院合成生物学的先驱（也是 iGem 的联合创始人）汤姆·奈特（Tom Knight）和其他几个麻省理工学院的校友（Jason Kelly、Reshma Shetty、Barry Canton 和 Austin Che）一起创立，它自称是“世界上第一个生物工程的代工厂”。代工厂这样“高大上”的事情之前一般都是英特尔、苹果这样大的芯片制造商才拥有的，英特尔等大公司给代工厂一个设计稿，代工厂负责将它生产出来。同样，Bioworks 开出了生物工程的“代工厂”：客户只负责下单，它负责制作出来。到目前为止，Ginkgo Bioworks 已经生产出了合成香料、化妆品以及食品等。

如今，我们使用的大量日常材料都是通过系列化学反应得来的。基本上，化工行业就是通过对天然材料（如石油）的“重新编程”得到一些人工材料（如塑料）。遗憾的是，目前这个“重新编程”不仅过程不环保（化工厂通常会产生大量污染），结果也不“绿色”（比如难以分解的塑料）。而类似 Ginkgo 公司这样的研发制造模式却能用一种绿色的方式制造一种绿色的材料。

现在，Zymergen 和 Ginkgo 两家公司都想在它们的实验室里生产出各种各样的消费品，而这肯定将彻底颠覆整个化工行业。

我们能用“基因密码”做什么

科学家们对人类的“基因密码”始终充满了好奇和热情，在个人基因组测序变得越来越便捷的今天，我们到底能用这些基因数据做什么——精准预测和治疗疾病？杀死癌症？长生不老乃至返老还童？这些都是人类内心最深处的渴望，这些尝试也都已经开始。

基因测序的“革命”

生物科技领域的创业公司五花八门，各种各样的都有。不过，自人类基因组计划后，个人基因图谱（即通过测定基因序列的方法将个人的基因详尽测定出来，从而获得独立的遗传基因信息）确实吸引了很多资金和人才，2007 年 5 月 30 日，美国人詹姆斯·沃森成为世界上第一个拥有个人“生命之书”的人。

如今，提供个人基因组测序服务的有四家大的公司，分别是23andMe（最出名的基因组创业公司，也是首个将个人基因组测序商业化并提供给普通客户的公司），Generations Network 的 Ancestry DNA（2007 年 10 月发布），国家地理（National Geographic）的基因地理工程（Genographic Project，2005 年推出）以及 Family Tree DNA（家谱 DNA，2007 年从德国公司 DNA-Fingerprint 中收购的技术）。

这四家公司目前已有了数百万人的基因标签。23andMe 给他们的第一个客户贴上基因标签是在 2007 年 11 月，至 2015 年 6 月它完成了为第 100 万个客户贴基因标签的工作。能在短短 8 年内做到百万级数量，主要是因为基因测序的成本在大幅下降。人类基因组计划（人类基因组的首次分析）用时超过十年，耗费了约 30 亿美元。如今，23andMe 的个人基因组测序服务只需约 200 美元。

2015 年，位于马里兰州的 Veritas Genetics，一家 2014 年由乔治・丘奇创立的公司（该公司在中国杭州也设有研发中心）推出了一项包括个人基因组测序 + 结果分析报告的“套餐”，价格只需 1 000 美元。

2016 年，拉斯维加斯的 Sure Genomics 公司（2014 年由一群没有生物学背景的人创立的公司）声称，他们能让用户仅通过在家里用唾液采样就可以做个人基因组测序，而且还能获得比 23andMe 公司的 DNA 检测更全面的结果。Sure Genomics 提供的价格是 2 500 美元一次，比 23andMe 高很多。

为什么基因组测试的成本能下降这么多？这个故事略为复杂。但可以肯定的是，首先是因为测序仪器的成本在显著下降。基因测序仪器市场由三家公司主导：基于圣地亚哥的亿明达公司（2007 年收购了 Solexa 的测序技术），位于硅谷的应用生物系统（Applied Biosystems）公司［被赛默飞世尔（Thermo Fisher Scientific）公司 2014 年收购］和 454 Corporation（1999 年由乔纳森・罗斯伯格在康涅狄格州创立，2007 年被罗氏公司收购）。亿明达公司占有大约 70% 的市场。

亿明达曾预测，至 2020 年，个人基因组测序的市场会达到 200 亿美元。不过，这个预测是在个人基因组预测的费用大幅下滑之前做出来的。2003 年，个人全基因组测序的装备价值 30 亿美元，且只有一个可选项：人类基因组计划。2009 年，亿明达的成套测试装备已将个人基因组测序的费用降低到了 4.8 万美元，至 2009 年底，大约 100 个人已进行过个人基因组测序。近几年来，基因测序仪的价格更是不断下降，以至于越来越多的人想要知道自己的“基因密码”。

可以预见，当我们有便携式基因测序仪后，基因测序的下一次革命就会到来。这一天已经非常近了。2012 年，牛津纳米孔（Oxford Nanopore）公司［2005 年由牛津大学化学生物学教授黑根・贝利（Hagan

Bayley）成立］开始测试一个名为 Minion 的便携式基因测序仪。该仪器很快就被医生们用于“读取”埃博拉病毒的基因组，这种病毒在几内亚肆虐时一度导致 2 万人死亡。Minion 的用法很简单，只需要将它插入笔记本电脑的 USB 端口，它就能实时呈现读取出来的碱基结果，它甚至比芯片上的实验室（lab-on-a-chip）还要好，它是一个 USB 上的实验室（lab-on-a-USB-drive），你想带它到哪里都行。

虽然 Minion 第一版只能在短的基因组上运作良好，还不足以分析像人类基因组那样又长又复杂的基因组。但在不久的将来，像 Minion 这样的便携式设备会投入市场量产。一位生物学家可以把它装在背包里，带着它到丛林里对一些罕见的动物进行基因测序；警察可以用它快速识别陌生的有机体，用以判断是否是生化武器；NASA 还可以让机器人带上它到火星去，寻找其他生命的痕迹。

基因大数据库的缺失

不过，人们关心的还是个人基因组测序目前到底能提供哪些价值？

好消息是 DNA 检测越来越便宜，普通人已能便捷地完成个人基因组测序。坏消息是它现在确实还并不怎么有用：DNA 检测结果目前整体来说并不是“可实用的”（actionable）。比如，它还不能告诉你，根据你的基因信息，你要怎么做才能降低疾病的风险。事实上，目前个人基因组测序的价格往往都是不包含结果分析报告的，23andMe 价格最低的个人基因组测序服务自然也不包含数据的“解释”。如今，尽管 23andMe 的竞争对手已经遍布全球，但这些初创企业里只有极少数可以提供全面的数据分析报告，即那种医疗专家可以帮你做真正有用的疾病预测的报告，而我们现在需要的却是能为“预测”医学服务的个人基因组学。

在“可操作”的个人基因组报告领域，目前有两位领袖企业，分别是来自波士顿的 Knome（2007 年第一个尝试将人类基因组测序商业化的创业公司，现在是犹他州 Tute Genomics 公司的一部分）和亿明达。但是，这两家公司对这类分析报告的收费高达 1 万美元。

你肯定会问，既然暂时并没有什么实际用处，为什么还有那么多人去做？我在硅谷观察到的现象是，大多数从 23andMe 或 Ancestry 尝鲜基因测序的人都是为了好玩，更多的是把它当成一种高科技“娱乐”，而不是严肃的“医疗保健”。

比如，如果你想知道自己是否有来自欧洲的祖先，一测便知。很多年轻人将自己进行基因组测序的过程“晒”到网上，觉得这件事本身就很酷。

基因组测序当然还有很多可能的应用。只是现在能实现的更多是“娱乐”罢了。最有用的主要是疾病预测和风险控制，很多人可能想提前知道自己患上老年痴呆症的概率有多大。再比如，来自波士顿的创业公司 Good Start Genetics 就可以告诉父母，他们未来的孩子患上严重遗传性疾病如囊性纤维化（属遗传性胰腺病）的概率有多大。

为什么看起来如此“高科技”的强大医疗技术暂时只能“被娱乐”？因为科学家们目前对我们的基因跟疾病之间的相关性还了解得太少。你肯定会追问怎样才能了解更多？答案是，这是一个典型的“先有鸡，还是先有蛋”的问题。

科学家们首先需要海量的基因组数据，并且同时拥有“贡献”这些基因组数据的人的疾病档案，有了这些足够的“大数据”（数据样本）之后，才能进一步分析验证特定基因与特定疾病之间的关系，才能找到真正对人类健康极具价值的“基因组密码”。届时，个人基因组应用才能对现有医学进行颠覆性、革命性的改变。问题是，如果个人基因组测试暂时还不能提供真正有用的健康状况分析，靠着“测测你是否有欧洲祖先”

这种娱乐性动机，到底还会有多少人愿意主动付费测试？比如，就我个人来说，我想做基因组测序的动机就非常低，觉得“不实用”“不划算”啊！但它之所以暂时“不实用”，又主要是因为像我这样的用户不愿意“贡献”数据（科学家们说，你们先做个人基因组测序贡献数据，我才能提供真正有用的预测分析。大众说，不，你先提供有用的预测分析，我才给你数据）。

不过，如今已经有很多创业公司推出了各种基因组“应用”（APPS）。比如，Helix 是位于旧金山的亿明达的分公司，想要创建第一个关于基因信息的“应用商店”，它的想法是，让一个基因 APP 的用户能够选择将结果分享给其他基因 APP，以这种“众包”的方式促进创业公司对个人基因组信息的解读和应用。当你从亚马逊买一本书，亚马逊会根据你的喜好给你推荐其他书。Helix 也类似如此，它可以根据你的情况向你推荐其他基因组应用，帮助你了解更多关于自己 DNA 的信息。

很多人会问，个人基因组图谱是一个人的“生命之书”，如今这么多人尝试个人基因组测序，会不会引发新的隐私问题？它的风险主要在哪里？

我认为，隐私问题其实并不算个人基因组测序的重大风险，就好像你的医生掌握着很多关于你的健康的数据，但这些数据长久以来并没有引发隐私风波一样。

困扰你的可能是，这些 DNA 测试公司会利用你的基因来赚钱。当用户们觉得花上几百到一千美元做个基因组测试既好玩又酷的时候，他们实际上都在为 DNA 测试公司的基因数据库贡献资源。客户的基因数据对 23andMe 或 Ancestry 这些公司来说都是宝贝，它们精心收集这些数据，就是为了当样本数据足够多时，能够分析出来到底哪一种或哪几种基因有非同寻常的价值，进而开发出更极具潜力的“基因应用”。比如，很多人都会对长寿这个“基因应用”感兴趣，而寻找足够可靠的长寿基因就需要成千上万的样本,如果数据库里超过100岁的人都具有某种特别基因,这种基因自然值得特别研究。

2012年,当安进公司购买了16万冰岛居民的基因组时,媒体们普遍给予了大量报道。但这个数据相比23andMe和Ancestry从客户那里“收费”征集来的数据量根本不值一提。两家公司的基因组数据库人数已经超过了一百万人。当谷歌建立Calico这个长寿实验室时,业内的第一反应自然就是谷歌在收集“大数据”上的能力。

目前已经出现了对“稀有基因”的“淘金热”,因为有些基因突变会给一些人意想不到的“超能力”。比如,美国媒体就曾报道,有的小孩天生不怕疼,对身体的痛苦毫无感觉。也许有的人也想要这种“超能力”,但这实际上是一种病,感知疼痛也是一种觉察身体危险的能力,失去这种能力有时候是致命的。然而,换言之,如果我们能研究出到底是哪种强大的基因或化学物质导致了这种“疼痛无感症”,我们或许就能制造出一种全新的止痛药。

毫无疑问,“稀有基因”价值连城,它们会来自那些做了个人基因组测试的人,但如果某种“稀有基因”随后带来了巨大的科学乃至商业价值,最初将其送进数据库的“主人”却不会得到一分半毫的利益。

一方面,我们也许会觉得有失公平;另一方面,基因组信息在拯救生命上非常有价值,这些贡献个人基因组数据的人们都有可能拯救他人生命。比如,稀有基因很有趣,但更重要的是研究“稀有疾病”,人类对“稀有疾病”的研究还远远不够,因为患有这些“稀有疾病”的人数太少,而且基本上没有一个基因组数据库可供分析研究,如果这些病人自愿贡献自己的基因组信息,科学家们就能有一个可供研究的数据样本了。

所以,以个人基因组测序的现状来说,隐私还不算是一个优先级问题,更不是阻碍用户们主动做基因组测试的主要问题。基因研究领域不可避免地充满了隐私和伦理问题,但我认为目前整个社会应该在“给用户足够的动机”上投资和努力，而不是关注所谓的隐私保护。毕竟，帮助科学家们找出“基因密码”是造福人类的大事。整个行业应该解决的优先级最高的问题是如何说服更多人来做基因组测试。

人类基因组计划非常成功，也描绘出了人体“软件”如何工作的“蓝图”。但我们每个人都是不同的，每个人之间都存在遗传变异，即便微小的遗传变异也能让一些人过上健康长寿的生活，而让另外一些人死于癌症。我们需要足够多的“大数据”来研究这些遗传变异。

众包 + 生物技术

究竟该如何解决解决搭建“DNA 大数据”的问题？众包已是行之有效的一种解决方案。个人基因组计划（The Personal Genome Project）就是众包和生物技术结合的一个有趣的尝试。最初由乔治·丘奇于 2005 年在哈佛大学发起，目标是招收到大量愿意上传自己的完整基因组和医疗记录的志愿者，并将数据提供给全世界的研究人员，让他们来研究基因和疾病、环境等之间的关系。至 2015 年，该项目已成功招收了 16 000 余名志愿者。

2012 年，英国通过一个名为 Genomics England 的公司推出了 10 万基因组计划（100 000 Genomes Project）：患有罕见疾病的人们可以通过一个名为 PanelApp 的应用程序上传自己的基因信息，从而帮助科学家们研究罕见疾病的原因。

2008 年，来自波士顿的博德研究所（Broad Institute，麻省理工学院和哈佛大学的联合实验室）的戴维·阿特舒勒（David Altshuler）以及美国国家人类基因组研究所（NHGRI）的马里兰（Maryland）共同推出了千人基因组计划（www.1000genomes.org），旨在研究人类的遗传变异，该计划完成了人类遗传变异的首份图谱，整个项目收集了 1 000 个来自世界各地的志愿者的基因组信息并分析了他们的遗传变异信息。其中，包括深圳华大基因研究院（BGI-Shenzhen）在内的其他几个实验室也提供了大量帮助。

然而，当我们现在知道已经有上千上万的人做了个人基因组测序后，相比之下，1 000 个人的数量就是“沧海一粟”了。2014 年，千人基因组计划的一位科学家，出生于以色列的计算生物学家雅尼夫・埃尔利赫（Yaniv Erlich）从麻省理工学院来到了纽约基因组中心（哥伦比亚大学的一个分支机构）。正是在纽约基因组中心，2015 年，雅尼夫・埃尔利赫和乔・皮克雷尔（Yaniv Erlich & Joe Pickrell）一起推出了一个收集人们的基因组并研究遗传变异的非营利性项目 DNA.land（http://dna.land），这一次的项目是真正的“众包”性质：请求来自全世界的志愿者们上传自己的 DNA 以便促进科学研究（2015 年，埃尔利赫在《基因研究》杂志上发表了题为“*A Vision for Ubiquitous Sequencing*”的论文）。

这个领域的众包实验由此迁移到了西海岸，相比其他地方热议的“物联网”，那里的人们开始讨论“DNA 联网”或“生物联网”。加州的“英雄”是加州大学圣克鲁兹分校的大卫・豪斯勒（David Haussler），他在 2013 年跟布罗德研究所的大卫・豪斯勒合作，共同创建了全球基因组学与健康联盟（Global Alliance for Genomics and Health），目标是建立一个科学家和志愿者们可以直接沟通的平台，共同为理解遗传变异而努力。2015 年，《麻省理工学院技术评论》对此撰文称，“数以百万计的基因组全球网络将会带来医学的下一个巨大进步”。

这些数据库到底有哪些好处？拿 2016 年的一个例子来说，从 2006 年到 2010 年，英国的科学家们已经通过英国生物样本库项目（the project UK Biobank）收集了 50 万成人志愿者的血液、尿液和唾液样本，该项目由曼彻斯特大学主办，牛津大学的罗里・科林斯（Rory Collins）主导完成。该项目中的科学家们用数据持续监控这些志愿者们的健康状况。2016 年，爱丁堡大学在数据库基础上鉴定认为，两种遗传变异可以缩短一个人 3 年的寿命，而 1 000 个人里就有 3 个人受此影响。

精准医疗的梦想

能够对人类基因组进行测序之后，精准医疗这一概念逐渐兴起。所谓精准医疗是说，要从个人基因层面掌握精确的病因，进而为患者提供量身定做的治疗方案。精准医疗要从 2011 年说起，这一年，美国国家研究委员会发表了一份题为《走向精准医学——构建生物医学研究的知识网络和一种新的疾病分类法》的报告（英文标题为“*Toward Precision Medicine - Building a Knowledge Network for Biomedical Research and a New Taxonomy of Disease*”）。

2015 年，美国政府推出了“精准医疗计划”（Precision Medicine Initiative），美国政府初步的目标是将一百人的基因组分类，真正的目标则是“药物基因组学”（Pharmacogenomics）。由于人类基因组的多样性，不同个体对药物治疗的反应不同，从而产生的疗效不同，药物基因组学就是试图为特定的病人在特定的时间提供特定剂量的药物。其背后的理念是，某些基因会让一些人先天就会患上某种疾病，只有从基因层面精确了解病因，医疗才能精准，唯一能验证这种理论是否正确的方法就是找到患有同一种疾病的人们的共同基因。

从人类基因组被测序以来已经十年有余，但我们在精准医疗上还没有一个“成功故事”。2012 年，美国食品与药品管理局批准了福泰制药（Vertex）的一种新药伊伐卡托（Ivacaftor），它是一种用于治疗罕见型囊性纤维化（由基因突变引起）的药物，但结果颇让人失望：其他价格更低的治疗方案（更传统的方式）似乎能实现相同的治疗效果。

导致这种结果的主要原因还是老问题："基因大数据"的缺失。2011年美国国家研究委员发布的那份报告鼓励了两种新的数据库。一种是"信息共享"，即将大量病人的数据开放给所有的科学家；另一种是"知识网络"，也就是更强调疾病和基因之间内部关系的数据库。目前能帮助科学家分析两者关系的一个重要工具是全基因组关联分析（Genome-Wide Association Study，GWAS），它的重要性不言而喻，当我们能够准确地预测某种遗传变异会带来的特定疾病的概率时，精准医学就可以走向"治未病，而不治已病"，还能从基因层面预测疾病。如今，我们在医疗上花的大部分钱都是在人生病以后才花掉的，政府和社会提供的医疗保险和补贴等也都是"病后帮助"。如果能扭转这种情况，将大部分钱都花在"病前"的预防上，人们的健康状况必会大大改善。

此外，我们还需要一个更全面的样本基因库，现在大多数做基因测序的都是欧洲血统，意味着目前已有的数百万可用基因组数据只适合白人。

"长生不老"的实验

基因组学的目标当然是延年益寿。一方面想要预测和防止疾病，另一方面想要找出到底是哪些基因让一些人格外长寿。

2013年，谷歌成立了Calico（在硅谷的绰号是"谷歌长寿实验室"），并聘请了亚瑟·莱文森（Arthur Levinson）来管理。亚瑟·莱文森曾是基因泰克的首席科学家，1995~2009年，基因泰克被罗氏收购期间还一直担任CEO。莱文森从基因泰克聘请了其他人，值得一提的有戴维·博特斯坦（David Botstein），曾任基因泰克的副总裁，同时也是一位普林斯顿大学的遗传学家，加州大学旧金山分校的生物学家辛西娅·凯尼恩（Cynthia Kenyon）以及得克萨斯大学研究长寿动物的专家雪莱·巴芬斯滕（Shelley Buffenstein）。Calico 还通过收购进入了 Ancestry 的基因大数据库。

克雷格·文特尔在 2013 年成立了“人类长寿有限公司”（Human Longevity，Inc.，HLI），想要创造出世界上最重要的解码基因数据库，该公司已经发现了一些基因突变和长寿之间的相关性。加州蒙特雷的创业公司 Ambrosia 已经尝试将一些年轻人的血液输入到年老人的体内以延缓衰老，这种做法是基于斯坦福大学科学家托尼·韦斯—科雷（Tony Wyss-Coray）领导的团队关于长生不老的系列研究结果，托尼发现年轻老鼠的血液可以让年老的老鼠活得更久。

对我来说，研究长寿的科学真正开始于 1993 年。1993 年，辛西娅·凯尼恩发现，在一种线虫的身上有一种叫作 Daf-2 的基因，让这种基因部分失效后，该线虫的寿命能延长一倍（这种线虫通常寿命只有 2 周，改变基因后可以活一个月）。凯尼恩进而研究发现，Daf-2 基因在人体内也存在，而且会因为人体摄入大量糖而变得更活跃（而不是部分失效），凯尼恩的进一步实验表明，糖会缩短线虫的寿命（凯尼恩的著名警告是“糖等于新的烟草”）。

凯尼恩的实验之后，更多专注于研究影响动植物寿命的基因和化学物质的实验相继推出。几年后（1999 年），麻省理工学院的莱伦纳德·瓜伦特（Leonard Guarente）发现了一种能够增加酵母寿命的基因 SIR2，哺乳动物体内存在同样的促长寿基因 SIRT1，基因蛋白质“Sirtuin”由此成了“抗衰老基因”。莱伦纳德·瓜伦特和辛西娅·凯尼恩于 1999 年共同创建了 Elixir（长生不老药）公司，专门生产抗衰老产品。

2003 年，瓜伦特的学生大卫·辛克莱（David Sinclair）提出，白藜芦醇（resveratrol）可以作为 Sirtuin 活化剂，这是一种在红酒里发现的物质。他很快在此基础上，于 2004 年创立了赛特里斯（Sirtris）公司来制造抗衰老药物。2008 年，葛兰素史克买下了赛特里斯。然而，数年之后，尤其是在 2014 年，一项由约翰·霍普金斯大学的理查德·赛巴（Richard Semba）主导的研究结果发布之后，科学界达成共识的是，白藜芦醇并没有功效。

还是在 2003 年，弗里茨·米勒（Fritz Muller）的团队在瑞士弗里堡大学发现，通过抑制一种叫作雷帕霉素靶蛋白（Target Of Rapamycin，TOR）的酶，可以增加蠕虫的寿命。得克萨斯大学的夏普（Zelton Dave Sharp）证明老鼠也是如此：抑制它们体内的 TOR，它们就可以活得更久。于是，生物学家们就开始寻找“TOR 抑制剂”。有一种很明显的“TOR 抑制剂”就是雷帕霉素（rapamycin，在世界各地的药店叫雷帕鸣，即 Rapamune），它能让老鼠“长寿”的这项结果被 2009 年密歇根大学的理查德·米勒（Richard Miller）主导的一项研究再次证实。

值得一提的还有一种名为 NRF-2 的化学物质，它在 2010 年名声大振，主要原因是得克萨斯大学的罗谢尔·巴芬斯滕研究表明，它在人类衰老过程中能保护身体不受疾病侵袭，是长寿的又一个关键角色。

此外，研究长寿乃至永生的科学家们也一直试图从本身就不会衰老的奇特动物身上发掘秘密，汲取灵感。科学家们的注意力首先指向了一种极小的珊瑚虫——水螅。因为这是目前所知的唯一一种不会变老，因而也不会死于衰老的动物。如果没有捕食动物杀死它们，它们就能永生。科学家们进而发现，能让水螅“永生”的秘密是，它们的干细胞能一直不断的增殖。

2012 年，德国基尔大学的托马斯·博世（Thomas Bosch）发现，水螅具备这种特殊能力主要是由于叉头转录因子 FoxO，这种基因人类乃至所有的动物都具备，但只有在少数的个体中才非常活跃。其实，科学家们怀疑 FoxO 基因是长寿的关键已经很长一段时间了，因为早在 2008 年，夏威夷大学大卫·库伯（David Curb）的研究小组［主要是布拉德利·威尔考斯（Bradley Willcox）］的实验就表明，这种基因似乎在百岁老人体内尤其活跃（高个子人的坏消息：2014 年，同一个研究小组研究表明，FoxO3 基因与身高呈负相关。越是高的人，寿命与矮个子的人相比就越短。但对喜欢喝茶的人来说是好消息：该研究小组研究发现，大量饮茶有助于激活 FoxO3 基因，变得更长寿。但也无须惊慌，目前这些研究都还非常初级）。

对长寿动物的研究中，还有一种动物非常有趣，它就是灯塔水母。它是唯一已知的能够逆转生命周期进而“返老还童”的动物，这种躲过“生死簿”的能力比水螅的永生能力更复杂，但如果能发掘出其中的奥秘，相信不少老人都愿意尝试。

2016 年，英国伦敦大学学院“健康老年研究所”教授帕特里奇（Linda Partridge）发现，摄入低剂量锂的果蝇能延长寿命，主要原因是锂似乎可以阻断一种名叫 GSK-3 的化学物质（这种物质也涉及衰老过程）。

目前这些研究都很有意思，也许不久后它们就能促使延长人类寿命或保持生命健康的新药问世。但我们不应该忘记，衰老并不是一种疾病，每个人都会衰老，它是一种生命的常态。衰老并不是糖尿病或疟疾，当我们寻找一种治疗疟疾的药物时，我们正在寻找一种药物把疟疾受害者变成正常人。当我们寻找一种药物使我们不朽时，我们正在寻找一种药物将人变成别的东西，不可称为“人”了。

抗癌之战路漫漫

目前医学上最大的挑战就是癌症，这也是导致死亡的残酷杀手。免疫系统是我们身体内最聪明的组织之一，它由特定的几种能够保护身体不受病毒乃至癌症攻击的细胞组成。问题是，有时候这些对抗癌症的细胞会“关闭”，一种重新“打开”这些细胞的方法是，用基因编辑技术创造“改进版”的免疫细胞。

癌症免疫疗法的第一个成功案例来自加州大学伯克利分校詹姆斯·埃里森（James Allison）的研究，他研究出了用来治疗皮肤癌的易普利姆玛［Ipilimumab，一种单克隆抗体，能有效阻滞一种叫作细胞毒性T细胞抗原-4（CTLA-4）的分子，CTLA-4会影响人体的免疫系统，削弱其杀死癌细胞的能力］。Ipilimumab在2011年正式推出，用于激活人体免疫系统中识别和摧毁癌细胞的这一部分。

加州大学旧金山分校的文德尔（Wendell Lim），同时也是创业公司“细胞设计实验室”（Cell Design Labs）的创始人，他专注于“T细胞”的研究，这种细胞能够识别出被病毒或癌症感染的免疫细胞（最近的论文是“*Precision Tumor Recognition by T cells with Combinatorial Antigen-sensing Circuits*”，发表于《细胞》杂志，2016年）。

目前也有几个创业者正在专注于创造“改进版”T细胞，值得一提的如赛莱克蒂斯（Cellectis），1999年在法国创建的公司，它发明了一种名为TALENs的基因编辑方法，即通过活细胞中的DNA剪切和修复进行癌症治疗。辉瑞制药在旧金山的实验室以及AbVitro公司（2015年被Juno Therapeutics收购）都在使用这种方法。Verily（谷歌旗下的生命科学部门）也在就“编程细胞来增强身体免疫系统”这一话题频繁召开各种研讨会。

2015年，美国政府批准了百时美施贵宝公司的免疫治疗药物纳武单抗（Opdivo），虽然目前该药物仅适用于皮肤癌的扩散治疗上，昂贵且有副作用，也并不一定总能成功，但至少已是迈向实践的第一步。

总的来说，癌症免疫疗法还是一个非常年轻的研究领域，但是，一些如易普利姆玛的药物确实正在帮助很多癌症患者活下去。单克隆抗体（mAbs）已经变成了很多癌症的重要治疗物，它们其实跟我们身体免疫系统产生的抗体是一样的，只不过我们现在能够在实验室里把它们制造出来。2012 年，美国 FDA 就批准了 12 种用于治疗癌症的单克隆抗体（mAbs），仅 2015 年一年就批准了超过 10 种。

美国前总统吉米·卡特（Jimmy Carter）是癌症免疫疗法的受益者之一：通过这种治疗之后，他大脑里的黑素瘤真的消失了。治好他的“神奇”药其实是全新的药物（2014 年才通过审批）：一种叫派姆单抗（pembrolizumab）的免疫肿瘤药物，同时跟易普利姆玛结合使用。

然而，一种抗体只能针对一种特定的疾病（或疾病的原因），问题是我们现在都还不清楚引发大部分癌症的原因是什么。也就是说，大部分癌症患者是不能通过免疫疗法得到帮助的。癌症免疫疗法的另外一个问题是成本太高，仅派姆单抗每年的花费就约是 15 万美元。而且，坦白地说，卡特在接受昂贵的免疫治疗之外，还接受了手术和化疗。因此，我们甚至都还不能肯定是否就是派姆单抗治愈了他的癌症。总之，吉米·卡特的情况只是一个幸运的实验。

目前在癌症等人类重大疾病的攻克上，政府、大公司和科研机构都扮演着不同的角色。就西方国家目前的情况来说，政府自然贡献了很多“官僚机构”，大型制药公司自然贡献了很多钱。但两者都在癌症面前无能为力。

人类战胜癌症的故事其实很有教育意义。美国总统理查德·尼克松（Richard Nixon）1971 年发布了著名的“抗癌之战”演说，这场直接由美国国会发起的“战争”提出的愿景是，5 年之内汇集多方力量找到治疗癌症的方法。自然，结果是并没有找到传说中的治愈良方。以国家癌症研究所为中心的各种癌症研究机构的预算却急剧增加。1984 年，美国国家癌症研究所的主任文森特·德维塔（Vincent T. DeVita）承诺，截至

2000 年，因癌症致死的人数将减少 50%，实际结果是，癌症致死率到 2000 年为止只减少了 17%。2003 年，美国国家癌症研究所的新主任安德鲁·冯·埃申巴赫（Andrew Von Eschenbach）又承诺说，到 2015 年，癌症一定能够被攻克。然而，2015 年，仅美国就新增了 150 万的癌症患者，并有 59 万人死于癌症，根本找不到已被治愈的迹象。事实上，从尼克松 1971 年的演讲之后，美国患癌症的概率就一直在增加，从 10 万人中少于 500 人患癌一直增加到多于 500 人。

总体来说，这些年来癌症死亡率略有下降只是因为医学找到了让人们活得更长一点的方法。然而，有时候，带着癌症病毒活得再久一点对人们来说并不是很好的解决方案。我甚至认为这根本就是一大失败。

1971 年，尼克松的专家们相信癌症是由病毒引起的，他们花了大量资金来寻找这种病毒。如今，我们知道癌症是由致癌基因引起的，这种致癌基因可以被外部因素（如放射性物质或毒素）激活，也可以由内部因素（随机突变）引起，而人体内原来被设定为“抑制”致癌基因的基因在这两种情况下并没有发挥功效，这就会导致癌症发生。

关于癌症，近年来最重要的发现是，肿瘤不断在经历基因变化，这让癌症“千变万化”，使得定位它非常困难。在努力寻找可能的解决方案上，集中式的官僚机构基本上都以失败告终，而那些零散分布在世界各地的科学家们却捷报频传。因为官僚机构往往都是由上至下的层级结构，只会创造越来越多的官僚机构，而分散在各地的科学家们却有意无意地“竞争”着在癌症研究上的进展，几乎每年他们都能有新发现，而每个发现都会带来其他科学家们的又一发现。

这么多年得来的教训很清晰：基本上，大的官僚机构都解决不了问题，他们不过是打着解决大问题的旗号为自己争取资金，顺便支付自己员工的薪水。而大公司和大医院则因为癌症的存在而赚了不少钱。所以，你也许会认为我“愤世嫉俗”，但我很怀疑这些大机构消除癌症的动机到底有多强烈，至少没有为癌症患者开发新药的成本高。

对癌症研究的未来，我相信，一些独立研究人员将做出重要贡献。比如，加州大学伯克利分校的 Rosetta@home［一个基于伯克利开放式网络计算平台（BOINC）的分布式计算项目，该项目由华盛顿大学贝克实验室开发和维护，用于蛋白质结构预测、蛋白质—蛋白质对接和蛋白质设计的研究。截至 2009 年 2 月 8 日，全球共有 8.6 万台计算机是这一项目的活跃志愿者和研究成员］、IBM 主导的“世界公共网络计算平台”（the World Community Grid，一项基于互联网的公益性分布式计算项目，始于 2004 年 11 月 16 日，该项目将联合分布于世界各地的志愿者们提供的计算资源，将它们用于一些能为全人类带来福音的大型科学研究项目）以及澳大利亚的“梦工坊”（DreamLab）。这些项目都是将世界各地的志愿者们提供的计算机或智能手机的计算资源汇集起来，便于让独立科研人员进行关于癌症的研究。同时，收集大量癌症患者疾病信息的“大数据”项目也在进行，比如美国临床肿瘤学会（American Society of Clinical Oncology）发布的 CancerLinQ 项目，2015 年由美国癌症研究协会（the American Association for Cancer Research）发布的 GENIE（Genomics，Evidence，Neoplasia，Information，Exchange）项目，该项目希望通过汇总患者的肿瘤基因组信息与临床治疗结果，建立更准确的数据库，这些项目肯定也会对独立研究的科学家大有帮助。

再生医学的前景

再生医学近年来也引起很多关注，它的吸引力是很明显的：这意味着未来我们能在身体上“种植”特定的组织（如替换掉在火灾中被烧伤的皮肤）和身体器官。某种程度上，人类将具备和蜥蜴一样的能力，尾巴断掉了还能再生。目前，每年都有约 120 万人器官损伤或完全坏死，而只有 10%~20% 的人能及时得到器官移植，这意味着再生医学每年能够拯救超过一百万人的性命。

再生医学诞生于 1981 年，当剑桥大学的马丁·埃文斯（Martin Evans）和加州大学旧金山分校的盖尔·马丁（Gail Martin）各自分离出了老鼠的胚胎干细胞时。干细胞是我们身体所有细胞之母，而胚胎是人或动物尚未成形时在子宫时的生命形式，胚胎干细胞作为原始（未分化）细胞，具有分化为各种不同功能细胞的潜能，即具备“多功能性”。当然，一旦胚胎干细胞已经形成特定的组织细胞，它这种多功能性也就随之丧失。比如，你鼻子的干细胞就是成体干细胞，它只能生长成一个鼻子细胞，而不能长成一个肝细胞。胚胎干细胞的研究一直很有争议性，因为它意味着要破坏胚胎。超过 10 年以来，它一直仅在动物身上进行，但随后，科学家们还是开始了人体胚胎干细胞的研究。

威廉·哈兹尔廷（William Haseltine）1992 年创造了“再生医学”这个词，虽然直到 1998 年，威斯康星大学的詹姆斯·汤姆森（James Thomson）才分离出人体胚胎干细胞。这意味着科学家们将有可能在实验室里“生产”出来所有的身体部件。此时，全世界对于再生医学的潜能已经有了足够的商业兴趣，世界各地相继有一些公司成立。回想起来，最有影响力的一些公司是：Cellectis（法国，1999 年），Mesoblast（澳大利亚，2004 年），Capricor Therapeutics（美国，2005 年）和 Pharmicell（德国，2006 年）。

2004 年，加州推出了再生医学研究所来推进这一领域的研究，又一个十年很快过去了，这期间围绕干细胞的伦理问题一直争议不休。

2007 年，日本京都大学的山中伸弥（Shinya Yamanaka）将成人细胞转化为多功能干细胞，这一开创性成果的论文题目是《诱导多功能干细胞》（*Induction of Pluripotent Stem Cells*），而这直接演变成了通过将细胞基因重新编程转化为多能干细胞技术的专用术语，人们将这类细胞称为“诱导性多功能干细胞”，而这类细胞跟胚胎干细胞非常相似。也就是说，我们并不需要从人体获得胚胎干细胞，可以直接在实验室中将它们创造出来。

Cellectis公司立即得到了山中伸弥的专利许可，开始了相关研究。2011年，韩国食品药品管理局准许由FCB-Pharmicell公司开发的心脏病治疗药物Hearticellgram-AMI正式投放市场，标志着世界首例干细胞治疗药物在正式诞生。目前，拥有多种独有干细胞项目的澳大利亚再生医药公司Mesoblast可能是这个领域最广为人知的玩家。

不过，干细胞研究领域也有不少丑闻，其中两个堪称20世纪最大的学术丑闻。2004年，韩国科学家黄禹锡发表了关于全球首例克隆人类胚胎干细胞的论文。2005年5月，黄禹锡又发表论文称，他领导的科研小组利用多名患者的体细胞克隆培育出11个干细胞。而随后的调查发现，这两项成果均涉及造假。2014年，一位年轻的日本科学家小保方晴子（Haruko Obokata）在《自然》杂志发表了两篇突破性的论文，提出利用酸浴（把细胞浸泡在酸性溶液中）和挤压等方法可以更为简便地培养出多能细胞，即STAP细胞，这种细胞具有类似干细胞的功能。而她所在的日本理化学研究所（RIKEN）随后调查发现，论文也同样涉及造假。因此，对于干细胞初创公司的公告，我们还是要谨慎。

人类再生器官的能力不像动物那样好，它在伤口自我愈合上的能力很好，但当涉及肌腱，韧带和月牙形的纤维软骨半月板时，自我修复和再生的能力就不行了。比如，世界各地每年大概有百万人半月板受伤，通常都不能被修复。

也有科学家认为，他们可以直接“打印”出来身体组织和器官。将3D打印技术与活体组织结合起来的想法确实很有吸引力，第一个尝试将其商业化的公司是Organovo，这家公司由密苏里大学的加博尔等创立于

2007 年。现在，致力于 3D 生物打印的初创公司已经在亚洲出现，比如日本的 Cyfuse，以及中国杭州的捷诺飞生物科技有限公司（Regenovo）。

不过，总的来说，目前的生物打印研究仍然主要在大学里进行，尤其是维克森林大学以及哥伦比亚大学。2015 年，美国哥伦比亚大学的杰瑞米·毛（Jeremy Mao）展示了一台能够生物打印人体半月板的机器，2016 年，维克森林大学的科学家推出了一台专门为烧伤的皮肤打印新的皮肤细胞的生物打印机。这很容易让人想到“器官芯片”，含有人体活体细胞的生物芯片。但这些都是用于模拟实验，这些器官芯片复制出来的东西不能用于人体，它们就是为实验室而生的。2010 年，哈佛大学 Wyss 研究所唐纳·因格贝尔（Donald Ingber）教授开发了一种芯片（USB 拇指驱动器大小）来模拟肺部，被认为是第一个“芯片上的器官”（肺芯片），之后引发了世界各地的科学家来研究和模仿。大量动物曾因为人类的科研而死于实验室，“芯片上的器官”有可能提供另外一种选择，用生物芯片来模拟所需器官。另外，剑桥大学的玛德琳·兰开斯特（Madeline Lancaster）正在尝试用人类多功能细胞来培植三维的人体组织，她利用培养出来的组织来模拟人类的大脑是如何运作的。

最后，当我们将基因治疗和干细胞研究混合起来看的时候，对得到身体部位和组织再生的工具就会颇为乐观。虽然研究者们用的是不同的研究方法，但这种研究在世界各地多个实验室都在进行：得克萨斯大学的刘颖（Ying Liu）、佛罗里达大学的夏广斌（Guangbin Xia）、迈阿密大学的约书亚·黑尔（Joshua Hare）以及瑞典隆德大学的马琳·帕玛（Malin Parmar）等。

美国费城儿童医院针对基因 RPE65 突变造成的失明发明了一种基因疗法，2013 年，基因治疗公司 Spark Therapeutics 从费城儿童医院这个项目中诞生，后续实验进行顺利，现在正在等政府的批准。

2016 年，女科学家伊丽莎白·帕里什（Elizabeth Parrish）在自己身上进行了基因治疗（她在西雅图有自己的创业公司 Bioviva），用以提升和改善自己的“端粒量”（telomere score）（端粒是一种 DNA，是人体变老时首先会受损的 DNA，测试其质量最简单的方式是分析血液中的白细胞），这是一种在年轻人体内含量普遍比较高的物质，而在老年人体内含量普遍比较低，也就是说，是一种能让你保持年轻的物质。这位女科学家通过基因治疗将这种物质在 20 年里下降的数量重新“找回来”了。理论上讲，她在试图让自己“返老还童”。

鉴于端粒下降只是人类老化过程中的一个因素，伊丽莎白·帕里什同样在自己身上“倒回逆返”了其他导致老化的因素。虽然目前只有时间会告诉我们她的“年轻的血液”是否真的能帮助她活得更久，但毫无疑问，基因治疗正在变得更加真实，不再是遥不可及的传说。

新技术交融下的未来生物科技

未来将是有机世界和合成世界的联姻，正如未来一定是人类和机器人的联姻。你可以设想，有一天，大量微小的DNA折纸机器人可以在你的身体里不停地游动，它们可以彼此连接和沟通，它们可能还会强大到运行一些人工智能的程序，以此来实时监测和识别你身体内部正在发生什么。

医疗影像的智能分析

随着人工智能的流行，“深度学习”似乎一夜之间就能应用于所有领域。生物科学家们自然也想试试它能否帮到自己的工作。绝大多数的医疗人士收集的数据首先是图像，通常是X光片、核磁共振成像（MRI）、计算机断层摄影（CT）等，因此，用人工智能来分析图像就是一个很自然的应用。毕竟，为了尽快找出病人的问题所在，世界上不知有多少放射科、心脏病科和肿瘤科的医院工作人员每天花费大量时间检查这些医疗影像。

比如，总部位于旧金山的Enlitic正在采用深度学习来检测CT图像中的肺癌。肺癌是最难检查出的癌症之一，这也是为什么通常检查出来就是晚期的原因。再如，从斯坦福大学孵化器StartX里走出的Arterys公司基于深度学习开发出了一款检测心血管疾病的应用。

创业公司们已跃跃欲试，大公司们自然也早已出手。IBM正在将其沃森机器学习系统（以及2015年从Merge Healthcare公司收购的技术）应用于医学影像管理。同时它还与美敦力（Medtronic）、杨森和苹果公司合作，致力于糖尿病的诊断研究，与几家大医院合作进行癌症诊断研究，这些都被打包进了“沃森基因分析”。同时，IBM 还鼓励通过智能手机收集患者的数据并将其上传到云端。2015 年，IBM 还专门推出了“沃森健康项目”（Watson Health）。

戴尔的云上有超过 1 000 名医疗工作者提供的数百万的医学图像，它正在使用来自以色列 Zebra Medical Vision 公司的学习软件，对这些图像进行自动识别和分析。

飞利浦正与日立合作致力于图像分析系统的研究，它已拥有一个超过 1 350 亿的庞大医疗影像数据库，其医疗设备（X 光扫描仪、CT 扫描器和 MRI 扫描器）每周都在生成超过 200 万张医疗影像。

百健（Biogen）是全球第三大生物技术公司，它正尝试从拥有的 16 亿条基因组数据中创建自动化的“风险报告”。

看似大玩家很多，一片热闹，但你若问我人工智能分析医疗影像能否很快取代传统的放射科的医生和心脏病专家等，我的答案是：不能。那这么做的意义是什么？大家的梦想是尽快将越来越多的医疗数据存到云端，然后研究出一款类似谷歌或百度的“蜘蛛机器人”（spider robots）出来。顾名思义，它可以在云端像蜘蛛那样日夜不停地爬来爬去检查医疗影像里是否存在问题。而且，这是全自动检索，不需要人工发出分析某个影像的“请求”，而蜘蛛机器人的“新版本”会自动重新检查新的医学知识所涉及的所有图像。想象一下仅此一项变成现实后会带来多大的改变吧！

人工智能当然也可以应用到医疗保健的其他方面。比如，2016 年，AiCure 发布了一个使用智能手机摄像头、面部识别以及动作传感软件提醒患者进行药物治疗并检查其到底有没有吃药的一个系统。

用于计算的DNA

人工智能外，我认为把DNA用作计算器材和机器人器材是我们这个时代最令人兴奋的事情之一。

让我们先把DNA比作一台电脑。DNA其实是天然的计算材料，因为它使用了一个代码，而且这个代码遵循严格的逻辑法则。“DNA计算”的先驱是南加州大学的伦纳德·阿德尔曼（Leonard Adleman），1994年，他创建了一台能够解决一个数学问题的DNA计算机。具体来说，他找到了一种以核苷酸的顺序（即DNA或RNA中碱基的排列顺序）来编码一段数据的方法，然后利用DNA的化学特性来做数据计算。然而，轰动性的消息却是在一年之后的1995年传来的，普林斯顿大学的理查德·利普顿（Richard Lipton）证明了DNA计算固有的并行性具备了巨大潜力（如量子计算机一样，可以用并行计算同一时间处理多个问题）。这种并行性让DNA计算在解决一些数学问题上的速度比电子计算机更快！几个月后，利普顿的学生丹·博内和克里斯·邓沃思（Dan Boneh & Chris Dunworth）表明，DNA计算机还可以破解由美国国家安全局（NSA）开发的数据加密系统。这个“应用”无疑吸引了大量眼球。

数学家、计算机科学家和生物学家们纷纷对DNA计算机表现出了极大的兴趣。1999年，罗切斯特大学的计算机科学家荻原光德（Mitsunori Ogihara）和生物学家的雷（Animesh Ray）发表了一篇名为《在DNA计算机上模拟布尔电路》（*Simulating Boolean Circuits on a DNA Computer*）的论文，以色列魏兹曼科学院的埃霍德·夏皮罗（Ehud Shapiro）发表了《生物分子计算机的蓝图》（*A Blueprint for a Biomolecular Computer*）一文，并于2001年制造了第一台这样的计算机。

第一台实用的DNA计算机于2002年推出，它被日本奥林巴斯公司用于基因分析，但接下来的十年里DNA计算机并没有多少进步，因为制造一台 DNA 计算机不仅难度大，而且价格高。

继 DNA 计算机后，2013 年，斯坦福大学的生物学家德鲁·恩迪（Drew Endy）发明了一台简单的“生物计算机”（Biocomputer），一台可以在活细胞内操作的计算机。这台计算机只能回答“对 / 错”，但重要的是，它可以检查出目前的设备不能查出的疾病。

生物计算机和电子计算机之间的主要区别是，生物计算机可以很自然地跟身体里的细胞互动，虽然速度慢了些，但它可以探索到目前的电子设备不能触及的地方。当生物计算机进入实际应用后，我们将能够检查身体内的任何地方。恩迪的生物计算机甚至还可以彼此通信：他的团队发明了一种从一个细胞向另一个细胞发送基因数据的方法，一种新的互联网就要从你身体内的细胞里诞生了。

DNA 机器人的前世今生

现在，让我们再把 DNA 作为一种纳米技术材料来分析。所有的生命体都是自组装的，它们不是在工厂被工人建成的，而是一个细胞连着一个细胞自我形成的，但由此诞生的结构让人惊叹。想一下人类的大脑，我们至今连建造出一个跟它大致相似的实验室都做不到，因为它是由母亲怀胎九月形成的，还能够在人的一生中不断地自我组合。

目前纳米技术可以使用两种方法来构建新材料：自上而下和自下而上。自上而下是科学家们以过人的严谨和精确把分子甚至原子组装在一起，希望由此得到一种稳定的材料；而自下而上的方法当科学家发现一种能够自我生长的结构时就已经完成了，这种方法就是生命本身所采用的：生命就是一个自下而上的过程，它是自我组合的。由此可见，DNA 就是一种极好的纳米材料，它每天都在组装大量的生命体。

第一个发现这种类比关系的人应该是纽约大学的纳德里安·西曼（Nadrian Seeman）。1982 年，他发表了一篇从 DNA 构建 3D 结构的论文，这被认为是 DNA 纳米技术的开始。然而，接下来这个领域却沉寂了 20 年，没有什么进展，因为能够人工合成 DNA 的机器还很少。

2005 年，西曼发表了《从基因到机器——DNA 纳米机械装置》（*From genes to machines—DNA nanomechanical devices*）的论文，也由此意识到这些想法正变得可行。事实上，2006 年就有了突破。那一年，加州理工学院的计算机专家保罗·罗斯蒙德（Paul Rothemund）展示了 DNA 分子如何能被折叠成两维的结构，以及 DNA 如何能被编程后形成较大的 DNA 结构。于是，“DNA 折纸术”（DNA origami technique）成了 2006 年 3 月 16 日《自然》杂志的封面故事，自下而上的方法被普遍认同并流行起来。

2007 年，约翰·普莱斯科（John Pelesko）出版了《自我组合》（*Self Assembly*）一书。2009 年，DNA 纳米技术的研究显著升温，哈佛大学威廉·施（William Shih）的团队和德国慕尼黑大学蒂姆·利德尔（Tim Liedl）的团队发表了用以 DNA 自我组装的折叠技术。

2011 年，哈佛大学的肖恩·道格拉斯（Shawn Douglas）创办了国际生物大分子设计竞赛（International Bio-molecular Design Competition，BIOMOD），鼓励世界各地的学生进行 DNA 折纸术的实验。与此同时，日本京都大学的杉山弘（Hiroshi Sugiyama）正致力于研究“用作生物材料的 DNA 折纸术”（*DNA origami technology for biomaterials applications*，这也是他 2012 发表的论文题目）的研究工作。

2012 年，哈佛大学医学院的遗传学教授乔治·丘奇的两个学生，与创办 BIOMOD 的肖恩和埃杜·巴切莱特（Shawn & Ido Bachelet）发明了用 DNA 制作的纳米机器人，这种机器人被编程后可以瞄准身体内的特定细胞。比如，可以用这种纳米机器人找到身体内的癌细胞，并通过编程让它们之后在体内自我摧毁。

所有这些进步都是因为我们有了更好的“合成DNA”的机器（如安捷伦的设备）。很明显，这些数学家和生物学家用DNA来“设计”机器人，就像建筑师用软件来设计图纸一样。设计图纸的软件被称为CAD（计算机辅助设计），最流行的CAD软件来自Autodesk。想要设计DNA机器人的生物学家们也用了类似的软件（尤其是在哈佛）。2009年，威廉·施在美国达纳—法伯癌症研究所（Dana-Farber Cancer Institute）开发了CADnano软件，后来由乔治·丘奇的团队和Autodesk进行了改进。

CADnano给生物学家提供了一种被软件工程师称为“快速成型”的方法，只不过这里快速成型的是三维的DNA折纸结构。2009年，亚利桑那州立大学的郝颜（Hao Yan）开发了可以对三维的DNA折纸结构进行编辑的工具——Tiamat。2011年，麻省理工学院的马克·巴斯（Mark Bathe）开发了CanDo（“DNA折纸术的计算机辅助编程”的英文缩写），是一款可以把两维的DNA折纸蓝图转换成复杂的三维结构的软件。2016年，麻省理工学院合成生物学家克里斯·沃伊特（Chris Voigt）的研究小组发明了名为“Cello”的编程语言，使得生物学家可以快速设计DNA电路（一种利用电路导电性变化来检测基因损伤和错误的生物传感器），Cello可以自动设计实现DNA电路所需的DNA序列，换句话说，你可以通过这种编程语言创造活的细胞。以上这些都是DNA折纸术已有的开源软件。

2012年，肖恩·道格拉斯搬到了加州大学旧金山分校，埃杜·巴切莱特去了以色列巴伊兰大学，由此形成了DNA折纸术的两个重要派别。2013年巴切莱特公布他制造了一种特殊DNA分子的方法，这种DNA分子可以通过编程到达身体的指定位置，并在那里完成一些“特殊使命”。基本上，这个DNA折纸已经变成了可以在人体内部游走的微小的计算机。这些小计算机可以像今天基于硅的计算机一样执行同一种逻辑运算（0/1

逻辑），虽然它们现在的功能还不能跟第一代计算机相提并论，但至少它们一出生就超级小。

2014 年，巴切莱特与哈佛大学的丹尼尔·莱纳（Daniel Levner）合作，将这种 DNA 纳米计算机放进了一个活的生命体——一只蟑螂内，并让它们在蟑螂的身体里游走。

可以设想，有一天这些 DNA 机器人将能够跟它检查的细胞互动，大量 DNA 机器人之间也可以互动，就好像我们现实中的计算机能够连接成一个通信网络一样。2015 年，巴切莱特开始试验他的第一个人体内的 DNA 纳米机器人（用来治疗癌症），辉瑞制药很快投资了他的这个想法。

接下来的问题当然是这些 DNA 纳米计算机的"存储卡"上到底能存多少信息。一克 DNA 的可以容纳 10 兆~14 兆字节的数据。2012 年乔治·丘奇将他的最新著作编码进了 DNA。2013 年，欧洲生物信息学研究所的伊万·伯尼（Ewan Birney）团队将莎士比亚的 154 首十四行诗，再加上马丁·路德·金（Martin Luther King）的著名演说《我有一个梦想》的录音，以及他们的办公室的照片（共 739 千字节）全部编码进了 DNA。2015 年，把乔治·丘奇的书编码进 DNA 的哈佛团队的一名成员库苏里（Sri Kosuri）将乐队 OK Go 的一首摇滚歌曲编入 DNA，这可是第一首在 DNA 上发行的歌曲。

这些存储能力与基于硅的存储相比当然是进展非常缓慢的，但它们的优势是持续的时间特别长，历经"千秋万世"都还在。问题是将数据存进 DNA 的成本太高，比如，如果选择安捷伦帮你存储，它合成 DNA 是免费的，但一般存储每兆字节的花费需超过 12 000 美元，用的还是安捷伦价值数百万美元的设备。相比之下，我包里 16GB 的闪存盘的花费是 20 美元，而且在它里面改写数据的成本是零。然而，我们的 U 盘却永远做不了 DNA 存储能做的事：所有书面形式存在的人类文明（大概 500 亿兆字节的文本）都可以保存在你一只手掌的 DNA 上。

可以设想，有一天，大量微小的 DNA 折纸机器人可以在你的身体里不停地游动，它们可以彼此连接和沟通，它们可能还会强大到能够运行一些人工智能的程序，以此来实时监测和识别你身体内部正在发生什么。

生物黑客崛起

在新技术的交融里，“生物黑客”（Biohackers）会扮演重要的角色。2005 年，年轻的生物学家罗布·卡尔森（Rob Carlson）离开了伯克利分子科学研究所，继续在家里做他的生物实验，并在自己的车库里创办了生物技术咨询公司 Biodesic。

2008 年，杰森·鲍勃和马克·考威尔（Jason Bobe & Mac Cowell）在东海岸创建了 DIYbio 组织，这被认为是合成生物学“DIY”（自己动手）运动的开始。2009 年，纽约四个年轻的天才［分子生物学家艾伦·乔根森（Ellen Jorgensen），生物工程学家奥利弗·麦德沃鄂迪克（Oliver Medvedik），自由撰稿人丹尼尔·格鲁什金（Daniel Grushkin）和多学科背景的艺术家尼里（Nurit Bar-Shai）］建立了非营利性组织 Genspace，用以推动生物黑客的研究。他们第二年设立了一个对公众开放的生物技术实验室。同一样，安吉拉·卡茨玛茨克（Angela Kaczmarczyk）等人创立了波士顿公开科学实验室（BossLab）。

硅谷创立了生物黑客空间 BioCurious 作为回应，这也是一个由志愿者经营的非营利性组织。它于 2010 年由一群年轻的独立生物学家（Eri Gentry、Raymond McCauley、Tito Jankowski、Joseph Jackson、Josh Perfetto 和 Kristina Hathaway）创立。它标志着全球生物爱好者利用遗传领域公共数据库创建社区的兴起。

欧洲的生物黑客们在阿姆斯特丹和巴黎的 La Paillasse 创立了 Wetlab。

2010 年加州大学洛杉矶分校举办了主题为“疯狂的生物学？”的研讨会，会议上，自学成才的生物黑客梅瑞狄斯·帕特森（Meredith Patterson）发表了题为《一个生物朋克的宣言》(*A Biopunk Manifesto*）的演讲。2010年，罗布·卡尔森出版了《生物是科技》(*Biology is Technology*）一书，书名也成为合成生物学“DIY”运动的格言。

2010 年，BioCurious 的两个创始人——蒂托和乔什（Tito Jankowski & Josh Perfetto）在旧金山成立了 OpenPCR，他们想制造一台可以能把生物科技放到桌面上的机器，基本上就是一台复制 DNA 的机器。像一台专业设备一样，源自 OpenPCR 的家用机器可以增殖 DNA 样本，而 OpenPCR 大大降低了这些机器的价格，让普通个体也买得起。2010 年，奥斯丁·海因茨（Austen Heinz）在旧金山创立了 Cambrian Genomics 来制造第一台“生物激光打印机”，一种能够快速准确生产 DNA 的机器。2014 年创立于旧金山的 Arcturus BioCloud 使得它变得更容易：它想成为在云端跟用户沟通的生物公司的虚拟代工厂。

2003 年，麻省理工学院的汤姆·奈特（Tom Knight）教授提出了这样的设想：有一个标准化的“生物砖”（biobricks）目录，可以帮助合成生物学家们快速组装成活的有机体。他想要的模式清楚地再现了个人电脑产业走过的路程：爱好者从杂志广告目录订购套件，然后在他们的车库组装电脑。

同年，来自麻省理工学院、哈佛大学、加州大学旧金山分校的研究人员成立了 MIT 标准生物零件注册处（MIT Registry of Standard Biological Parts)，后来并入了国际基因工程机器（the International Genetically Engineered Machine.)。无论是“国际基因工程机器”还是“生物砖基金会”（BioBricks Foundation)，都是生物学家德鲁·恩迪的创意。到 2014 年，国际基因工程机器的存储库已包含 20 000 件标准生物零件（生物砖）。

“开源”技术正在掀起一场全球合成生物领域的“草根者”革命，

2004年始于波士顿的每年一度的“国际基因工程机器大赛”（iGEM）聚集了来自世界各地的年轻生物学者，他们纷纷在创造新的生命形式（大多数是有用的微生物应用），2014年有来自32个国家的2500名选手来比赛。

由麻省理工学院的学生梅利娜·范（Melina Fan）于2004年创立的非营利组织AddGene，致力于帮助合成生物学家分享他们的发现。例如，它帮助需要用CRISPR技术做实验的实验室运输他们所需的DNA材料。

由斯蒂芬·弗兰德和埃里克·沙特（Stephen Friend & Eric Schadt）于2009年在西雅图创立的非营利性组织赛智生物网络（Sage Bionetworks），显然是受到最有名的开源软件数据库GitHub的启发而建立的。该组织的宗旨尤其谈到了“解决复杂科学问题的志愿者们的开放网络”的重要性。

合成生物学仍需要和计算机辅助设计（CAD）一样的工具，2010年，加州大学伯克利分校的Chris Anderson推出了Clotho，一个开源的“生物CAD”平台，可以帮助研究者设计有机体。2014年，Autodesk推出了Cyborg工程，一个为DNA设计者提供设计工具的基于云端的平台。

全球生物黑客们的社区正在日益壮大，随着生物研究的价格越来越低，有一天惊人的成就很有可能来自这些独立研究者。

保持谨慎

生物科技领域的主要危险是什么

就我个人而言，比起转基因生物，我更害怕塑料。我吃了转基因番茄没有问题，但是把它存储在塑料容器中就有问题了。21世纪最大的建筑结构不是高层写字楼，而是纽约的垃圾填埋场（很多都是塑料垃圾），不是用来工作或生活的，而是用来存垃圾的！

危险是肯定的，为了防止科学犯下大错，科学家们也做了很多努力，但总是难免有很多坏人和蠢人。我们每发明一个新的技术，就必须时刻为最坏的情况做准备。

我希望生物科技领域没有忘记20世纪90年代的一个重要教训。1999年，一位名叫格尔辛基（Jesse Gelsinger）的少年在美国宾夕法尼亚大学一起基因治疗的临床试验中死亡，这一悲惨事件让基因治疗停滞了二十年。我想说的是，只要犯一个错误，整个领域的发展就会被喊“暂停”。尤其在生物科技领域，人命攸关，必须时刻谨慎。

另一个危险在于生物黑客们可能会发明一些不能轻易被“撤回”的东西。“撤回”键在生物科技领域是不存在的，如果你不小心在实验中犯了错误，就没法抹去重来。

2014年，哈佛最有影响力的生物工程学家乔治·彻奇和麻省理工学院的政治学教授肯尼思·奥耶（Kenneth Oye）在《科学》杂志上发表文章说，基因编辑技术和基因驱动技术一旦离开实验室，会变得过于危险。

也许我们应该制定一项新的法律，规定生物技术公司推出新产品的时候必须要清楚知道怎么“撤回”。换言之，如果生物科学家们还不知道怎么“撤回”他们在实验室做的事情，那就应该永远被关在实验室。

2016年，史蒂芬·麦卡罗尔（Steven McCarroll）的团队在波士顿博德研究所宣布，他们发现了与精神分裂症有关的基因。几个月后，塞丽娜·尼克·扎因（Serena Nik-Zainal）在英国桑格研究所的研究小组发表了与乳腺癌有关的基因。我们必须非常小心地使用这些数据。

这个社会过早相信科研成果的前车之鉴已经很多。比如，20世纪20年代，优生学（eugenics，研究通过受控的选择性生育来改善人种的学说）在美国大学是非常受欢迎的一个科学话题，但几年后，这种学说被希特勒加以利用，成为他灭绝犹太人冠冕堂皇的理由。再比如，精神分析曾在美国非常流行，精神分析学家们一度主导了美国多个大学的心理系，但是，很多弗洛伊德的理论最近已被现代神经科学证明是错误的。

另外，我认为，哲学家和心理学家甚至还没来得及充分思考一个自我认知的基本问题："我是谁？"当我的某个基因发生了改变，或我的某些细胞被重新编程之后，我们还没有花足够的时间来思考，到底"我"身上发生了什么？

我在教神经科学时，我问学生们，"你们愿意更换自己的皮肤吗"？完整的问题是：人的皮肤其实不是种好材料，它很容易割破和烧毁。如果我把它替换成不锈钢之类的金属材料，不会被割破也不会燃烧，你永远不必担心划伤、出血、跌打损伤，这种新材料甚至让你不怕严寒。你是否愿意用这种新皮肤替换你原来的皮肤？经过考虑之后，大多数学生回答"不愿意"。

而我问这个问题的真正意图在于，测评一下学生们有多在意他们自己的大脑。在我跟他们讨论大脑手术的复杂性之前，我先用简单的皮肤问题做测试。这个"不愿意"背后的心理很简单："我"（注意"我"）宁愿坚持用"我的"皮肤（注意是"我的"），因为那是"我"。如果你改变我的皮肤，我不知道"我"还是不是"我"。我的本能告诉我，我变成了半机械人，一种奇怪的生命体，或许改变后会更强大，但我失去了我的身份。

现在，更大的问题是，你愿意让我改变你的大脑，使你变得更聪明吗？这之所以是一个大问题，是因为"改良版"大脑基本上会变成其他人的大脑：你会变成另一个人，的确更聪明了，但同时也不再是"你"了。我知道自己不是世界上最聪明的人，甚至可能是世界上最愚蠢的人，但这就是"我"，如果你改变"我"的大脑，那就像是杀了我。但我还不想死，我想继续保持我愚蠢的大脑。

关于基因和细胞的问题其实也是一样。当你改变我的一个基因或某些细胞的程序时，我们通常并不会花足够的时间去讨论“我”身上发生了什么。因为这样做的初衷往往是让我更健康一些，但你是否改变了原本的“我”？你肯定改变了我身体的某个器官，那么，我改造后的身体还是“我”吗？这是人的基因组涉及的深刻的哲学问题。就像我们不喜欢脑移植（将别人的脑袋放在我的身上，那就不是“我”）一样，我们或许也不会喜欢基因组移植（即改变“我的”基因组的手术）。

生物科技存在的一个的危险是，也许我们对基因的理解过于自信了。比如，我们都知道 DNA 具有双螺旋结构，即我们的基因组被表达为碱基字母组成的序列，这种序列被物理编码进了双螺旋结构。但是，这种情况只有在细胞休息的时候才成立，通常也就是当它们死亡的时候。在活细胞中，DNA 的结构往往更复杂，因为双螺旋结构是以不规则的几何方式扭曲和循环的。

当生物学家发现能够读取碱基字母序列的技术（如 TALEN 和 CRISPR 技术）时，我们进入了基因测序的时代，大部分科学家也停止了对 DNA 双螺旋结构改变形状的意义的研究。

可以说，我们满足于研究 DNA（双螺旋）的低阶结构而忽略了 DNA 的高阶结构，而生物学家在大多数生命过程中发现的却是高阶结构。低阶细胞生物学的法则是，一些特殊的蛋白质附着于 DNA 上，触发了基因复制或基因表达，这是细胞生命的本质。然而，实际上，同样的基因复制和表达的过程即便没有蛋白质的活性作用也能发生：当双螺旋结构波动时，也能达到同样的效果。“DNA 拓扑”（在 DNA 双螺旋的基础上，进一步扭曲所形成的特定空间结构）这一领域大部分仍未被开发。

基因组的工作方式仍有很多未解之谜。基因研究的著名科学家克雷格·文特尔（Craig Venter）的研究小组在尽可能简化一个细菌的基因组基础上，2016 年公布了仍能存在于一个活的有机体的最小的基因组：473 个基因。如果你删除了 473 个基因的任何一个，生物体就无法生存。问题是，这 473 个基因里，我们还不了解其功能的基因超过了 150 个。

2016 年，赛智生物网络的斯蒂芬·弗伦德和纽约西奈山医院的医师埃里克发表了一份证明了我们对人类基因组所知甚少的报告。根据已有基因知识来看，数百万人应该非常不健康，但他们实际上健康状况良好，也有一些人的基因组中包含着应该“会导致重大疾病的基因错误”，但他们活得好好的。

加州大学伯克利分校的微生物学家吉莉恩·班菲尔德（Jillian Banfield）正在利用动物的基因组来重新设计生命之树。

此外，基因组如何转化为生命这一过程包含更大的秘密。人类基因组包含 25 000 个基因，但大米含有 50 000 个基因。难道一粒大米比人类还复杂？

总之，我希望生物科技的研究人员意识到，我们对于生命知之甚少。毕竟，这是一门非常年轻的科学。从我们发现 DNA 的双螺旋结构开始到现在，也只有 60 年时间而已。

但也有相反的风险：社会接受生物科技的进程过于缓慢。负责审批新药的 FDA 并不能“同比例扩大”：它不能每年批准 1 000 个或 2 000 个新生物产品，它要花上几年的时间分析一种新的生物制品，一年也只有四五十种新产品可以通过审批。

一方面，公众对药物很害怕，希望能被严格强硬的规则制度所保护，我们对待生物技术发展中的错误是零容忍的，因为政府害怕任何一个错误就可能导致很多人死亡。但另一方面，生物科技其实可以比今天有更大、更多的进步，这种零容忍政策却让数以百万计的人死于有可能被治愈的疾病，并让所有药物的价格变得非常昂贵。

因此，通过改革医疗制度，加快新药评估和审批，让引入新的生物产品变得更容易也更便宜的国家无疑将会以巨大优势领先于世界。这也许会成为发展中国家的一个机遇。

此外,我也害怕制药行业,这一行业错过了20世纪的制造业革命。“连续”制造自从奥利弗·埃文斯(Oliver Evans)在200多年前发明磨粉机后几乎在所有制造业都是常态,除了制药行业。它还处在“分批”制造的时代,一种两天就能造好的药物可能一个月才能制造出来。2007年,诺华(Novartis)在麻省理工学院创建了连续制造中心,2012年,催生了这个行业的创业公司Continuous。2016年,麻省理工学院展示了第一个可以从原材料开始制造药物的便携式机器,“制药”的未来可能是“便携式药品制造”。

结语:人类的延伸

归根结底,人类(以及大多数动物)发展的故事就是如何与工具共存的故事。我们这个时代最有影响力的科学家之一理查德·道金斯(Richard Dawkins)1982年写了一本名为《延伸的表现型》(英名书名为*The Extended Phenotype*:*The Long Keach of the aene*,中文版暂无)的书,他认为,我们的身体并不是只到皮肤就结束了,而是超过皮肤,延伸到所有我们赖以生存的工具。而且一切生物都是如此,海狸建坝、蜘蛛结网、蜜蜂筑巢等,每一种生物为了生存,都会将它的身体“扩展”到环境中。蜘蛛没有网无法生存,蜜蜂没有巢难以生存……

人类在制造种类繁多的工具上的能力独一无二,也就是说,我们延伸自己身体的方式是无限的。我认为,自然和人工的联姻,即生物和工具的结合是必然的。我们的基因决定了我们一定会“延伸我们的表现型”。

今天,我们延伸自我最让人印象深刻的方式就是发展出能够改变生命本身的技术。因此,未来将是有机世界和合成世界的联姻,正如未来一定是人类和机器人的联姻。

硅谷声音

德鲁·安迪：工业化生物学是一种倒退

斯坦福大学生物学家德鲁·安迪是合成生物学领域举足轻重的科学家。他先后在麻省理工学院和斯坦福大学帮助开拓最新的工程学专业，生物工程。安迪是生物砖块基金会主席，该组织致力于研发DNA工具，希望以简单、低廉的方式创造人造生命形态。他的理想就是使生物细胞最终达到类似于如今的电脑电路编程的状态。商业领域，安迪曾是合成生物学Codon设备公司的创始人之一，如今是DNA制造公司Gen9的联合创始人。2011年，安迪被《华尔街日报》评为有可能成为“下一个乔布斯”的科技人物。

能够采访到安迪简直是奇迹，我们竟然在斯坦福大学一个教室里撞见了刚刚结束课程的他！他当即答应并约定了第二天的采访，约一个小时的时间里，安迪简直就像是口头拿出了一份“合成生物学发展报告”，系统梳理了这个领域的进步与危险、机遇与未来。他对目前出现的工业化生物学趋势颇为担忧，认为这是一种不能利用生物学天然特性的倒退做法。

安迪呼吁所有人关注生物学的声音振聋发聩，“你对拥有一个我们想要的世界的策略是什么？我们又如何实现它？生物技术在通向我们梦想世界的道路上又扮演着什么角色？ 如果你仅仅是被动地等着某人展示‘下一件大事’，然后你给出一个反应，你会永远都只是在‘反应着’而已”。

合成生物学进步惊人

在美国，生物技术领域的现代化至少可追溯到2000~2003年，已经有十多年历史。在讨论它今天如何时，我们不妨先回看下2003年时写的东西。当时，我们为美国政府做了一项被称为“合成生物学”的报告，主要提出了三件事。第一，将DNA合成中的设计和制造分离。如同让建筑设计师与承包商分工。第二，制定这个领域的标准。这件事可以让人们的分工协作变为可能，让人们在一起做出真正不可思议的事情。这就好像一幢摩天高楼是很多人分工合作建成的，合作的前提是有统一的技术标准一样。第三，用抽象方式管理生物学的复杂性。生物学是非常复杂的，一个细胞有成千上万的分子，非常不可思议。如何管理这种复杂性呢，不是消除它，而是用发展框架来管理它，这就是计算机科学中的抽象。就好像我给家人发短信，不会也不能发一连串0和1一样，那么多复杂的文字计算机怎么处理？它通过一套严密的编程，将所有文本用抽象方式编译成0和1来处理和控制。总之，分离合成DNA的设计和制造、制定标准实现协作和用抽象来管理复杂性被我们认为是2003年写得最好的几个观点。

现在是2016年了，我们在这些方面取得了惊人的进步！拿DNA合成来说，2003年当我刚开始在麻省理工学院教学时，制造DNA的价格是一个碱基4美元,2015年则是一个碱基4美分,由于设计和制造的分离，制造DNA的价格一直在不断下降，以后还会继续下降。制定标准和抽象化上也取得了进步，2013年，我们首次开始就设计的每个DNA都能成功发表论文了！虽然这种情况还是有限的几个例子，但数年前，要确保设计的DNA能成功要进行几百次的尝试。2016年，我们还看到这个领域很多其他进步，比如电子设计自动化的出现，人们制造出完整的一套自动化平台来制作基因样本,类似于20世纪70年代电子产品的发展情形。再比如，2016年4月，一个最小的细菌的基因组的被人工合成了，注意，整个有机组织的基因组都被合成了，不仅是一个基因，而是整个基因组。还有，就在斯坦福的这幢楼里，人们实现了构造30个酶长度的生物合成通路，不只是几个酶，而是 30 种不同的酶。他们可以在酵母菌中制作出罂粟中包含的物质，即你不用种罂粟花，你只需要培育出一种微生物来制作和罂粟花中一样的化学物质即可（该研究可用来取代原来从罂粟中提取止痛药的方法，人工快速合成止痛药），非常不可思议。

因此，就合成生物学来说，在工程和技术的层面，这个领域的核心概念已经被证实是可行的，而且还在不断被完善，原本看似不可能的事情现在都成为可能的了。我认为，我们整体还处于“开始阶段”的末期，这个时期的生物学在经济和实用价值上前所未有的重要。

合成生物学能够取得这些快速的进步，一个重要的原因是这样一种文化的发展：人们承认要解决的问题实在太多了，但我们不可能一蹴而就，现在就解决所有的问题，因为我们现有的工具还不够好，我们要先推进和支持工具的改良。这种逻辑的意义在于，一个好的工程师可以自己解决问题，但一个伟大的工程师可以让很多其他人更容易解决问题。这也是合成生物学的独特之处所在，这个领域的人们用一次又一次的努力使生物学解决问题变得更容易。

生物计算机能做什么

拿我制造的生物计算机来说，它已经可以运行了。在我看来，生物计算机接下来已经不再是一个学术性的事业了。今天，使用基因编码逻辑进行计算的全球市场约为一年 0 美元，但是，到 2030 年，就应该是一年几十亿美元了。毕竟，基因编码的存储技术已经成熟且可以商业化了。

很多人错误地以为，我在发明一台跟芯片计算机竞争的生物计算机。不是这样的，生物计算机比芯片计算机慢多了，除了它能够在活细胞内工作外，它几乎没多大用处，并不会取代你现在的笔记本电脑。

生物计算机的价值是，你能把一台计算机放在一个你从来没想过可以放计算机的地方，它可以在一个全新的空间进行计算。

比如，如果我想知道自己喝的水是否有金属污染，我可以将一个基因编码的传感器放进水里，如果水里有铅、砷超标，传感器就会呈现出一种特定的颜色，我就马上知道这里的水不能安全饮用了。食品制造业也是如此，我们也能发明一种生物设备来进行随时随地的检测。现在诊断环境用的是昂贵的电子设备，你不能到处都带着这些设备，你却可以随时利用一点生物学来诊断，可以像使用哨兵一样使用生物传感器、生物计算机，及时了解环境状况并制定如何补救的策略。再比如，如果我想知道自己的肠道情况如何，免疫系统又是如何作用于肠道，我可以编程一种微生物，让它进入我的肠道来监测血糖水平、免疫分子等，然后，这些微生物可以呈现出不同的颜色，以此告诉我身体状况如何。

再想一下，生物计算机能把计算机放在原本没有可能放电子计算机的地方，这又是合成生物学将不可能变成可能的一个案例。如今，生物计算机的核心部件已在各个大学里被研发出来，现在是时候将产品（应用）带入市场了！传统的电脑巨头像 Apple 和 IBM 也许并不是合适的人选，它们忙于做自己正在做的事情。大家都在等待一个新的创业者，等待它找到一个“奇迹般的应用”来开拓一个全新的生物计算市场。

生物技术的伦理之辩

现在社会上不少人对生物技术，尤其是转基因食品、转基因蚊子等抱有莫名的恐惧和排斥，对其他不少技术也抱有类似的态度。但你不能简单地问我“你害怕锤子吗？你觉得人们用锤子做的事情是好还是坏？”，答案是，“不一定”。比如，如果你用一把锤子给我的猫做了个玩具塔，它玩得很开心，这个时候我就是喜欢锤子的；但如果你拿一把锤子威胁我，不交出猫塔就要打破我的头，那这个时候我肯定是不喜欢锤子的，甚至觉得锤子是邪恶的。但事实是，邪恶的是你，不是锤子。

当然，讨论到具体应用的话似乎更复杂一些，生物技术在是否使用转基因蚊子抗击博卡病毒时被讨论过，在夏威夷保护鸟类的背景下也被讨论过，这些情况下它们是好是坏？答案也是不一定，而且我们确实还不知道。以夏威夷的鸟类来说，因为携带有鸟类疟疾的蚊子被引入夏威夷，当地一半的鸟类都已灭绝，此时，我们有哪些选择？我们可以使用杀虫剂，可以到森林里去摧毁所有的蚊子繁殖地，可以什么都不做，也可以选择用基因工程让蚊子们自我毁灭，并带来一些我们暂时还不知道的问题。但是，这里的前几个选项我们都尝试过了，它们都会带来其他问题，哪怕是什么都不做。要注意的是，无论我们做出哪种选择都是有争议性的。

所以，技术的好或坏是一个很大的话题，它需要被非常小心地对待。绝望有时候会激发人们去行动，因为人们能从实践中学习；有时候这也很可怕，因为人们行动的时候还没有想清楚自己到底在做什么，它会带来一些意想不到的后果。

不管如何，我们能更好地理解生物学以及我们能更好地用它“修补”事物。这是定义 21 世纪的两大趋势。不管你喜欢与否，这两大趋势都将存在。那么，问题就变成了，你对拥有一个我们想要的世界的策略是什么？我们又如何实现它？生物技术在通向我们梦想世界的道路上又扮演着什么角色？ 如果你仅仅只是被动地等着某人展示“下一件大事”，然后你作出一个反应，你会永远都只是在“反应着”而已，那是最可怕的。至少，我们需要将被动等待的姿态转换为这样一个新姿态：人们可以在尊重多种不同观点的情况下进行对话的姿态。

这也是为什么艺术和设计很重要的一个原因。如果现在我们在博物馆欣赏一幅油画，我不会期待别人对这幅画跟我有一样的观点；反之，大家默认每个人对同一幅画都有自己独特的看法。我觉得很奇怪的是，当人们去看生物技术的产品、性能时，不知出于何种原因，有时候对一件事情每个人都持有相同的看法。 我觉得这是因为人们在这个领域还不够成熟，还不知道这个领域的事情到底如何运行，这使得人们的对话总显得幼稚。比如，现在很多人反对转基因食物。那么，如果对大米进行基因修改，将它的所有基因都降解，是否就能将一款“不含DNA的大米”推向市场了，这个时候人们应该很满意了吧，因为这样的食物不含任何遗传物质！

总之，我希望能有一种更成熟的文化，希望更多人能开始理解这个领域工具的重要性，同时理解工具如何被使用才是影响事物更关键之处。就我个人而言，我并不是一个用基因工程改变人类本身的推崇者，而是一个希望用基因工程改变人和自然关系的推崇者。我相信，自然界中有足够的东西可以供给地球上每个人，如果我们能用生物技术改善人类和自然的关系，每个人的生存需求都能得到充分满足，我们大可不必破坏生态环境。如今，人类文明和自然的关系前所未有的糟糕，我这一代看到的是，人类人口成倍增加，达到了70亿，而动物的数量则减少了一半，是时候用合成生物学修复人与自然的关系了！

生物技术的危险：工业化生物学

当今生物技术的危险是，我们不能承担风险。以往技术的发展史上，没有任何事故或没有任何人遭到伤害的例子还找不出来。但在生物技术领域，人们对风险的实际容忍度为零。一旦有任何人被伤害，整个领域的事情都要停止。我认为这是一个问题。当然，我并不是主张我们尝试去伤害任何人和事，但能否容忍是一个重要的分界点。如果我们因为担心人们受到伤害，因为现在技术还不够完美而一点事情都不能做，我觉得这是另一种形式的风险。

此外，我更担心的一个大难题是，如今人们谈论商业化生物技术的时候，都喜欢用19世纪英国工业化的比喻。人们喜欢说，让我们工业化生物学！我觉得那会是一场灾难。因为这种做法没有利用生物学的独特之美。生物学是分布式的，有人的地方就有生物学，即便人迹罕至之处，也有生物学，生物学是任何制造平台的终极分布式存在。而当我们工业化生物学时，我们其实想要把生物学带到工厂里，以工厂制造为中心，开始计算所有相关的运输成本、人工成本……天哪！我们为什么不能分布式生产呢？我们为什么不能让人们不管身处何地都能自己生产呢？毕竟，我们已经可以通过网络传送信息，可以本地编程和打印DNA。相反，我觉得我们必须要生物化工业。

现在至少在美国，我看到政府的所有关注点和发展趋势都集中在工业化生物学上，这种策略和做法无疑是一种倒退，这跟我们想要的正相反。我们一直在寻求的21世纪生物经济，生物学的独特、珍贵和美丽之处，正在于它是自然的一部分，它是天然分布式的，发展生物经济应该利用好生物学的这些特性。

零容忍任何风险和思维僵化带来的结果就是，人们拒绝改变。即便那些声称自己喜欢新事物、喜欢改变的人，其实他们真正喜欢的是现状。我认识的一位艺术家黛西对合成生物学有很深的了解，她用一句话洞察了现状："合成生物学，一个必须承诺不做出任何改变的革命性技术。"可以说，大约93%认为自己是合成生物领域的人都承诺不做出任何改变。就好像我对家人说，"我正在将生命体变成完全可工程化的，而且这不会带来任何改变"。即便我三岁的儿子也会马上说："这没道理啊。"

如果我们让生命体完全可工程化，很多事情都会改变，但如何使这些改变的方向是我们所希望的，取决于我们现在怎么选择。生物学独特的力量是非常棒的，我担心的是，我们会选择非常不一样的东西成为它的发展框架，因此，当变化发生时，它会更具破坏性，这才让我真的非常忧虑。

目前政府监管部门如美国食品药物管理局对生物技术的发展有一套非常严格的规范，我认为未来政府的管理框架将必须修改，因为它已经跟不上现在生物技术的发展步伐了，我们研发出的很多东西都很好，但目前的监管体系只允许很少一部分出现。我所说的并不仅指药物，还会有很多我们可以放到环境中的东西，可以放到人体内的东西，可以用到小学生的学校里的东西……它是生物技术，它可以无所不在。

未来40年生物技术大变革

谈到生物技术未来发展趋势，我们2015年在斯坦福大学的工程学院通过了一项战略计划，基本上是我们问自己一些认为很重要的问题。一共提出了10个问题，其中一个问题是，我们将能得到多好的工程化的生命体？注意这不仅是生物工程学院在提问，而是整个工程学院，如果你是航天工程领域研究火箭的，你将能得到多好的工程化的生命体？如果你是环境工程领域的，你将能得到多好的工程化的生命体？如果你是管理学院的……所有人都可以参与进来。我们问这个问题是因为我们认为自己知道答案，答案是，我们会得到好到惊人的工程化生命体。

在接下来的几十年里，我们认为这个领域的发展会大概跟1960~2000年，基于硅的工程化的发展情况相似。在未来40年里，想象一下生物工程化领域计算能力的进步，我们将努力实现工程化生命体，包括有机组织工程化、生态系统工程化，还有其他很多组成部分我们都会努力实现。

总之，生物学涉及的很多东西都是我们人类集体关心的，很多时候我们的关注是作为一个社会，一种文明，而不是一个单一的国家。要让全世界合作起来工作是很困难的，因为存在很多的文化差异等，正因如此，我们更需要每个人都负起责任，坚定推进生物科技的进步。这也是为什么我支持现在兴起的各种生物黑客，我认为他们应该努力多做好事。这也是为什么我进一步支持让每个人都成为“生物技术公民”，因为生物技术是一个分布式解决问题的平台，它可以让每个人都随时随地地解决问题。

埃里克·戈登：一位传奇投资人眼中的生物科技

第一次见到埃里克·戈登（Eric Gordon）是在斯坦福大学的一个艺术展览上，当时的“艺术家”埃里克展出了大量画作，也很高兴跟来自中国的记者合影。当时得知他还是一名湾区生物科技领域的风险投资人，却不知道这位一直微笑的和善老人在生物科技领域有着非常传奇的经历。

埃里克多个公开介绍里是这样写的：公认的组合化学、药物化学以及从酶抑制作用中创造新药物的专家，曾任百时美施贵宝公司的高管长达18年，1992年，他在生物科技公司 Affymax 担任研究副总裁。1996年，埃里克成为 Versicor 公司（之后改名为 Vicuron 制药公司，2005年被辉瑞公司以19亿美元收购）的联合创始人、总裁和首席科学家。1998年，埃里克担任 Sunesis 制药公司的高级副总裁直至2002年底。2003年，他受硅谷帕罗奥图 Skyline Ventures 风投公司创始人的邀请担任合伙人，开始了长达约12年的风险投资人的工作，后来，埃里克又受邀成为斯坦福大学的“顾问教授”。

采访中，埃里克尤其从风投的角度解释了当下的行业现状和趋势。

湾区生物科技的独特

我在硅谷待了30年以上的时间，在成为生物技术公司的风险投资人之前，大部分时间都是作为一名化学家和生物技术公司管理者度过的。但我认为自己实质上一直都是一名科学家。

生物科技在20世纪70年代兴起时，规模还非常小，是由湾区当地大学的两位科学家发起的，之后它一直不断壮大，如今早已成为一门科学。在美国，人们公认有两个地方已经完成了这种演变并成为风投集聚的中心，即旧金山湾区和波士顿。这两个地方有自身独特而复杂的特点。比如，旧金山湾区至少有三所很好的大学：斯坦福大学、加州大学伯克利分校和加州大学旧金山分校，这些学校有大量资金以及很多其他地方所不具备的更开明、更开放的态度。它们没有那种除非你先向我证明你在实践中已有所作为，否则我一分钱也不会给你的那种保守的态度，它们愿意用开放的态度认真倾听每一个可能改变世界的想法，它们也相信你能改变世界，哪怕只是一点点。

湾区过去几十年的风投行业不断有起起落落，一开始，公司创始人给投资人“画了很多大饼”，结果都没有实现，导致整个行业内人们的信心急剧下降，之后又缓缓回升，现在则到了一个较为成熟的高峰。同时，来自全世界的聪明的年轻人源源不断地“补给”到湾区，其中很多来自中国。湾区能吸引全美风投的关注还因为这里有成百上千的小公司想要成功，这里有太多让人兴奋的、有趣的事情正在发生。在这些小公司里，来自全世界的聪明年轻人有机会将他们的想法、梦想付诸实践，他们中很多都是连续创业者。所有这些因素综合起来缔造出了一个很难复制的投资热地。

对生物科技的投资人来说，湾区的特别之处在于，它是生物科技的诞生地。分子生物学从这里诞生。不过，这里可能不会产生“下一个辉瑞”，制造中心可能不会建在这里，因为这里“太贵”了，这里更多是新想法的诞生地。

投资人眼中的“独角兽”

2016 年，人们对湾区，尤其是硅谷经常提出的一个疑问是，为什么这里有这么多独角兽？这里的风险投资是否处于泡沫中？大家谈及的独角兽往往是说一个 20 人左右的小公司，却被估值 10 亿美元甚至更多，有些公司甚至还没有像样的产品。我不喜欢独角兽这个词，它只是一个虚构的生物，并不真的存在，它只是图片看起来好看，它们的价值只存在于人们的想象中。人们投资这类公司很多时候也是想象它们未来的收益和价值，它们往往只有一个吸引人们眼球的想法，公司的基础并不坚固，就像俗语所说的，“吹口气，它就能倒”。

之所以有这么多风投帮助打造出这些超过实际价值的“独角兽”，主要原因是贪婪和恐惧，他们都想在“下一个谷歌”之船的甲板上，他们太害怕错过这艘船。这种现象里有不少风险，从风投们的角度来看，投资人也是适者生存，他们必须要靠押中好公司来赚钱；否则，他们会被抛弃，只有赚钱了，才会吸引越来越多的机构和投资人。

生物技术领域的“独角兽”很少，但也有一些，你必须真的做出来些什么才行。这个领域的风险很高，但回报也是惊人的。我创立的第二家公司以19亿美元的价格卖给了辉瑞，它大概有9年历史，你需要这么久才能做出些东西来。这个领域的投资收益高，是因为人们需要药物，生命中最重要的就是健康地活着，这也是高昂溢价的由来。有人可能会对制药公司说：这些药物为什么要卖这么贵？制药公司会理所当然地说，因为我们要为那些研发失败的药物埋单。大型药物公司每年至少都要花10亿美元研发新药，每年又有几个新药通过审查呢？没有比生物技术领域更严格了，它还需要各个领域的人员协同作战，药物生产需要一个精英部队，需要不同领域的人在团队中承担不同的责任。

美国食品药品监督管理局是一个政治与科学的奇特混血机构，作为生物科技领域的风投，投资一款新药之前最重要的就是考虑它通过政府审查的概率。选择投资的药物需要在市场上有需求，能有一席之地。一旦判断失误，适者生存，除非你还能存活下来，否则你就要离开。作为这个领域的投资者，创业公司来找我时，我最看重的是三点：人员、科学和资金。有优秀的人和足够的科学支撑还不够，还要有足够的钱，才能保证团队把时间花在研发上。

有趣的微生物学

我个人很看好的是微生物学，它是关于理解细菌怎样寄宿在人类体内的科学。接下来的 50 年里，这个领域会被重新研究，也一定会有很多让人震惊的新发现。

自人类在地球上存在以来，我们就和细菌共同演化了几百万年。然而，20 世纪 70 年代，当分子生物学革命发生时，每个人都在为基因、克隆而兴奋，每个人都说，在研究如何对抗细菌感染这个问题上，我们已经有盘尼西林这种抗生素了，这个问题已经解决了，不需要再在这上面浪费钱了。于是，很多大学里研究微生物的部门都没有资金支持或宣告解散了，资金都被拿去研究分子生物学了，导致微生物学领域对人和微生物如何共处的研究延迟了 50~60 年。未来，人们会发现让你瘦、让你胖的微生物，为你的身体做各种不同事情的微生物，这个领域的“宝藏”会逐一出现。

我觉得很兴奋，我们正处于科学的黄金时代，以前任何时候都没有像今天这样，有如此多的奇妙科技在不同领域一起涌现，同时带给人们诸多惊喜。

罗布·卡尔森：2050 年，人类将不再需要石油

罗布·卡尔森（Rob Carlson）是生物经济资本（Bioeconomy Capital）的董事总经理，也是 Biodesic 公司创始人和总裁，该公司在全球范围内为政府和企业提供生物领域的工程、安全和战略的咨询服务。罗布还是《生物学是科技》（*Biology is Technology*）的作者，一直致力于同时为学术和商业研发新的生物技术，他开发了许多新的技术和经济指标来衡量生物技术的进步，对生物技术在人类未来中的角色有浓厚的兴趣。

罗布对生物技术的看法格外强调生物技术对经济的影响和改变，他

认为这是目前被忽视的一部分。他提出，未来34~35年，也就是2050年左右，我们将可以不再使用石油，而如何进入一个从生物技术中就可以得到所需的全部化学物质的世界，这是生物技术未来最让人兴奋的地方。

生物学重塑经济

虽然现在大数据、人工智能、虚拟现实、纳米技术都在迅速发展，它们与生物学的关系也正被人们津津乐道，但我认为，自动化和机器人这些看似普通的技术反而会在生物技术中变得越来越重要，因为它们可以用于生物学的高精度测量，可以做实验并用于制造业，从而极大地改变生物学。自动化和机器人的重要性凸显的原因是，生物技术领域的设计软件正在出现。就好比我们现在能制造出飞机、汽车、iPhone等，是因为我们可以将诸多软件跟工厂自动化、机器人连接起来。但生物学“制造业”中的“设计”部分在过去十几年一直是缺失的，让人兴奋的是，这部分软件正在迅速发展，我们很快就能拥有，而当它们跟自动化和机器人技术连接起来，生物制造就会进入一个新时期。

最让我印象深刻的是，十几年来，生物技术领域设计与制造的能力的提升越来越快。这必将改变我们的经济和生活，然而，当我开始研究并试图量化生物学对经济的影响时，我也失望地发现，人们对此的关注太少了，这其实是关于如何重塑制造业的。但现在生物领域很多人似乎只关注设计和细胞建模，似乎细胞工程本身就是唯一重要的目标，和制造业以及经济影响没有任何关系一样。

少点空谈，多些实证

当然，生物技术领域很多问题都很有争议，围绕整个产业依然有一些恐惧的情绪。比如，不少人依然在争论转基因食品的好坏。到目前为止，我们食用转基因食品和农作物已有几十年的时间，一直没有研究数据表明它们有问题。每年有成千上万的动物在农场里食用转基因饲料，它们食用的量比人类多很多，也一直没有任何证据表明这些动物有健康问题。我们依然还在争论只是因为“恐怖的故事最容易吸引听众”而已。争议较多的还有基因驱动，我本人认为这种技术简直太棒了！利用它大量释放转基因蚊子在短期内抑制寨卡或登革热等病毒方面非常重要，由于该技术的长期影响尚不明朗，你会发现，非洲国家对它有着迫切需要的人们会很容易支持它，如果没有强烈需要，人们的态度就暧昧了起来。在关于公众如何接受或不接受一项新技术上，基因驱动真的能让我们学习到很多。

很多人担心生物技术会带来系列伦理问题，思考如何确保技术能对世界和人类的未来有益而不是有害。我的观点一直都是，技术本身是被人类所开发的，关键在于人们如何利用它。就好像锤子可以拿来伤害人，也可以拿来帮助人，重点是人们的选择，跟锤子本身无关。生物技术中的基因工程等很多项目也是一样，是好是坏只在于人们的选择，跟工具本身无关。

我真正担忧的是，我们在这个领域还需要做很多科学研究，很多工作都还没有完成甚至没有开始；我们应该对生物技术带来的影响进行系统的测量和评估，但我们也并没有这样做。总之，我担心我们在所谓的伦理问题上花了过多的精力，不厌其烦地一次次讨论和争辩，但事实上我们进行探讨所需的许多基本信息都还不充分。比如，我和人们谈论生物技术时，很多时候讨论的都不是关于科学或数据的，而是一直在讨论恐惧本身，并不是现实世界中的实际问题，这些讨论还很容易演变成意识形态问题或政治问题，变得偏激而个人化，这些对话往往并不具有多大的建设性或实际性意义。

我们应该关注和着眼于一些亟待解决的问题，比如我们迫切需要用更少的水和更少的肥料来种植农作物，换言之，我们已经没有足够的水和足够的土壤可以种植农作物了。我们也更应该关注环境中农药以及其他化学物质问题，测量它们带来的影响……很多重要问题都是生物技术可以修复和解决的问题。防止人们沉溺于无益的讨论中最好的办法就是尽可能地将技术公开透明地解释清楚，这是我们唯一的选择，当某项技术或事物处于少数人才了解的“暗箱”状态时是最容易引发问题和导致错误的时候。目前兴起的生物“DIY”运动就很有用，创业者在生物创客空间里实际学习和接触新技术后，自然就会减少不必要的恐惧和误解，我们应该努力教育公众并鼓励全民参与生物技术的实践。

未来 35 年的生物技术

关于生物技术的未来，我认为，在未来 34~35 年，也就是 2050 年左右，我们将可以不再使用石油。这是一个非常令人向往的未来。当然，这不仅是一个生物学问题，我们还需要很多其他风力发电以及便携式技术，但总的来说，汽车未来需要的能源会更少，少到我们不必再开采石油。如何进入一个从生物技术中就可以得到所需的全部化学物质的世界，如何解决所有相关技术问题，应该是生物技术未来最让人兴奋的地方。

未来我们在基因组学上也会取得很大进步。人们将会讨论是否对自身进行基因改造以及如何进行基因改造，这并不仅是针对儿童以及未出生的孩子，成年人也会讨论是否选择对自己进行基因改造，当然，这个问题在很长一段时间内会备受争议，但基因改造的药物或方法将变得越来越可行。

同时，我们也要避免过于乐观，因为总的来说，生物技术目前还处于一个很不成熟的阶段。苹果电脑最初也是来自一个“DIY”俱乐部，但目前我们的生物“DIY”运动和“生物黑客”们是做不出来像苹果电脑这样颠覆性的产品的。因为苹果电脑可以 DIY 出来的基础是，一系列相关的软件和硬件已经存在了，人们可以直接订购一个芯片或键盘了，可以订购组装一台电脑所需的大部分东西了。生物技术显然离这个阶段还很远。相比 20 世纪 80 年代的计算机发展水平，或许可以说，生物技术现在还处于 1965 年左右的计算机阶段。

Twist：变革 DNA 合成

世界上有大量研究人员需要 DNA 来做实验，他们要么选择直接向第三方购买，要么因为价格昂贵选择更便宜的方案，即通过分子克隆自己制作，但过程非常单调和缓慢。高成本、低通量一直是传统 DNA 合成，也是合成生物学应用和发展上的一大限制。

2013 年成立于旧金山的初创公司 Twist Bioscience 试图改变这种情况。凭借独有的 DNA 合成上的创新技术，Twist 可以速度更快、价格更便宜地大规模人工合成 DNA。Twist 创立后备受资本热捧，在短短 3 年里完成了 4 轮融资，截至 2016 年 8 月，包括基因测序行业的亿明达公司在内的 15 个投资者共给它投资了 1.33 亿美元。

Twist 在 DNA 合成上的秘诀到底是什么？它是怎么诞生的？又会带来什么影响？从这个炙手可热的创业公司的故事里，我们可以更清晰地触及整个合成生物领域的脉搏。

在 Twist Bioscience 的办公室，Twist 创始人兼 CEO 艾米莉 · 勒普罗斯特拿出两个小巧的东西解释了自家的技术创新，一个是传统合成 DNA 用的塑料 96 孔板，一个是比前者更小一些的硅片。传统合成 DNA 之所以昂贵且缓慢，是因为所有人都在使用塑料 96 孔板，用它制作一个基因确实很方便：制作一个基因需要有上百个小的 DNA 片段，只要在每个孔里先制作被称之为寡核苷酸（Oligos）的 DNA 小片段，然后将所有 96 个寡核苷酸放到一个孔里，再加入一些酶和缓冲剂，化学反应就会将 96

个寡核苷酸“缝合”到一起，一个基因就制作完毕！问题是，用一个96孔板一次只能制作一个基因，但客户往往需要几百个乃至成千上万个。于是，Twist研发的硅片横空出世，如同半导体公司能够在薄薄的硅片上刻画复杂的电路制造计算机芯片，这个小小的硅片上密布着10 000个孔，相比原来的96孔盘，速度和成本上的优势不言而喻。

“青蒿素的合成是合成生物学力量的第一个成功证明，自那之后的十多年里，有三股力量的崛起正在改变这个领域，即自动化、微型化（如Twist的核心技术）和信息化，三者的汇集和融合让我们能做的事情大大增加。”说到合成生物学的现状，勒普罗斯特认为，得益于这三股力量，像Twist这样的公司正在降低合成DNA的成本，像Genecode这样的公司正在降低测试DNA的成本。可以预见，以往那种少见、昂贵的DNA实验将被一种大规模、程序化、工业化的方法取代，意味着人们可以在实验室快速进行多次尝试，结果自然也会越来越好。以生物科技领域热门的基因编辑工具CRISPR来说，CRISPR实际是一个DNA剪切和粘贴工具，它需要的向导RNA和供体DNA都可以由Twist大规模制作，从而让更多的基因编辑实验成为可能。“如果以前每5年实验室能有一个新突破，现在每个月都会有，以后每周，乃至每天都会有。”

总之，Twist的出现让低成本、高通量的DNA合成成为可能，改变了合成生物学的游戏规则，也将加速DNA合成在药物开发、生物燃料、化学品生产、农业、生物检测以及数据存储等多个领域的应用。不少致力于生物技术应用的企业已经在向Twist大量订购DNA。2015年11月，生物设计公司Gingko Bioscience与Twist签署协议，计划在未来一年内里购买至少1亿个碱基对合成DNA，相当于2015年DNA合成市场总量的10%。

Twist本身比较感兴趣的合成DNA应用是数据存储，随着“大数据时代”的到来，人们对大量数据的长期存储需求日益上升，而DNA存储信息不仅存储密度大，使用空间极小，而且可轻易存储几千年不会损坏。2016 年 5 月，微软向 Twist 购买了一千万个 DNA 用来研究数据存储技术。2 个月后，微软宣布在 DNA 存储技术上完成了重大突破：它成功将约 200MB 的数据保存存储进了合成的 DNA 中，其中包括《战争与和平》以及 99 部经典文学作品。而之前 DNA 数据存储的研究者最多只存入了 22MB 的数据。华盛顿大学和 Twist 也参与了这个项目。

Twist 还在 2016 年收购了来自以色列的基因设计公司 Genome Compiler Corporation，通过该公司研发的设计工具，所有人都能通过电脑或移动设备对 DNA 进行混合和匹配，培养有趣的新“生物”。勒普罗斯特的考虑是，生物学和合成生物学的区别是，人们将工程学中设计、制造和测试的方法引入了生物学。Twist 擅长制造 DNA，人们设计好 DNA，从 Twist 购买，进行测试，根据测试结果继续改进设计，再购买……如此循环。但这种模式对用户来说并不是最方便的，通过增加 DNA 设计工具，“我们将告诉人们，你不需要自己设计，再从我们这里购买，你可以用我们提供的工具更容易地一站式设计和制作 DNA”。这种做法无疑将让更多人感受到合成生物学的革命性风暴。

勒普罗斯特认为，合成生物学的前景和巨大价值主要将体现在四个领域：第一是药物，目前所有的药品，抗癌药品、疫苗等都是从 DNA 开始研发的。尤其是在抗生素领域，现在人类几乎是正在输给细菌，我们迫切需要新的药物来“作战”。随着越来越多的大制药公司开始使用合成生物学技术，人们会得到更好的药物来保持健康和延长寿命。第二是食品。人类需要应对越来越频繁的极端天气（今年是洪水，下一年又是干旱）以及新的正在袭来的各种疾病的挑战，如博卡病毒和登革热。与此同时，植物也在面临各种疾病。我们需要用科技手段保障农作物的产量，合成生物学能帮助人类给每个人都提供足够多的食物。第三是化学工业领域。我们每天都用到大量化学用品，消耗着不可再生的石油也带来了诸多污染，我们完全可以利用合成生物学转而使用基于植物的化学用品，更便宜，也更绿色。第四则是学术领域，接下来人们对生物学的理解会日益深入。

“在合成生物学领域如今有三个大国：英国、中国和美国，三个国家都认为合成生物学是未来发展的关键，它们都非常睿智地认识到了下一个价值创造点主要将来自哪里，就好像70年代是半导体，80年代是软件行业，90年代是互联网，如今则是生物学”，勒普罗斯特说。她表示，过去30年里，大的制药公司是生物技术领域唯一的赢家，因为它们承受得了研发的高成本，也知道如何应对这个行业的种种规则。然而，合成生物学能应用的领域远远不止药物，接下来，哪个国家能首先制定出适合这个产业发展的规则，它就会让生物技术迅速应用到多个领域并创造出巨大的经济和社会财富。

约翰·康博斯：合成生物将引发第五次工业革命

跟约翰·康伯斯（John Cumbers）的采访约在帕罗奥图的一处小咖啡馆。作为iGEM（国际基因工程机器大赛）的创始人之一，自2008年以来，约翰一直在美国NASA研究中心从事有关合成生物的相关研究，现在他的身份则是Synbiobeta公司创始人兼首席执行官，这家公司是全球合成生物学产业的活动中心，每年都会召集行业内创业者、投资人、学者、学生等一起开会。

再论转基因

见到约翰时，巴西寨卡病毒疫情肆虐的消息铺天盖地。Intrexon的英国子公司Oxitec研发出转基因雄蚊子“杀手”的消息（雄蚊子携带了一种基因，和携带寨卡病毒的雌蚊子交配后，其子孙后代达到生育年龄前就会死亡）自然成了聊到的第一个话题。当时，我对合成生物学像这种“挑战上帝”的行为感到十分震惊。到目前为止，人类还在探索宇宙和世界的真相，但我们其实所知甚少，人类整体属于比较无知的状态，如果我们冒太大的风险，或者在这条路上走得太远的话，我不确定这样做到底对不对。归根到底，人类会比创造一切的“上帝”更聪明吗？

约翰一边喝咖啡，一边淡定回答：“你觉得上帝在创造这个世界时有一个计划吗？”然后，他从宇宙大爆炸一直说到地球上第一个生命的诞生，结论是，在地球生物的进化史上，DNA 的变化是随机的，蛋白质和酶的变化也是随机的。为了让这些随机的 DNA 变化符合自己的需要，人类已经有了大约 1 万年的动植物培育、驯化历史。玉米、橙子和苹果最初都不是现在的样子，世世代代的人们通过千万次实验进行基因控制，改变 DNA 来培育这些物种，现在我们才有了各种好吃的食物。“我觉得我们都是‘自然主义’谬误的受害者：我们认为任何自然的东西就是好的或者更好的，但是自然充满了随机性，自然产生的东西可能是好的，也可能是坏的。同样，我们人类创造出来的东西，也是可好可坏。”

约翰显然支持转基因蚊子。“我觉得这种发明棒极了，如果不消灭寨卡病毒，感染者的孩子的脑袋就会是畸形的，你想要看到这些吗？何况实验已经证明这些转基因蚊子暂时不会带来什么后果。”不过，他又补充说，也并非所有的基因改造生物都是好的，就好像不是所有的食物都有益身体健康一样，需要具体案例具体分析。

第五次工业革命来袭

当然，合成生物的应用不仅是转基因，它能做的事情还很多。它可以合成 DNA，基因编辑技术可用于疾病的基因组编辑，用来删除、添加、激活或抑制生物体的目标基因，还可以改造微生物如细菌或真菌，产生可持续发展的生物材料或燃料……用约翰的话说，从我们穿的棉质 T 恤到咖啡中的甜味剂，我们目光所及之处都在应用生物技术。“最让我感到兴奋的是，合成生物技术使得基因的改变、设计、制造和测试都变得更简单了！合成生物是基因工程的延伸，也是未来生物技术的发展方向”。

约翰特别提到的一个例子是，美国 Ecovative 公司研制出了一种生态环保材料，这种材料的本体是真菌，外观像蘑菇，这家公司能用这些真菌“种”出不同形状和结构的材料，人们可以用这些材料铺地板、造隔热墙，甚至搭建整个房子。因为生物材料消耗二氧化碳，它们不仅绿色无污染，甚至还能帮助减缓气候变化。

合成生物学无疑是一个快速发展的新产业。据约翰介绍，截至 2015 年底，全世界约有 280 家公司将自己定义为合成生物公司，这些公司仅在 2015 年筹集的资金就超过 7.5 亿美元。美国的合成生物公司有 181 家，让人吃惊的是，这其中有约 120 家位于加州。这首先是因为旧金山湾区在生物科技领域有着神奇的传承。比如，第一个基因重组产品胰岛素就是 70 年代诞生在旧金山南部的基因泰克公司。之后，围绕着斯坦福大学、加州大学伯克利分校和旧金山分校，该领域的新技术不断诞生。另外，湾区有着“每个人都想创业，风投们都想为下一件大事筹钱”的文化，而湾区几个曾经的科技巨头都在过去 6 个月里投资了生物技术。

现在，全球每年都有超过 20 家新公司成立，大家都对这个领域抱有巨大的期待。“毕竟，现在我们不仅能够合成、读取和编辑 DNA，接下来，我们还有望重新编程 DNA，就好像我们用计算机语言写一款软件那样。”

约翰断定，合成生物将在疾病治疗、环境治理、新药物、新材料、新能源以及许多其他领域产生重大影响，一场全新的第五次工业革命即将到来。这次革命会将我们需要的一切都更快、更好、更便宜、更可持续地制造出来。现在，我们衣、食、住、行所需的产品都大量依赖石油化工行业，石油和天然气是我们主要的能量来源，而生物技术的能量直接来自太阳，这是根本性的变革。接下来的 20 年里，合成基因组学将成为我们制造任何东西的标准。

从硅谷到"DNA"谷

如今正在发展的各项技术都在影响着生物技术的发展进程。比如大数据、机器人和纳米技术等，它们都会让生物学变得更简单也更强大，甚至有可能带来颠覆性影响。约翰颇为赞同，他认为，合成生物产业本身有五大发展趋势：一是云实验室和机器人应用带来的实验室自动化；二是虚拟生物；三是大数据；四是机器学习；五是基因编辑技术。

可以预见的是，"未来 20~30 年内，我们将会看到硅谷到'DNA 谷'的转变，我们也会看到全球制造业会竞相运用生物学知识和技术。生物学（知识 / 技术）会更常见，人们对它的理解会更深入，它的产品和应用也会产生更大影响"。

约翰认为，合成生物产业将引领未来经济发展的方向。美国、英国、中国等多个国家对合成生物的投资比例都在逐年增大，未来几年，大量的风险投资资金将会继续投入到合成生物产业。

结语

本书谈到了十种科技，几乎每一种科技都会带来一场经济革命，乃至社会和生活大变革，但真正的革命却会从这些科技的互相融合、彼此互动和增强中产生。

相信读者已经感受到了这些科技交融的能量。比如，纳米技术创造的新材料可使多种颜色和材料的 3D 打印成为可能，从而降低太空旅行的费用；能帮助制造纳米机器人，用于生物科技中定位癌症或监测身体内部状况；还能为可穿戴设备或物联网创造出新型电池……再比如，社交媒体、可穿戴设备以及物联网会极大促进大数据技术的发展，而大数据可使生物科技拥有足够多的可分析的基因组数据，进而帮助我们理解和战胜疾病，还能用于训练人工智能系统，区块链技术又可以为物联网以及大数据提供安全保障……

目前，大多数科学家和研究机构多专注于其中一种技术的研究，他们的研究多是独立乃至彼此隔离的，世界上尚很少有专门的机构尝试理解将这些科技融合后的效果。可以预见，那些提前投资于研究两种或两种以上技术交汇方式和效果的个人和机构将领跑未来之战。

还可以预见，多种技术的交融和互动孕育的这场新科技革命将最终把人类带入“2.0”阶段：这个阶段的关键不同是，科技对几千年不变的生、老、病、死的“人类规律”发起了冲击，并由此带来系列生存和伦理命题。

我在书中并没有对这个阶段做过多的阐述，是因为，“人类 2.0”的模样是由我们现在的作为来决定的。相信读完本书的读者都会意识到，科技和人类的未来需要我们每个人对自己当下的意念和行为更有觉知，更主动承担起力所能及的责任，为我们真正渴望的家园和梦想而努力。

就我来说，这是一本关于科技的书，而科技永远在迅速变化和更新，能在这种变化中坚持写这样一本书的意义到底何在？我给自己的“交代”是，从“硅谷百年史”到每种技术的演变史，我想首先让读者们弄清楚每种技术的来龙去脉。毕竟，如果你能清晰的理解一种“新事物”到底从哪里来，经历过什么，你就能更容易的理解它到底能做什么，不能做什么，这也是为什么我每篇技术的论述几乎都是从“简史”开始的。

另外，我想解释清楚这些频频出现的媒体上的技术名词里到底装的是什么，硅谷乃至全世界前沿的研究到底处于什么水平。比如你买了个 VR 设备，但那个小盒子里面到底是什么东西？你有一台人工智能设备，它究竟是什么意思？你投资了生物科技公司，基因测序、基因编辑等又意味着什么……如此种种。由于每种技术都涉及了前沿研究分布的区域，在硅谷、以色列、中国、日本等的情况，倒是无意中画出了一副“世界科技创新地图”。

当然，大家最关心的是每种技术的具体趋势，关心未来我们能使用怎样的产品和服务。其实在讨论每种技术时，我都指出了目前“什么是缺失的”，它更能准确地告诉你未来会如何。比如，如今的人工智能研究里，常识部分是缺失的，只要常识问题不解决，就不会有真正的智能机器。再比如，虚拟现实技术中，普通人创造虚拟世界的工具是缺失的，如果只有 Oculus 能创造虚拟世界，有什么大不了呢？只有每个人都能做到时，才会完全不一样。3D 打印也是如此：普通人如何扫描并设计、打印 3D 物体？

总之，多讨论目前“什么是缺失的”比直接描述出一个未来更重要。因为，人人都知道，汽车等已有的东西接下来当然会升级、更新的更好，但真正的会塑造未来世界的“大研究”，是目前还缺失的、没有的东西。

不过，当我们不断追逐科技创新的一个个高峰之时，或许有时候需要回到起点，重新反思走过的路。比如，科技高速进步的今天，人类真的由此变得更快乐吗？如何确保科技的进化会带来更多爱而非仇恨？能带来更多的和平而非战争？